AF402211

Chemie.   341 — 353

ÉLÉMENTS DE CHIMIE

DU MÊME AUTEUR

Volumes 19/13^m, brochés et cartonnés toile.

Physique et Chimie élémentaires (1er Cycle, Division B):

	Br.	Cart.
Physique élémentaire (cl. de 4e B)	1 50	» »
Chimie élémentaire (cl. de 4e B)	1 25	» »
Les deux parties réunies.	» »	2 50
Physique élémentaire (cl. de 3e B)	1 50	» »
Chimie élémentaire (cl. de 3e B)	1 25	» »
Les deux parties réunies.	» »	2 50
Physique élémentaire (cl. de 4e et 3e B)	» »	3 »
Chimie élémentaire (cl. de 4e et 3e B)	» »	2 25

Physique et Chimie (2e Cycle, Sections scientifiques):

	Br.	Cart.
Physique (cl. de Seconde C et D)	2 50	3 »
— (cl. de Première C et D)	3 50	4 »
— (cl. de Mathématiques)	3 »	3 50
Chimie (cl. de Seconde C et D)	1 80	2 25
— (cl. de Première C et D)	1 90	2 40
— (cl. de Mathématiques)	2 50	3 »

Éléments de Physique et de Chimie (2e Cycle, Sect. littéraires

		Br.	Cart.
Éléments de Physique (cl. de 2e A et B). . .	Progr.	1 60	2
— — (cl. de 1re A et B). . .	de	1 50	1 90
— — (cl. de Philosophie). .	1902	3 »	3 50
Éléments de Chimie (cl. de Philosophie).		3 »	3 50

Les ouvrages suivants de M. Basin, qui répondaient aux programmes du 15 juin 1891 pour l'enseignement moderne (mais avec des compléments), continueront à être réimprimés, à cause du large emploi qui en est fait en dehors de l'enseignement secondaire.

	Br.	Cart.
Leçons de Chimie. — Un fort vol. 19/13^m	8 »	8 50

On vend séparément :

	Br.	Cart.
Métalloïdes (14e édit.): classe de 3e moderne	2 50	3 »
Métaux (13e édit.): classe de 2e moderne.	2 »	2 50
Chimie générale, Chimie organique, Analyse chimique (10e édition): classe de Première-Sciences.	3 50	4 »

	Br.	Cart.
Leçons de Physique. — 3 vol. 19/13^m, ensemble. . .	10 »	10 50

On vend séparément :

	Br.	Cart.
Pesanteur, Hydrostatique, Chaleur (11e édit.): classe de 3e moderne.	2 50	3 »
Acoustique, Optique, Électricité et Magnétisme (11e édition): classe de Seconde moderne. . . .	3 »	3 50
Compléments (3e édit.): cl. de Première-Sciences. .	5 »	5 50
La partie *Électricité* seule, extraite du précédent volume.	3 »	» »

ÉLÉMENTS

DE

CHIMIE

A L'USAGE DES ÉLÈVES

DE LA CLASSE DE PHILOSOPHIE

PAR

J. BASIN

PROFESSEUR AGRÉGÉ AU LYCÉE DE LILLE

SEPTIÈME ÉDITION

PARIS

LIBRAIRIE VUIBERT

63, BOULEVARD SAINT-GERMAIN, 63

(Tous droits réservés.)

ÉLÉMENTS DE CHIMIE

CHAPITRE I

NOTIONS PRÉLIMINAIRES

1. Divers états des corps. — Les corps se présentent à nous sous trois états différents : il y a des corps solides, des corps liquides et des corps gazeux.

1° Les corps *solides* ont une forme déterminée et sont plus ou moins durs. Leurs différentes parties gardent les unes par rapport aux autres des positions fixes, et pour les séparer, il faut exercer des efforts relativement considérables. Ex. : une pierre, un morceau de fer.

2° Les corps *liquides* n'ont pas de forme propre : leurs différentes parties peuvent glisser les unes sur les autres avec la plus grande facilité et couler d'un vase dans un autre. Ces corps prennent la forme du vase qui les contient et se terminent à la partie supérieure par une surface libre. Ex. : l'eau, le mercure.

3° Les corps *gazeux* ou, plus simplement, les gaz, possèdent la même mobilité que les corps liquides, mais leur volume est limité uniquement par la grandeur du vase qui les contient. Tandis qu'un corps solide a un volume à peu près constant, et qu'un liquide peut n'occuper qu'une partie d'un vase, un gaz, au contraire, tend toujours à augmenter de volume ; et quelque petite quantité qu'on en introduise dans un vase fermé, le gaz augmentera de volume et finira par remplir le vase tout entier. Ex. : l'air, le gaz d'éclairage.

REMARQUE. — Entre les trois états ainsi définis on trouve des états intermédiaires. Ainsi les pâtes se déforment sous la moindre pression, les sirops ne prennent que très lentement la forme du vase, qui les contient, etc.

2. Passage d'un état à un autre état. — Un même corps peut prendre successivement les états solide, liquide et gazeux.

Quand on chauffe de l'eau, elle finit par bouillir et disparaître dans l'atmosphère à l'état de vapeur, c'est-à-dire à l'état gazeux.

Tous les corps sont dans le même cas que l'eau. Nous verrons plus tard qu'on peut amener les gaz à l'état liquide, les liquides à l'état solide. L'air lui-même a été liquéfié et solidifié.

3. Combinaisons et décompositions. —Lorsqu'on met le feu à un morceau de soufre, il brûle avec une flamme bleue en répandant une odeur suffocante et semble disparaître peu à peu. En réalité, le soufre s'est uni, s'est *combiné* à un gaz contenu dans l'air et appelé oxygène : l'odeur suffocante appartient au produit de la combinaison de ces deux corps, et ce produit, appelé *gaz sulfureux*, est un corps nouveau, dans lequel on ne retrouve ni les propriétés du soufre, ni les propriétés du gaz oxygène.

Cette expérience montre que, dans une combinaison, les corps, en s'unissant entre eux, produisent un corps de nature différente et doué de propriétés nouvelles.

Inversement, jetons de la craie dans de l'eau contenant

Fig. 1. — Décomposition de la craie par un acide.

quelques gouttes d'acide chlorhydrique ; nous verrons s'en échapper aussitôt de nombreuses bulles de gaz qui montent à la surface (*fig. 1*). Ce gaz, que l'on nomme du *gaz carbonique*, existait dans la craie ; il y était combiné avec un autre corps, la chaux. La craie a été décomposée sous l'action de l'acide.

On voit par cet exemple que, dans une *décomposition*, le corps qui se décompose est ramené à des produits plus simples.

4. Différences entre un mélange et une combinaison. — Quand on mélange de la fleur de soufre et de la limaille de fer, on obtient une poudre grise, en apparence homogène. Ces deux corps ont cependant conservé chacun sa nature et ils peuvent être séparés l'un de l'autre très facilement. Ainsi un aimant promené à la surface du mélange (*fig. 2*) enlèvera tout le fer et laissera le soufre ; le même mélange jeté dans le sulfure

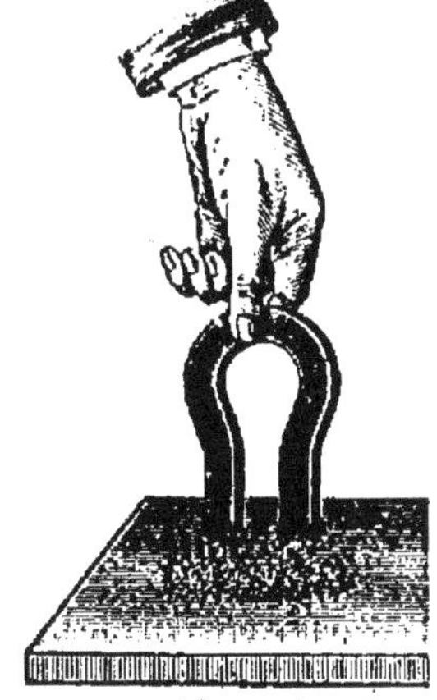

Fig. 2. — Séparation du soufre et du fer mélangés.

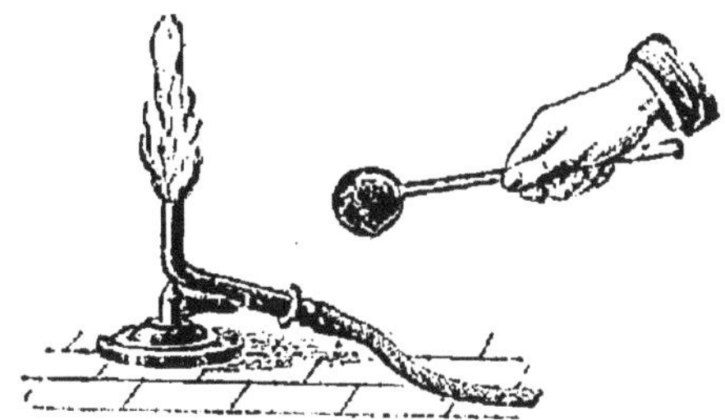

Fig. 3. — Combinaison du soufre et du fer.

de carbone, liquide qui a la propriété de dissoudre le

soufre, sera réduit à la limaille de fer. Il y a donc eu là un simple *mélange*, c'est-à-dire un phénomène purement physique.

Au contraire, projetons ce mélange de soufre et de limaille dans une cuiller en fer préalablement rougie au feu (*fig*. 3) : il devient incandescent. Après refroidissement, nous obtenons une sorte de pierre d'un noir brillant, cassante, sur laquelle le sulfure de carbone et l'aimant n'exercent plus aucune action. C'est un corps nouveau appelé *sulfure de fer*, et il y a eu combinaison et non plus mélange.

Il y a une autre différence importante entre un mélange et une combinaison. Le mélange de soufre et de fer peut être fait dans des proportions quelconques, mais il n'en est pas de même pour la combinaison. Si l'on veut préparer du sulfure de fer, il faut prendre, pour 4^g de fleur de soufre, 7^g de limaille de fer, et l'on obtient, bien entendu, 11^g de sulfure de fer. Si l'on emploie une quantité de soufre supérieure à 4^g pour la même quantité de fer, l'excédent brûle en donnant du gaz sulfureux ; si, au contraire, le fer est en excès, cet excès reste inaltéré. Donc le soufre et le fer, pour former ce sulfure de fer, s'unissent suivant une proportion déterminée et invariable.

Remarque.— Presque toutes les combinaisons sont accompagnées d'un dégagement de chaleur plus ou moins grand ; l'incandescence produite par la formation du sulfure de fer vient de nous en donner un exemple. Il y a cependant des combinaisons qui s'effectuent en absorbant de la chaleur ; on leur donne le nom de combinaisons *endothermiques*, par opposition aux premières, appelées combinaisons *exothermiques*. Ce dégagement ou cette absorption de chaleur, qui accompagnent toujours une combinaison, ne se produisent jamais avec un mélange.

5. Corps simples. — Parmi tous les corps connus actuellement, il en est que l'on ne peut décomposer, c'est-à-dire ramener à des produits plus simples, de quelque manière qu'on les traite ; tels sont l'oxygène, le mercure, le soufre, le fer. On les appelle *corps simples*.

On connaît aujourd'hui environ 70 corps simples, que l'on divise en deux groupes, les métalloïdes et les métaux.

Les *métaux* sont doués d'un éclat particulier appelé éclat métallique. Ils sont opaques, conduisent bien la chaleur et l'électricité, et se laissent pour la plupart étirer en fils ou réduire en lames. (Le mercure est liquide à la température ordinaire). On peut citer comme exemples le fer, l'argent, le plomb, le cuivre.

Les *métalloïdes* ne possèdent généralement pas l'éclat métallique ; ils conduisent mal la chaleur et l'électricité et sont relativement légers par rapport aux métaux. Le soufre, l'oxygène sont des métalloïdes.

6. Notation des corps simples. — Pour simplifier le langage et les écritures chimiques, on représente les corps simples par une abréviation ou *symbole*. Le symbole est formé, soit par la première lettre du nom du corps, soit par deux lettres s'il peut y avoir confusion entre plusieurs corps simples dont les noms commencent par la même lettre. Ainsi le symbole de l'oxygène est O, celui du soufre S, celui du fer Fe.

Par convention, le symbole de chaque corps simple représente en même temps une quantité déterminée du corps, qu'on appelle sa *masse atomique*.

7. Corps composés. — Les corps composés ou, comme on dit plus simplement, les *composés*, sont ceux dans la constitution desquels entrent plusieurs corps simples: la craie, le sulfure de fer sont des corps composés.

Pour trouver la constitution d'un composé, on le décompose en ses éléments; c'est ce qu'on appelle *analyser* le composé. Soit, par exemple, à analyser de l'*oxyde de mercure*, cette poussière rouge qui se forme à la surface du mercure quand on le chauffe pendant quelque temps à l'air. On chauffe l'oxyde dans un tube à essais, communiquant par un tube recourbé avec une petite éprouvette pleine d'eau (*fig.* 4). Il se décompose en oxygène et en mercure : celui-ci forme sur les parois du tube un anneau brillant ; l'oxygène se dégage par le tube recourbé et se rassemble à la partie supérieure de l'éprouvette.

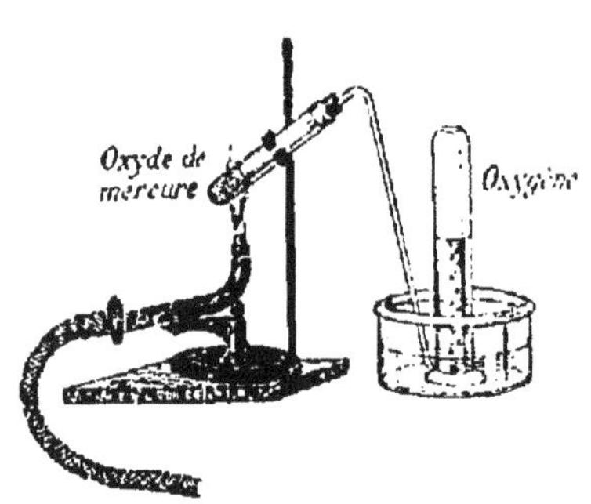

Fig. 4. — Décomposition de l'oxyde de mercure par la chaleur.

On contrôle généralement l'analyse par la *synthèse*, qui consiste à reconstituer le composé à l'aide de ses éléments ; ainsi, en brûlant du soufre dans l'oxygène, on fait la synthèse du gaz sulfureux.

RÉSUMÉ DU CHAPITRE I

Les corps se présentent à nous sous trois états. Les solides ont une forme déterminée et sont plus ou moins durs. Les liquides prennent la forme du vase qui les contient. Les gaz tendent toujours à augmenter de volume. Un même corps peut prendre successivement les trois états (glace, eau, vapeur d'eau).

On dit que deux corps se *combinent* quand ils s'unissent en produisant un corps de nature différente et doué de propriétés nouvelles (combinaison du soufre et de l'oxygène). La *décomposition* consiste a ramener un corps à des produits plus simples (décomposition de la craie par un acide).

La combinaison se distingue du mélange en ce que, dans celui-ci, les corps gardent chacun leurs propriétés, peuvent être facilement séparés l'un de l'autre et s'unissent dans des proportions quelconques.

On appelle *corps simples* les corps que l'on n'a pu jusqu'ici décomposer. Les corps simples se notent par un symbole, ordinairement la première lettre du nom.

Les corps composés sont formés de plusieurs corps simples. Pour trouver leur constitution, on en fait l'analyse et la synthèse. L'analyse est la décomposition d'un corps en ses éléments (décomposition de l'oxyde de mercure par la chaleur en mercure et en oxygène). La synthèse consiste à reconstituer un composé en partant de ses éléments.

CHAPITRE II

EAU

Formule : H_2O.

8. Composition de l'eau. — L'eau a été regardée pendant longtemps comme un élément. Lavoisier a montré que c'est en réalité une combinaison de deux gaz, l'*oxygène* et l'*hydrogène*.

Composition en volume. — On détermine la composition de l'eau en volume par analyse et par synthèse.

ANALYSE DE L'EAU. — On se sert d'un appareil appelé *voltamètre* : c'est un vase en verre (*fig. 5*) dont le fond est traversé

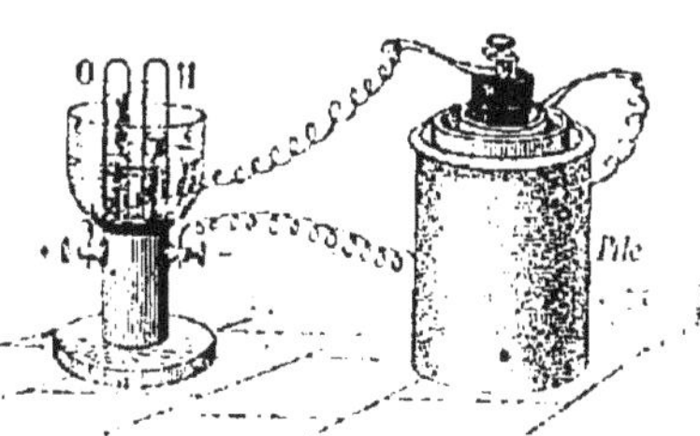

Fig. 5. — Analyse de l'eau par un courant électrique.

par deux fils métalliques pouvant être reliés respective-

ment aux deux pôles d'une source électrique. Le vase
étant rempli d'eau additionnée de soude caustique pour la
rendre conductrice, on recouvre les fils métalliques de
deux petites éprouvettes également pleines d'eau additionnée de soude.

Dès que l'on fait passer le courant, de nombreuses petites bulles gazeuses se forment autour des fils métalliques et viennent se rassembler à la partie supérieure des
éprouvettes. Le gaz qui se dégage au *pôle positif* rallume
une allumette présentant encore un point rouge : c'est
l'*oxygène*, dont nous avons déjà parlé. Le gaz qui se
dégage au *pôle négatif* est combustible et brûle avec une
flamme pâle : c'est, comme l'oxygène, un corps simple ;
on l'appelle *hydrogène*. Le volume occupé par ce dernier
gaz est, pendant toute la décomposition, exactement le
double de celui qu'occupe au même instant l'oxygène.

SYNTHÈSE DE L'EAU. — La synthèse de l'eau prouve que
ce corps est composé uni-
quement d'oxygène et d'hydrogène.

On se sert, pour la réali-
ser, d'un *eudiomètre*. C'est
un tube de verre résistant,
gradué et traversé à sa partie supérieure par deux fils
de platine (*fig.* 6) dont les
extrémités sont très rappro-
chées l'une de l'autre ; on
le renverse sur une cuve à

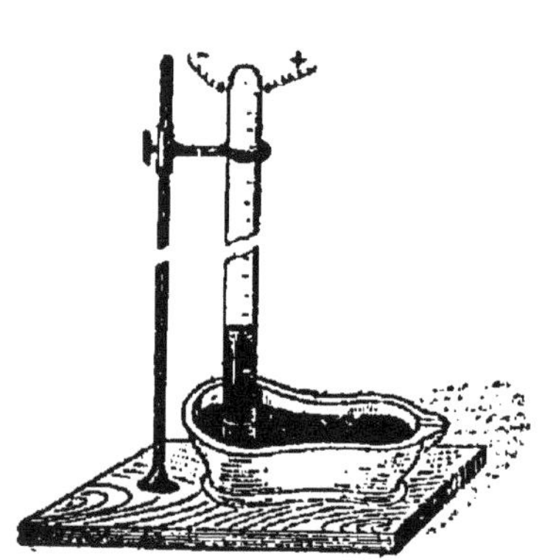

Fig. 6. — Synthèse de l'eau.

mercure après l'avoir rempli de mercure, puis on introduit successivement dans ce tube un volume quelconque

d'oxygène et un volume exactement double d'hydrogène, et on fait jaillir une étincelle électrique entre les deux fils de platine. Il se produit une détonation ; le mercure monte jusqu'au sommet et sa surface se recouvre de quelques gouttes d'eau.

Si, par une disposition spéciale, le tube était maintenu à une température supérieure à 100° pendant l'expérience, la vapeur d'eau formée par la combinaison de l'oxygène et de l'hydrogène ne se condenserait pas. On pourrait alors constater que son volume est rigoureusement égal à celui de l'hydrogène seul, ce qui permet de conclure que : *2 vol. d'hydrogène, en se combinant à 1 vol. d'oxygène, forment 2 vol. de vapeur d'eau.*

Rapport des masses d'oxygène et d'hydrogène. - - Connaissant la composition de l'eau en volume, on en déduit par le calcul, sans avoir recours à l'expérience, le rapport des masses d'oxygène et d'hydrogène qui entrent dans une quantité d'eau déterminée. En effet, l'hydrogène, à volume égal, pesant 16 fois moins que l'oxygène, 2 vol. d'hydrogène pèsent 8 fois moins qu'un volume d'oxygène.

On en déduit que la proportion cherchée est $\frac{1}{8}$. Par exemple, pour 2^g d'hydrogène, 16^g d'oxygène entrent en combinaison et il en résulte la formation de 18^g d'eau.

9. Propriétés physiques. — L'eau se présente à la surface de la terre sous les trois états : solide, liquide, et gazeux.

Eau liquide. — L'eau est liquide à la température ordinaire ; pure, elle est transparente, inodore et sans saveur. Elle est incolore sous une faible épaisseur, mais paraît bleue ou verdâtre quand on l'observe en grande masse.

La *masse spécifique* de l'eau, c'est-à-dire la masse d'un centimètre cube d'eau à la température de 4°, a été choisie comme unité de masse ; on l'a appelée *gramme-masse*. Nous avons vu en Physique que cette masse spécifique augmente de 0° à 4°, pour diminuer ensuite au-dessus de cette dernière température.

Eau solide. — Refroidie suffisamment, l'eau se solidifie ; on dit qu'elle se *congèle*. Cette solidification est accompagnée d'une augmentation de volume, augmentation qui est telle qu'elle détermine la rupture des vases, même les plus résistants, lorsqu'ils sont pleins d'eau et fermés hermétiquement. L'eau solide ou *glace* est formée par la réunion d'un grand nombre de petits cristaux étoilés (*fig.* 7) ; sa masse spécifique n'est que

Fig. 7. — Cristaux de glace.

0ᵍ ,92 ; elle fond à une température qui a été choisie pour le degré 0 du thermomètre centigrade.

Eau en vapeur. — L'eau émet des vapeurs à toutes les températures ; elle entre en ébullition, sous la pression atmosphérique de 76ᶜᵐ de mercure, à une température qu'on a adoptée pour le degré 100 du thermomètre centigrade. La vapeur d'eau a pour densité 0,622 par rapport à l'air ou, très approximativement, 5/8 ; à 100°, elle occupe un volume environ 1700 fois plus grand que le volume de l'eau liquide qui l'a formée.

10. Propriétés chimiques. — L'eau peut être décomposée par un grand nombre de corps simples.

Action des métalloïdes. — Parmi les métalloïdes, le *carbone* fixe l'oxygène de l'eau, c'est-à-dire se combine avec lui.

Fig. 8. — Décomposition de l'eau par le carbone.

Si l'on éteint des charbons rouges sous une cloche remplie d'eau (*fig.* 8), il se rassemble au sommet de la cloche un mélange de trois gaz : l'hydrogène, le gaz carbonique, et un autre, composé de carbone et d'oxygène, appelé oxyde de carbone.

Le *chlore*, sous l'influence de la chaleur ou de la lumière solaire, s'empare de l'hydrogène pour former de l'acide chlorhydrique et met l'oxygène en liberté.

Action des métaux. — L'eau est décomposée par la plupart des métaux à une température qui varie avec la nature du métal. Ils s'emparent de son oxygène et mettent de l'hydrogène en liberté.

Les métaux dits alcalins, comme le potassium et le sodium, réagissent à la température ordinaire en dégageant beaucoup de chaleur.

Le *potassium* est un métal mou que l'on conserve dans de l'essence de pétrole. Jetons un fragment de potassium sur l'eau contenue dans un vase à bords élevés. Le métal, plus léger que l'eau, se maintient à sa surface en la décomposant (*fig.* 9); il tournoie rapidement, en même temps que l'hydrogène dégagé s'enflamme et brûle avec une flamme violacée. Il se forme un composé, la potasse, qui, à un moment donné, se dissout brusquement dans l'eau en projetant des fragments de tous côtés.

Le *sodium* dégage également de l'hydrogène et forme de la soude (155).

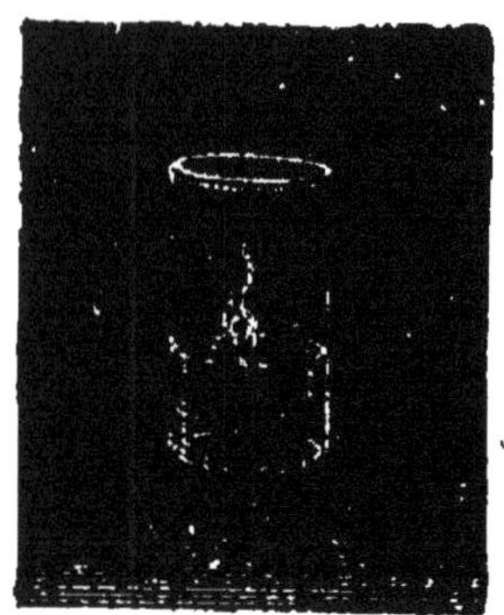

Fig. 9. — Décomposition de l'eau par le potassium.

Le *fer* ne décompose l'eau que s'il est chauffé au rouge : l'oxygène de l'eau se combine au fer pour former de l'oxyde de fer, et l'hydrogène mis en liberté se dégage. Enfin les métaux dits précieux, comme l'*or*, l'*argent*, n'exercent d'action sur l'eau à aucune température.

11. Propriétés dissolvantes de l'eau. — L'eau dissout en quantité plus ou moins grande la plupart des gaz comme l'oxygène, le gaz carbonique ; elle dissout également un grand nombre de corps solides : le sucre, le sel marin fondent dans l'eau. Il en résulte que l'eau rencontrée à la surface du sol n'est jamais pure : elle tient en dissolution les gaz qui forment l'air et, en outre, une proportion variable de corps solides empruntés aux terrains avec lesquels elle s'est trouvée en contact.

Gaz dissous dans l'eau. — Les plus importants des gaz dissous dans l'eau sont : le gaz carbonique, l'oxygène, et un troisième gaz, l'azote, qui est mélangé à l'oxygène dans l'air. Ces trois gaz forment ensemble un volume de 25^{cm^3} environ par litre d'eau de pluie. Tandis que la proportion en volume de l'oxygène et de l'azote est $\frac{1}{5}$ dans l'air, elle est

égale à environ $\frac{1}{2}$ dans l'eau, car l'oxygène est plus so-

luble que l'azote.

Pour extraire ces gaz de l'eau, on remplit complètement de ce liquide un ballon ainsi que son tube à dégagement, et l'on fait aboutir celui-ci à une éprouvette pleine de mercure et reposant sur la cuve à mercure (*fig.* 10). En chauffant l'eau du ballon jusqu'à l'ébullition, les gaz qui s'y trouvent en dissolution se dégagent et se rassemblent au sommet de l'éprouvette. Ces gaz sont constitués principalement par de l'air, ce qui explique pourquoi les animaux aquatiques et les plantes peuvent respirer dans l'eau.

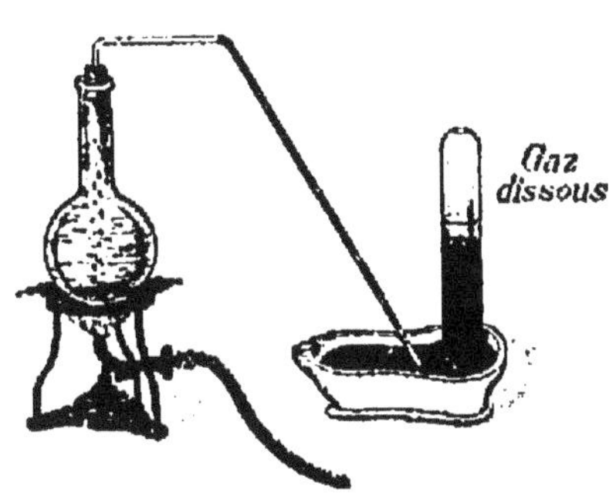

Fig. 10. — Extraction des gaz dissous dans l'eau.

Solides dissous dans l'eau. — Lorsqu'on évapore à sec (c'est-à-dire jusqu'à ce qu'il ne reste plus trace de liquide) de l'eau ordinaire, on obtient toujours un dépôt formé par les solides que cette eau tenait en dissolution ou en suspension. Ce dépôt est constitué principalement par du sel marin (chlorure de sodium), des sels de calcium et des matières organiques.

Une eau qui contient du chlorure de sodium donne avec l'azotate d'argent un dépôt ou précipité blanc de chlorure d'argent, soluble dans l'ammoniaque et dans l'hyposulfite de sodium.

Une eau qui contient du sulfate de calcium donne un précipité blanc de sulfate de baryum avec une dissolution d'azotate de baryum.

Enfin, une eau chargée de matières organiques devient d'un brun foncé et dépose de l'or métallique quand on la chauffe avec du chlorure d'or.

Eau pure. — Distillation de l'eau ordinaire. — On débarrasse l'eau ordinaire de toutes les matières solides en la
distillant. L'eau soumise à la distillation est chauffée dans
un alambic en cuivre, communiquant avec un serpentin
entouré d'eau froide constamment renouvelée (*fig.* 11). La

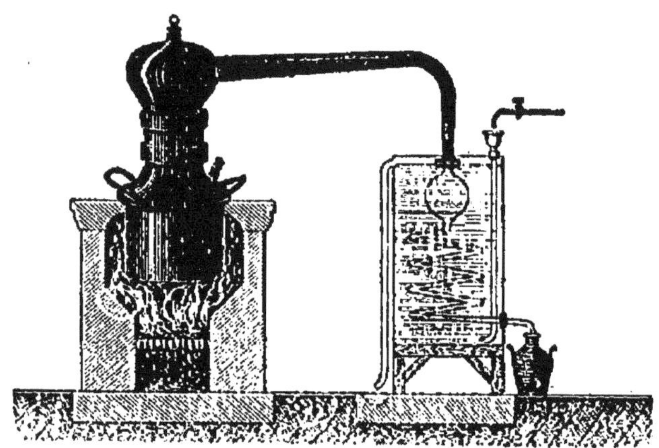

Fig. 11. — Distillation de l'eau.

vapeur d'eau provenant de l'alambic se condense dans ce
serpentin et est recueillie dans un vase extérieur. Il faut
arrêter la distillation quand on a recueilli environ les 3/4
de l'eau chauffée, afin d'éviter la production de gaz qui
pourraient résulter des réactions des corps étrangers restant
dans l'alambic.

12. Eaux potables. — On appelle *eau potable* toute eau
qui convient aux usages domestiques et peut servir de
boisson. Pour être potable, une eau doit être fraîche, lim-
pide, sans odeur, d'une saveur faible mais agréable; elle
doit renfermer de l'air en dissolution, cuire les légumes
en les ramollissant et dissoudre le savon sans former de
grumeaux. Il faut enfin qu'elle renferme des substances

minérales en dissolution et contienne aussi peu que possible de matières organiques.

L'eau privée d'air, comme celle qui vient d'être distillée, est fade et d'une digestion difficile. La présence des substances minérales est très utile au point de vue de l'alimentation : le carbonate de calcium, par exemple, contribue à la nutrition du tissu osseux. La proportion de ces substances ne doit cependant pas dépasser 5 décigrammes par litre. Si cette proportion est dépassée, l'eau est dite *lourde* ou *crue*; elle devient impropre au savonnage et à la cuisson des légumes, principalement si elle contient une certaine quantité de sulfate de calcium (eau *séléniteuse*).

Quant aux matières organiques, en se putréfiant elles communiquent à l'eau une odeur désagréable et favorisent le développement de germes organisés qui sont souvent l'origine de maladies épidémiques. Ces matières s'accumulent principalement dans les eaux stagnantes (eaux de mares, d'étangs).

On purifie les eaux non potables par ébullition ou par filtration. Une *ébullition* prolongée pendant 20 minutes détruit les germes organisés que l'eau peut contenir, mais chasse en même temps les gaz dissous ; aussi doit-on agiter l'eau ensuite quelque temps à l'air afin de la rendre digestible. La *filtration* s'opère de plusieurs manières. Tantôt on fait traverser à l'eau une couche de charbon de bois comprise entre deux couches de sable (*fig.* 12) : l'eau est ainsi clarifiée, en même temps que le charbon lui a enlevé toute odeur désagréable. Tantôt encore, on filtre

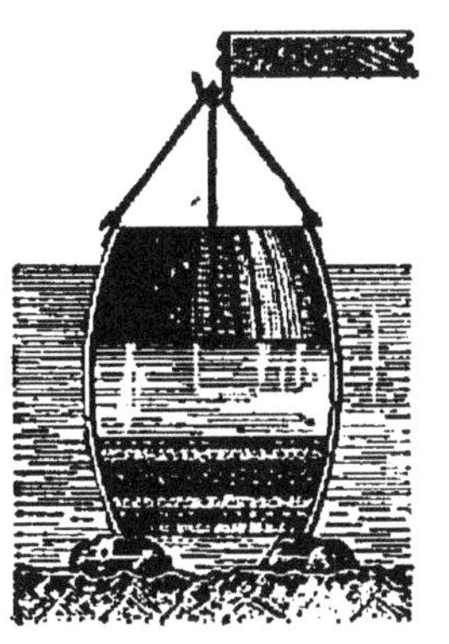

Fig. 12.— Filtration de l'eau à travers le charbon.

l'eau à travers des tubes en porcelaine dégourdie (bougies Chamberland) dont les pores arrêtent les germes organisés ;

la bougie est enfermée dans un manchon en cuivre nickelé
qui s'adapte au robinet d'eau sous pression (*fig.* 13, A). On
peut aussi plonger simplement dans un récipient plein d'eau

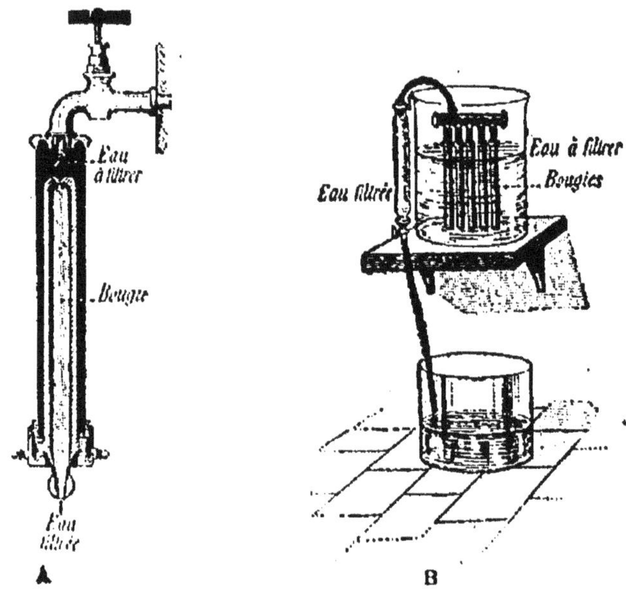

Fig. 13. — Filtres Chamberland.
A, avec pression. — B, sans pression.

une ou plusieurs bougies communiquant avec un tube formant siphon et amorcé par succion (*fig.* 13, B).

Remarque. — Pour la production de la vapeur et pour une foule
d'autres usages industriels, on cherche à obtenir des eaux qui, sans
être absolument potables, soient convenablement dépouillées, non
seulement des matières en suspension, mais aussi de celles qui
sont en dissolution. Il convient surtout d'éliminer les sels de calcium et les sels de magnésium, qui sont les plus nuisibles et forment
la plus grande partie des incrustations. On y arrive par l'emploi
de réactifs convenables, dits *réactifs épurants*, qui décomposent ces
sels et donnent des sels insolubles qui se précipitent et des sels plus
solubles, par suite moins incrustants, que les sels primitifs. Les
réactifs épurants les plus usités sont l'eau de chaux et la soude caustique.

Pour se rendre compte de la pureté comparative d'une eau, on
emploie la méthode *hydrotimétrique* de MM. Boutron et Boudet, qui
repose sur le principe suivant : si l'on verse une solution alcoolique
de savon dans une eau contenant des sels calcaires et magnésiens,
ceux-ci sont précipités et, quand la précipitation est complète, il

se forme une mousse qui persiste pendant 8 à 10 minutes, puis disparaît. Du volume de liqueur savonneuse employée pour produire l'apparition de cette mousse persistante, il est possible de déduire le degré d'impureté de l'eau essayée.

13. Eaux minérales. — Les eaux minérales sont des eaux naturelles qui ont dissous sur leur passage certaines substances et sont utilisées à cause de cela pour leurs propriétés curatives. Celles qui viennent d'une certaine profondeur sont en outre à une température plus ou moins élevée ; on les appelle *eaux thermales*.

Il y a des eaux minérales :

Gazeuses, riches en gaz carbonique (Seltz) ;

Alcalines, contenant des bicarbonates alcalins (Vichy) ;

Sulfureuses, contenant des sulfures alcalins (Enghien) ;

Ferrugineuses, contenant des composés du fer (Spa) ;

Salines ou purgatives, contenant des sels de magnésium (Sedlitz).

14. Eau oxygénée, H_2O_2. — L'eau oxygénée est une combinaison d'hydrogène et d'oxygène dans laquelle il y a 16^g d'oxygène pour 1^g d'hydrogène.

On la prépare en traitant le bioxyde de baryum par l'acide fluorhydrique.

C'est un liquide incolore, d'une saveur métallique désagréable. Elle se décompose facilement en eau et en oxygène, ce qui en fait un oxydant énergique.

On emploie l'eau oxygénée pour blanchir la soie, la paille, les plumes, l'ivoire, pour décolorer les jus sucrés. Elle décolore les cheveux et les fait passer du brun au blond. Très étendue, elle sert à restaurer les peintures qui ont été noircies par l'acide sulfhydrique. En médecine, on utilise l'eau oxygénée pour amener la cicatrisation des plaies.

RÉSUMÉ DU CHAPITRE II

L'eau est une combinaison d'oxygène et d'hydrogène ; en volume, un volume d'oxygène se combine à deux volumes d'hydrogène et forme deux volumes de vapeur d'eau. On vérifie cette composition en décomposant l'eau par un courant électrique ou en enflammant un mélange de 1 vol. d'oxygène et 2 vol. d'hydrogène. Le rapport des masses d'hydrogène et d'oxygène qui entrent dans une quantité d'eau déterminée est 1/8.

L'eau est bleue ou verdâtre en grande masse. C'est la masse d'un centimètre cube d'eau qui a été prise pour unité de masse (gramme-masse). L'eau augmente de volume en se solidifiant. Son point d'ébullition sous la pression de 76^{cm} de mercure et le point de fusion de la glace ont été choisis comme points fixes 100 et 0 du thermomètre centigrade. La densité de la vapeur d'eau est les 5/8 de celle de l'air. L'eau est décomposée par quelques corps simples: le carbone, le potassium s'emparent de son oxygène et mettent l'hydrogène en liberté.

L'eau ordinaire tient en dissolution des gaz (air, gaz carbonique) et des sels minéraux. Elle contient en outre une quantité variable de matières organiques et de germes organisés. Pour débarrasser l'eau des solides qui s'y trouvent en dissolution, on la distille.

Les eaux sont potables quand elles sont propres à la boisson et aux usages domestiques. Pour être potable, une eau doit être fraîche, sans odeur, avoir une faible saveur agréable, être suffisamment aérée, bien cuire les légumes et dissoudre le savon, enfin renfermer en dissolution des matières minérales dont la masse n'excède pas 5 décigrammes par litre.

CHAPITRE III

AIR. — AZOTE

AIR

15. Composition de l'air. — L'air, comme l'eau, a été longtemps considéré comme un élément. Ce fut Lavoisier qui, en 1775, en fixa la composition. Sa méthode consistait en principe à chauffer du mercure en présence d'un volume déterminé d'air ; le mercure absorbait l'oxygène et formait de l'oxyde de mercure; le gaz restant était de l'azote.

En réalité l'air est un mélange gazeux formé essentiellement d'azote et d'oxygène, auxquels s'ajoutent de la vapeur d'eau, du gaz carbonique et une très petite quantité d'autres gaz divers: gaz ammoniac, acide sulfhydrique,

ozone (c'est-à-dire oxygène modifié), etc. Il tient en suspension une multitude de corpuscules solides, visibles
quand un rayon de soleil les éclaire dans une chambre
noire. Ces corpuscules sont constitués par des poussières
minérales (sel marin, etc.), des débris de matières organiques et des germes organisés. Enfin, on y a découvert
récemment la présence de nouveaux gaz, dont le plus
important a reçu le nom d'*argon*.

16. Dosage de l'azote et de l'oxygène. — Le rapport
entre les volumes de l'azote et de l'oxygène de l'air est
sensiblement égal à 4/1. Ce rapport peut être déterminé
par les méthodes suivantes :

1° *Par le phosphore à chaud.* — On chauffe un fragment
de phosphore dans une cloche courbe reposant sur l'eau et
contenant un volume d'air connu (*fig.* 14). Le phosphore

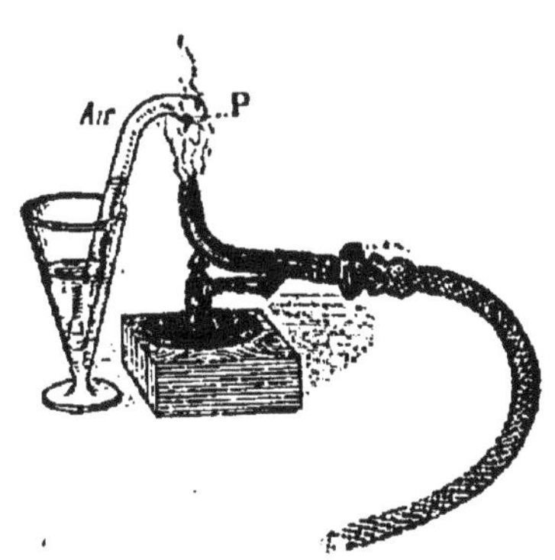

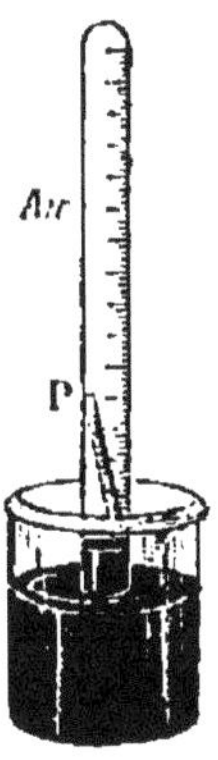

Fig. 14. — Dosage de l'azote par le   Fig. 15. — Dosage de l'azote
        phosphore à chaud.   par le phosphore à froid.

brûle en s'emparant de l'oxygène. Quand la combustion
est terminée, on laisse refroidir et l'on constate que l'eau
s'est élevée dans la cloche de façon à réduire de 1/5 environ le volume primitif de l'air.

2° *Par le phosphore à froid.* — Dans un tube gradué,

aux 3/4 rempli d'air et reposant sur le mercure, on introduit un bâton de phosphore (*fig.* 15) et on abandonne le tout pendant 24 heures. Au bout de ce temps, le phosphore a absorbé tout l'oxygène, et le niveau du mercure, qui avait été noté avec soin, est monté dans le tube, comme l'avait fait celui de l'eau dans l'expérience précédente, et de manière à réduire le volume gazeux dans la même proportion.

3° *Par l'eudiomètre.* — On introduit dans un eudiomètre 100 cent. cubes d'air et un volume égal d'hydrogène, puis on fait passer une étincelle ; le mercure monte dans le tube et il ne reste plus que 137 cent. cubes de gaz, constitués par l'azote et par l'hydrogène non employé. Sur les 63 cent. cubes qui ont disparu pour former de l'eau, il y avait nécessairement 1/3, soit 21 cent. cubes d'oxygène ; et 2/3, soit 42 cent. cubes d'hydrogène. Donc les 100 cent. cubes d'air contenaient 21 cent. cubes d'oxygène.

4° Dumas et Boussingault ont fixé la composition de l'air en masse. Leur méthode consiste en principe à faire passer un courant d'air dépouillé de son gaz carbonique et de sa vapeur d'eau sur du cuivre chauffé ; celui-ci s'empare de l'oxygène et laisse l'azote.

D'après les recherches récentes de M. Leduc, en masse l'air contient exactement 75^p,5 d'azote, 23^p,2 d'oxygène, 1^p,3 d'argon ; en volume il y a 78^{vol},06 d'azote, 21^{vol} d'oxygène et 0^{vol},94 d'argon.

17. Nouveaux gaz de l'air. — En 1894, MM. Ramsay et Rayleigh découvrirent que l'azote extrait des composés chimiques azotés est de $\frac{1}{2}$ % environ plus léger que l'azote atmosphérique, et que cette différence ne provient pas d'impuretés connues. Ils en conclurent que l'air contenait quelque gaz resté jusque-là inconnu.

Sachant que le magnésium absorbe complètement l'azote au rouge, ils firent passer sur du magnésium chauffé au rouge, de l'air qui avait été préalablement débarrassé de son oxygène, de sa vapeur d'eau et de son gaz carbonique. La plus grande partie de l'azote fut absorbée, et le résidu $\left(\dfrac{1}{100}\right.$ environ du volume d'air primitif$\left.\right)$ était un gaz différent de l'azote par ses propriétés. Comme ce gaz avait peu d'affinités, on lui donna le nom d'*argon*, qui veut dire inactif.

L'argon est 2 fois 1/3 plus soluble que l'azote ; il est un peu plus dense que ce gaz $(d = 1,06)$. Reconnu d'abord pour un corps simple, c'est en réalité un mélange de plusieurs gaz auxquels on a donné les noms de *métargon*, de *néon*, de *krypton*, de *xénon*.

18. Gaz carbonique. — Vapeur d'eau. — L'air renferme environ les $\dfrac{3}{10000}$ de son volume de gaz carbonique. On constate la présence de ce gaz en abandonnant à l'air un vase contenant de l'eau de chaux ; la surface du liquide se recouvre peu à peu d'une pellicule blanche de carbonate de calcium.

La *vapeur d'eau* existe dans l'air en proportion très variable. C'est à elle qu'est due l'augmentation de masse des substances avides d'eau (acide sulfurique, chlorure de calcium) abandonnées à l'air ; c'est elle qui se condense sous forme de buée sur les parois extérieures d'un vase contenant de l'eau très froide.

On peut doser à la fois la vapeur d'eau et le gaz carbonique contenus dans un volume d'air déterminé, à l'aide d'une série de tubes en U (*fig.* 16) et d'un aspirateur dont on fait écouler l'eau lentement et d'une façon continue. L'air extérieur abandonne d'abord sa vapeur d'eau dans les premiers tubes, contenant de la pierre ponce imbibée d'acide sulfurique concentré ; puis son gaz carbonique dans les tubes suivants, renfermant de la potasse ; il se rend finalement dans l'aspirateur, où il remplace l'eau au fur et à mesure de son écoulement. Un tube à ponce sulfurique précède l'aspirateur et est destiné à empêcher la vapeur d'eau contenue dans ce dernier de pénétrer dans les tubes à potasse. Les quantités de vapeur d'eau et de gaz

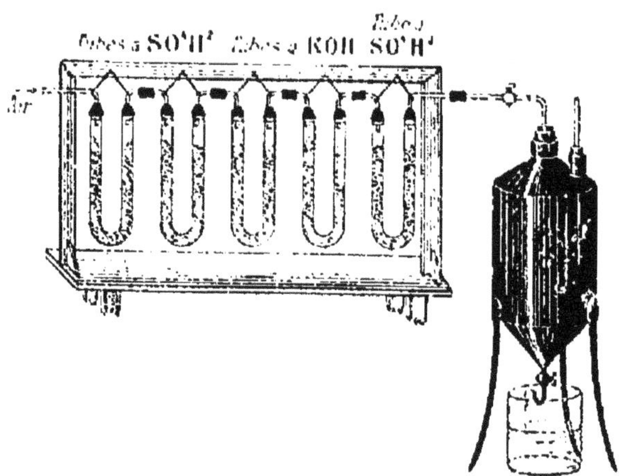

Fig. 16. — Dosage de la vapeur d'eau et du gaz carbonique.

carbonique sont données par l'augmentation de masse des tubes qui les ont absorbées.

19. L'air est un mélange. — Bien que l'air ait une composition constante, aussi bien dans les hautes régions qu'au niveau du sol, c'est un mélange et non une combinaison. En effet :

1° Les volumes de deux gaz qui se combinent sont toujours dans un rapport simple, tandis que le rapport 21/78 n'est pas un rapport simple ;

2° L'air dissous dans l'eau est plus riche en oxygène que l'air ordinaire. Chaque gaz s'est donc dissous avec son coefficient de solubilité propre ; il n'en serait pas ainsi si l'air était une combinaison.

20. Propriétés de l'air. — L'air est incolore sous une faible épaisseur, et bleu quand il est vu en grande masse. Rappelons qu'un litre d'air à 0° et sous la pression de 76ᶜᵐ de mercure pèse 1ᵍ,293, c'est-à-dire 773 fois moins qu'un litre d'eau.

C'est par l'oxygène qu'il contient que l'air entretient les combustions et la respiration.

Air liquide. — L'air liquide commence à prendre une véritable importance industrielle à cause du prix relativement peu élevé auquel on est arrivé à le fabriquer et des nombreuses applications qu'il comporte.

Nous avons vu en Physique (Seconde A et B, 141) que les appareils employés pour liquéfier l'air sont basés sur le froid résultant d'une détente continue. L'air liquide est recueilli dans des ballons ouverts (*fig.* 17) formés de deux enveloppes entre lesquelles on a fait le vide (ballons d'Arsonval). La couche superficielle du liquide se trouvant seule en contact avec l'atmosphère, l'évaporation est très lente et on peut ainsi conserver de l'air liquide pendant plus de 15 jours.

Fig. 17. — Ballon d'Arsonval.

Propriétés. — L'air liquide présente une légère teinte laiteuse. Son point d'ébullition est —191°. On peut y plonger la main impunément, car le liquide prend l'état sphéroïdal et est séparé de la peau par une mince couche de vapeur ; il faut toutefois retirer la main aussitôt, car cette couche disparaissant rapidement, le froid serait tel que la main serait brûlée comme par un métal en fusion.

Au contact de l'air liquide, le mercure se congèle aussitôt et acquiert la dureté du zinc ; l'alcool se solidifie facilement ; la viande et les corps élastiques, comme le caoutchouc, deviennent durs et cassants comme du verre ; la conductibilité des métaux augmente considérablement. Enfin les corps prennent une coloration particulière sous l'influence de l'abaissement de température ; c'est ainsi que la fleur de soufre prend une coloration blanche comme l'amidon ; l'iodure de mercure, qui est d'un beau rouge vif, se colore en jaune au contact de l'air liquide.

Applications. — La plus importante des applications de l'air liquide est l'extraction de l'oxygène (28). L'air riche en oxygène est employé pour la préparation du chlore par le procédé Deacon, et en métallurgie. Dans la fabrication de l'acier par le procédé Siemens-Martin, par exemple, on fait arriver de l'air aux gazogènes avec un jet de gaz riche en oxygène ; on a ainsi une température plus élevée et l'on obtient des produits plus purs, principalement pour les plaques de blindage.

Comme source de froid, l'air liquide est appelé à rendre de grands services. C'est au moyen de l'abaissement de température produit par l'ébullition de l'air liquéfié que MM. Moissan et Dewar ont liquéfié le fluor. Avec quelques gouttes d'air liquide, on empêchera les canons à tir rapide et prolongé de s'échauffer en tirant.

Un mélange d'air liquide et de charbon pulvérisé constitue un excellent explosif et peut remplacer avantageusement la dynamite. Ce mélange est très économique et doit être utilisé immédiatement, d'où l'impossibilité de le voler ou de l'utiliser pour des attentats.

Signalons enfin, comme applications dont est susceptible l'air liquide, le chargement des obus et des torpilles, la trempe de l'acier aux basses températures, le vieillissement des cognacs, peut-être la propulsion des ballons et des bateaux sous-marins.

AZOTE.

Symbole : Az — M.[1] atomique : 14.

21. État naturel. — L'azote est un des éléments de l'air, dont il forme environ les 4/5 en volume. Il entre dans la constitution d'un grand nombre de composés : ammoniaque, acide azotique, azotates, matières albuminoïdes, etc.

22. Préparation. — *L'azote s'extrait ordinairement de l'air*, auquel on enlève l'oxygène à l'aide de corps absorbant facilement ce gaz, comme le phosphore.

Sur un large bouchon de liège flottant sur l'eau on dépose une petite coupelle contenant un fragment de *phosphore* ; on enflamme le phosphore et on recouvre le tout d'une cloche (*fig.* 18). Il se produit des fumées blanches épaisses d'anhydride phosphorique, corps très soluble dans l'eau. Quand la combustion est terminée, ces fumées se

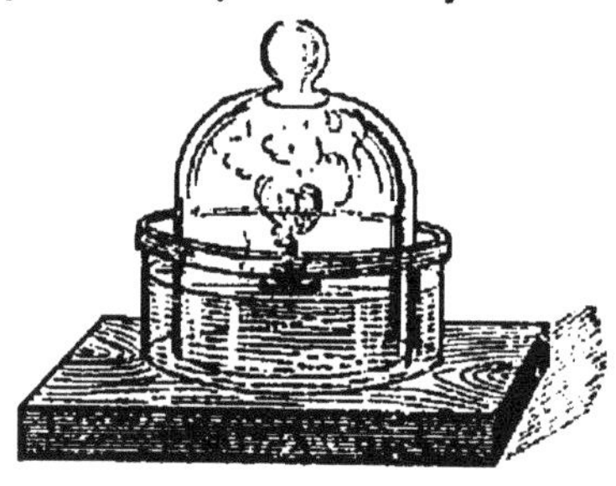

Fig. 18.—Préparation de l'azote par le phosphore.

dissipent peu à peu, en même temps que l'eau monte dans

[1] M. = Masse.

la cloche pour remplacer l'oxygène disparu. On transvase alors le gaz restant dans des éprouvettes; c'est de l'azote mélangé à un peu d'oxygène non absorbé et de gaz carbonique.

On obtient aussi de l'azote en décomposant par la chaleur une dissolution concentrée d'un sel appelé azotite d'ammo-

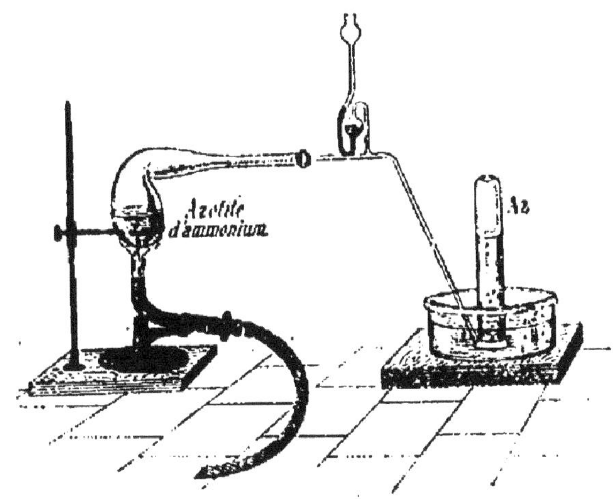

Fig. 19. — Préparation de l'azote par l'azotite d'ammonium.

nium, ou encore un mélange d'azotite de potassium et de chlorure d'ammonium en solutions concentrées. On effectue cette décomposition dans une petite cornue de verre munie d'un tube à dégagement (*fig.* 19).

23. Propriétés physiques. — L'azote est un gaz incolore, inodore et insipide. Sa densité ([1]) est 0,97. Il est très

---

([1]) Nous avons défini (*Physique* de Seconde A et B, 102) la densité d'un gaz : le rapport constant qui existe entre la masse d'un certain volume de ce gaz et la masse d'un égal volume d'air, les deux volumes étant considérés à 0° et sous la pression de 76^{cm} de mercure.

peu soluble dans l'eau, qui n'en dissout que 2 % de son volume à 0°.

Liquéfaction. — L'azote est très difficile à liquéfier. Sa température critique est — 146°. L'azote liquide est transparent et bout à — 194° ; Wroblewski l'a obtenu en cristaux neigeux à — 203°.

Action sur l'organisme. — L'azote n'entretient pas la respiration. Il n'est pas délétère, et son rôle principal dans l'air est de tempérer l'action trop vive qu'exercerait l'oxygène pur.

24. Propriétés chimiques. — L'azote n'est pas combustible. Il n'entretient pas la combustion : une bougie allumée s'y éteint. Il ne se combine directement qu'à un très petit nombre de corps, comme le bore, le magnésium.

Cette dernière propriété a été utilisée pour retirer l'argon de l'air atmosphérique (17).

Sous l'influence des étincelles électriques, l'azote peut s'unir à l'hydrogène pour former du gaz ammoniac.

25. Caractères. — L'azote n'a que des caractères négatifs : il est inodore, ne brûle pas et éteint les corps en combustion ; enfin, il ne trouble pas l'eau de chaux et n'exerce aucune action sur le tournesol.

26. Usages. — L'azote n'est employé que dans des cas très rares, pour conserver des matières organiques à l'abri de l'air et les préserver de toute altération.

RÉSUMÉ DU CHAPITRE III

L'*air* est un mélange gazeux formé essentiellement de $\frac{1}{5}$ d'oxygène et $\frac{4}{5}$ d'azote en volume ; il contient aussi $\frac{3}{10\,000}$ en volume de gaz carbonique, de la vapeur d'eau en quantité variable, de l'argon et une petite quantité de gaz divers. Il tient en suspension des poussières minérales et organiques.

Pour déterminer le rapport en volume de l'oxygène et de l'azote, on se sert de tubes gradués contenant un volume d'air connu et on absorbe l'oxygène soit par du phosphore à chaud, soit par du phosphore à froid.

L'air est un mélange et non une combinaison ; le rapport suivant lequel l'oxygène et l'azote sont unis n'est pas simple ; et chacun de ces deux gaz, en présence de l'eau, se dissout comme s'il était seul.

1 litre d'air pèse 1^g,293 (approximativement 1^g,3) à $0°$ et sous la pression de 76^{cm} de mercure.

L'azote ($Az = 14$) forme les 4/5 de l'air en volume. On l'extrait de l'air en brûlant du phosphore sous une cloche reposant sur l'eau. On obtient de l'azote d'une façon continue en faisant passer un courant d'air sur du cuivre chauffé ; le cuivre absorbe l'oxygène.

L'azote est un gaz incolore, peu soluble dans l'eau. Ses affinités chimiques sont très faibles ; il n'entretient pas la combustion et ne brûle pas. Il se combine surtout au magnésium.

CHAPITRE IV

OXYGÈNE

Symbole : O.   M. atomique : 16.

27. État naturel. — L'oxygène est un des corps les plus répandus dans la nature ; il forme environ le 1/5 en volume de l'air ; à l'état de combinaison, il entre dans la constitution de l'eau et d'un grand nombre de composés.

28. Préparation. — Il semble tout naturel d'extraire l'oxygène de l'air ou de l'eau ; mais cette opération est assez compliquée et ne se fait que dans l'industrie. Dans les laboratoires, on préfère employer des composés qui contiennent de l'oxygène et le cèdent facilement sous l'influence de la chaleur ou de l'eau ; les composés les plus employés sont le *chlorate de potassium* et l'*oxylithe*.

Décomposition du chlorate de potassium. — Le chlorate de potassium est un sel qui se présente en paillettes blanches brillantes ; chauffé modérément, il fond, puis se décompose et dégage de l'oxygène ; il reste finalement un résidu de *chlorure de potassium*. Ordinairement, on ajoute au chlorate un peu de bioxyde de manganèse, minéral noir naturel, qui rend plus régulière la décomposition du chlorate.

Le mélange de chlorate et de bioxyde est chauffé modérément dans un petit ballon ou un large tube de verre (*fig.* 20) portant un tube à dégagement relié à un flacon

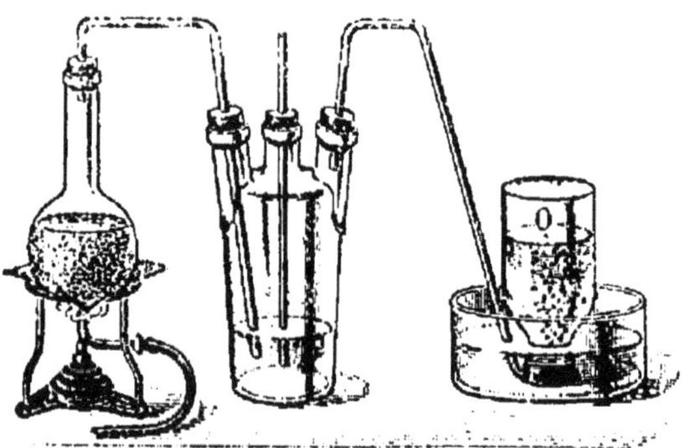

Fig. 20. — Préparation de l'oxygène par le chlorate de potassium.

laveur contenant de l'eau. L'oxygène lavé est recueilli dans des flacons ou des éprouvettes placés dans un cristallisoir contenant de l'eau.

Préparation par l'oxylithe. — L'oxylithe est un composé oxygéné du sodium que l'on obtient en faisant absorber l'oxygène de l'air sec par du sodium fondu. Il suffit de projeter de l'oxylithe dans l'eau pour avoir de l'oxygène.

Extraction de l'oxygène de l'air. — Dans l'industrie la plus grande partie de l'oxygène s'extrait de l'air liquide.

Lorsqu'on liquéfie l'air, ses éléments passent simultanément à l'état liquide, bien que l'oxygène soit moins volatil que l'azote ; mais pendant l'évaporation de l'air liquide, l'azote se dégage le premier, de sorte que le mélange devient de plus en plus riche en oxygène. L'oxygène ainsi obtenu ne contient que 2 à 3 °/₀ d'azote. On le livre au commerce dans des cylindres en acier où il a été fortement comprimé (120^{kg} par centimètre carré).

On obtient aussi de l'oxygène industriellement par l'électrolyse de l'eau (8).

29. Propriétés physiques. — L'oxygène est un gaz incolore, inodore et sans saveur. Sa densité est 1,105. Il est très peu soluble dans l'eau : un litre de ce liquide ne dissout que 41 centimètres cubes d'oxygène à 0°, et 32 à 10°. L'argent fondu le dissout en assez grande quantité, et le dégage brusquement en se solidifiant, produisant ainsi le phénomène connu sous le nom de *rochage*.

Liquéfaction. — L'oxygène est très difficile à liquéfier. En soumettant ce gaz à un froid de —136° sous une pression de 22^{kg}, MM. Wroblewski et Olzewski ont obtenu un liquide transparent, incolore et très mobile qui entre en ébullition à —184°.

Action sur l'organisme. — L'oxygène est l'agent essentiel de la respiration. L'air introduit dans les poumons cède son oxygène au sang qui a traversé toutes les parties du corps et reçoit en échange du gaz carbonique et de la vapeur d'eau. Pur, l'oxygène peut être respiré quelque temps sans inconvénient, mais il devient un poison si sa pression est supérieure à la pression normale.

30. Propriétés chimiques. — L'oxygène est surtout caractérisé par cette propriété que les corps combustibles y brûlent avec plus d'éclat que dans l'air; si, dans une éprouvette pleine d'oxygène, on introduit une allumette présentant encore un point en ignition, elle se rallume en faisant entendre une petite détonation (*fig.* 21).

Action sur les métalloïdes. — La plupart des métalloïdes s'unissent à l'oxygène avec production de chaleur et de lumière.

Mettons un morceau de *soufre* dans une petite coupelle en terre que supporte un fil de fer fixé à un large bouchon de liège, enflammons-le et descendons la coupelle dans

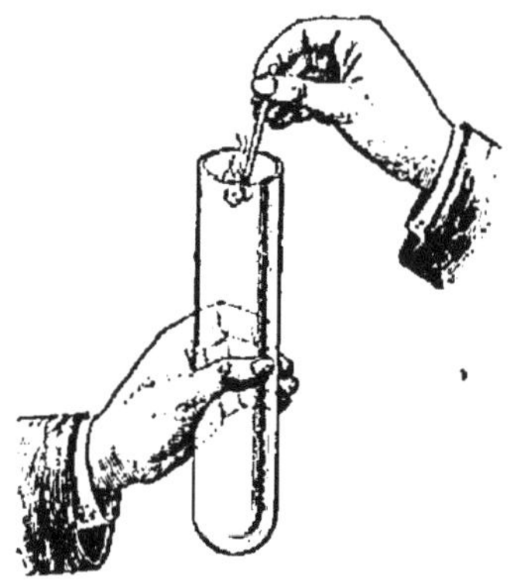

Fig. 21. — L'oxygène rallume une allumette presque éteinte.

Fig. 22. — Combustion du phosphore dans l'oxygène.

un flacon plein d'oxygène; le soufre brûlera avec une flamme d'un beau bleu pur, en formant un gaz à odeur suffocante appelé anhydride sulfureux.

Remplaçons le soufre par un fragment de *phosphore* bien sec, allumons ce fragment avec une allumette et introduisons-le rapidement dans un flacon d'oxygène (*fig.* 22); il brûlera en produisant une lumière éblouissante, accompagnée de fumées blanches épaisses d'anhydride phosphorique, combinaison d'oxygène et de phosphore.

Enfin un bâton de fusain (*carbone*) rougi préalablement brûle de même avec éclat en se transformant en gaz carbonique, gaz incolore ayant la propriété de troubler l'eau de chaux.

Action sur les métaux. — De tous les métaux, les métaux précieux seuls, comme l'or et le platine, ne se combinent pas directement avec l'oxygène ; les autres, chauffés à une température plus ou moins élevée, brûlent dans ce gaz en produisant des oxydes. La combustion du magnésium et celle du fer sont particulièrement brillantes.

Un ruban de magnésium enflammé préalablement à une extrémité brûle dans l'oxygène avec une flamme éblouissante. Il se dépose sur les parois du flacon une poussière blanche de magnésie.

Pour montrer la combustion du fer, on introduit rapidement dans l'oxygène un fil de clavecin enroulé en spirale, à l'extrémité libre duquel se trouve un morceau d'amadou enflammé (*fig.* 23). Le fer brûle en lançant de tous côtés des étincelles brillantes et en se transformant en oxyde de fer ; cet oxyde fond et se détache en globules qui détermineraient la rupture du flacon si l'on n'avait eu soin d'y laisser un peu d'eau.

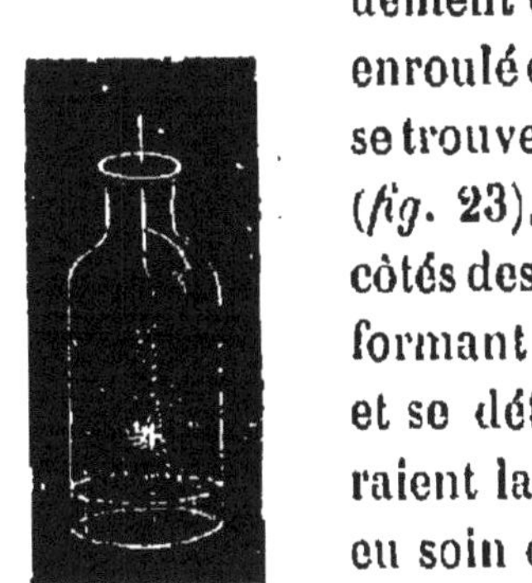

Fig. 23. — Combustion du fer dans l'oxygène.

Le mercure chauffé au contact de l'air absorbe l'oxygène et se transforme en oxyde rouge de mercure.

31. Caractères de l'oxygène. — L'oxygène se distingue des autres gaz par les caractères suivants :

1° Une allumette présentant encore un point rouge se

rallume dans ce gaz en faisant entendre une petite détonation ;

2° Il est absorbé par un composé organique, l'*acide pyrogallique*, en présence de la potasse.

Pour démontrer cette dernière propriété, on introduit successivement dans un tube contenant de l'oxygène quelques
centimètres cubes d'une dissolution de potasse et un peu
d'acide pyrogallique en poudre ; on ferme le tube avec un
bon bouchon et on agite fortement : le liquide devient brun
foncé. En débouchant alors le tube sous l'eau, on voit celle-
ci le remplir presque complètement.

32. Usages. — L'oxygène est, comme nous l'avons vu,
l'agent essentiel de la respiration et de la combustion.

Il joue un rôle important dans la fabrication d'une
foule de composés, tels que l'acide sulfurique, l'oxyde
de zinc, la litharge, etc. Dans les laboratoires, on l'utilise
pour faire brûler activement l'hydrogène ou le gaz d'éclairage (*fig.* 24) et produire ainsi des
températures très élevées. En médecine, on l'emploie, sous forme d'in-
halations, contre l'anémie, les empoisonnements occasionnés par certains gaz, comme l'oxyde de carbone,
l'acide sulfhydrique. Enfin l'oxygène
comprimé sert pour les projections

Fig. 24. —Chalumeau
à gaz.

et agrandissements au moyen de la lumière oxhydrique.

33. Combustions. — Le mot *combustion* est appliqué
d'une manière générale à *toute combinaison directe d'un
corps avec l'oxygène.*

Lorsque cette combinaison est accompagnée de lumière
et d'un dégagement considérable de chaleur, on dit qu'il
y a *combustion vive.* Ainsi les corps combustibles comme

le bois, le gaz d'éclairage, les corps gras, etc., brûlent dans l'air parce que leurs éléments se combinent à l'oxygène qu'il contient, et ils produisent des combustions vives. Ces combustions sont plus vives dans l'oxygène pur que dans l'air, celui-ci ne renfermant que 1/5 de son volume d'oxygène.

Certains corps exposés à l'air à la température ordinaire s'oxydent lentement sans qu'il y ait ni production de lumière, ni dégagement apparent de chaleur. On appelle ces oxydations des *combustions lentes*. En réalité, il y a de la chaleur dégagée, mais elle est en quantité très faible, ou bien se perd par rayonnement au fur et à mesure de sa production. Comme exemple de combustion lente, on peut citer la transformation du fer en rouille au contact de l'air humide.

On étend aujourd'hui le nom de combustion à toute réaction chimique accompagnée de chaleur et de lumière. Ainsi le fer et le cuivre brûlent dans la vapeur de soufre ; le phosphore s'enflamme spontanément dans le chlore, etc. ; ce sont là des combustions vives. Le soufre, le chlore jouent dans ce cas le rôle de corps *comburants* (se dit d'un corps qui, en se combinant avec un autre corps, fait brûler ce dernier) ; le fer, le cuivre, le phosphore, le rôle de corps *combustibles*.

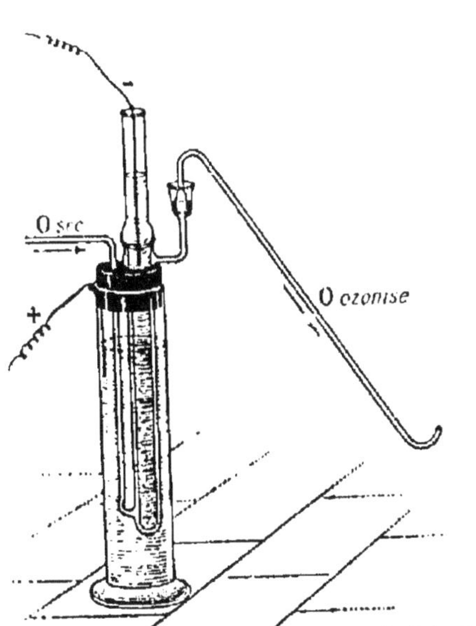

Fig. 25. — Appareil de Berthelot pour la production de l'ozone.

34. Ozone. — Si dans la décomposition de l'eau par la pile, on refroidit convenablement l'éprouvette qui repose sur l'électrode positive, on constate que l'oxygène qui s'y dégage possède une odeur pénétrante particulière et qu'il a des propriétés oxydantes plus grandes que celles de l'oxygène ordinaire. Cet oxygène modifié a été appelé *ozone*, mot qui signifie « avoir une odeur ». On obtient aussi de l'oxygène ozonisé en soumettant un courant d'oxygène à l'action de l'électricité sous forme de décharges obscures (*fig. 25*).

Il y a toujours de l'ozone dans l'air, principalement dans l'air des campagnes.

Les propriétés oxydantes de ce gaz sont beaucoup plus énergiques que celles de l'oxygène ordinaire : c'est ainsi qu'il oxyde le mercure à la température ordinaire, qu'il brûle les matières organiques comme le liège, le caoutchouc, etc.

L'ozone est un des plus puissants antiseptiques connus ; il est employé avec succès dans le traitement d'une foule de maladies épidémiques (influenza, scarlatine, choléra) et d'affections provenant du ralentissement de la nutrition (diabète, tuberculose). Il sert à purifier l'air vicié des salles d'hôpitaux, des classes, etc., à stériliser l'eau potable. C'est à lui qu'on attribue le blanchiment des toiles sur les prés. Enfin on utilise quelquefois l'oxygène ozonisé pour purifier les alcools mauvais goût.

RÉSUMÉ DU CHAPITRE IV

L'*oxygène* ($O = 16$) fait partie de l'air, de l'eau et d'un grand nombre de composés. On le prépare en décomposant par la chaleur dans un ballon de verre un mélange de chlorate de potassium et de bioxyde de manganèse, ou en traitant l'oxylithe par l'eau. Le gaz est recueilli sur l'eau.

L'oxygène est incolore, très peu soluble dans l'eau. Les corps combustibles brûlent dans ce gaz avec plus d'éclat que dans l'air. Ex. : une allumette présentant encore un point rouge s'y rallume avec une petite détonation. On peut citer aussi les combustions du soufre, du phosphore, du charbon, du magnésium, du fer.

L'oxygène est l'agent essentiel de la respiration et des combustions; il intervient dans la préparation de certains composés. Il sert à produire des températures élevées et à combattre les empoisonnements dus à certains gaz vénéneux.

Toute combinaison directe d'un corps avec l'oxygène s'appelle combustion. Les combustions vives sont celles qui ont lieu avec dégagement considérable de chaleur et production de lumière. Dans les combustions lentes, au contraire, il n'y a pas production de lumière, et la chaleur dégagée est peu considérable ou non apparente (rouille).

CHAPITRE V

HYDROGÈNE

Symbole: **H.** M. atomique: 1.

35. État naturel. — L'hydrogène libre se rencontre assez rarement dans la nature : il fait ordinairement partie des gaz qui se dégagent des volcans. A l'état de combinaison, il est au contraire très répandu ; c'est un des éléments de l'eau, dont il forme la neuvième partie en poids (8) ; il entre dans la constitution de tous les êtres vivants et d'une foule de composés minéraux.

36. Préparation. — *On prépare l'hydrogène en faisant agir le zinc du commerce sur l'acide sulfurique étendu d'eau.* Le zinc prend la place de l'hydrogène de l'acide sulfurique ; il se forme un composé appelé sulfate de zinc, qui se dissout dans l'eau, et l'hydrogène mis en liberté se dégage.

On emploie un flacon à deux tubulures (*fig.* 26) ; la tubulure centrale est munie d'un tube droit, qui descend jusque vers le fond du flacon et est terminée à sa partie supérieure par un entonnoir ; la tubulure latérale porte un tube deux fois recourbé, appelé tube abducteur ou tube à dégagement, plongeant dans un vase plein d'eau.

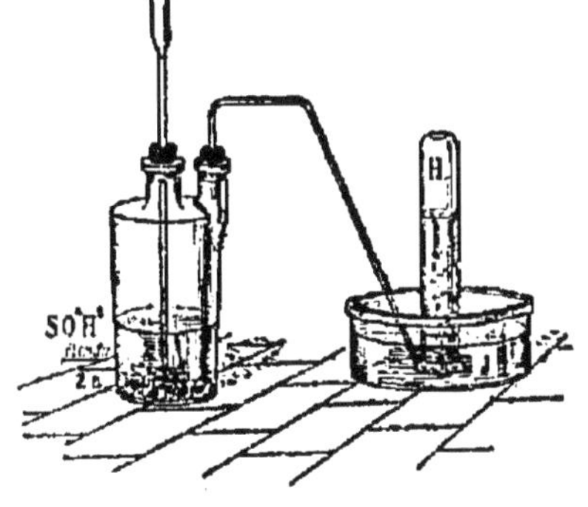

Fig. 26. — Appareil à hydrogène.

Après avoir introduit successivement dans le flacon du zinc en grenaille et de l'eau jusqu'au tiers de sa hauteur, on adapte les deux tubes à l'aide de bouchons fermant bien, puis on verse peu à peu de l'acide sulfurique par le tube à entonnoir. Un vif bouillonnement se manifeste aussitôt et le flacon s'échauffe par suite de la formation du sulfate de zinc. Les premières bulles qui se dégagent sont constituées principalement par l'air que contenait le flacon ; on les laisse perdre. L'hydrogène est recueilli sur la cuve à eau, dans des éprouvettes préalablement remplies d'eau et renversées au-dessus de l'extrémité du tube abducteur.

On remplace quelquefois dans cette préparation, surtout pour les appareils à production continue, l'acide sulfurique par un autre acide, l'acide chlorhydrique. Le résidu de la préparation est du chlorure de zinc.

Enfin le zinc lui-même peut être remplacé par du fer.

Purification de l'hydrogène. — L'hydrogène préparé avec le zinc du commerce renferme des gaz étrangers, comme l'acide sulfhydrique, l'arséniure d'hydrogène, etc., qui lui communiquent une odeur désagréable et sont pour la plupart des poisons violents. On le purifie très simplement en le faisant passer au sortir du flacon producteur

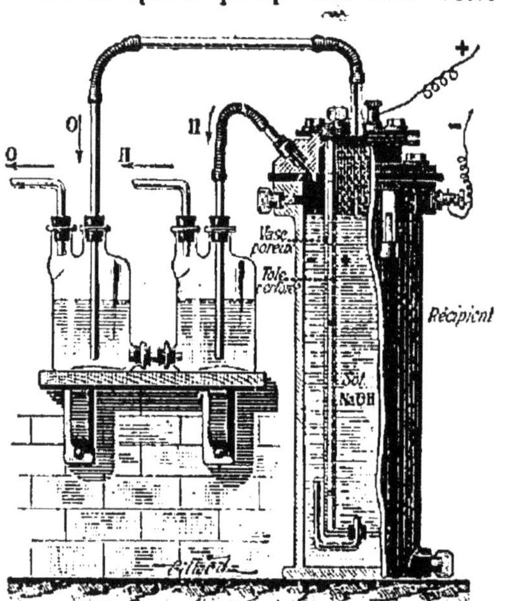

Fig. 27. — Voltamètre à grand débit.

dans un tube contenant de la tournure de cuivre et chauffé au rouge : le cuivre retient la plus grande partie de ces gaz étrangers.

Préparation industrielle. — Dans l'industrie, on prépare l'hydrogène en décomposant l'eau par un courant électrique. L'eau est rendue conductrice de l'électricité par de la soude caustique (*fig.* 27); les électrodes sont constituées par deux larges plaques de tôle isolées l'une de l'autre par de l'amiante.

Ce procédé fournit de l'hydrogène très pur, que l'industrie livre fortement comprimé (120^{ks} par centimètre carré) dans des récipients cylindriques en acier.

37. Propriétés physiques. — L'hydrogène est un gaz incolore, inodore et sans saveur ; il est bon conducteur de la chaleur et presque insoluble dans l'eau.

C'est le plus léger de tous les gaz : un litre d'hydrogène pèse 14 fois moins qu'un litre d'air (1^l d'hydrogène pèse 0^g,0898, et 1^l d'air 1^g,293). La densité de l'hydrogène est donc $\frac{0,0898}{1.293} = 0,069$. Cette légèreté de l'hydrogène peut être mise facilement en évidence : une éprouvette pleine de ce gaz le conserve parfaitement si on la maintient verticalement l'ouverture en bas, tandis qu'elle n'en renferme bientôt plus si elle est maintenue l'ouverture en haut. Si en effet on présente une flamme à l'ouverture de la première éprouvette, le gaz s'enflamme, tandis que la flamme n'a plus d'effet sur le gaz de la seconde éprouvette. Cette expérience fait comprendre comment on peut transvaser de l'hydrogène d'une éprouvette A dans une éprouvette B ne contenant que de l'air, comme le montre la figure 28. On sait aussi que les petits ballons de baudruche, pour enfants, gonflés avec de l'hydrogène s'élèvent rapidement.

A cause de sa grande légèreté, l'hydrogène est *très diffusible*, c'est-à-dire qu'il traverse facilement les cloisons po-

reuses, le papier, etc. Pour le démontrer, on ferme une
éprouvette pleine d'hydrogène avec une feuille de papier,

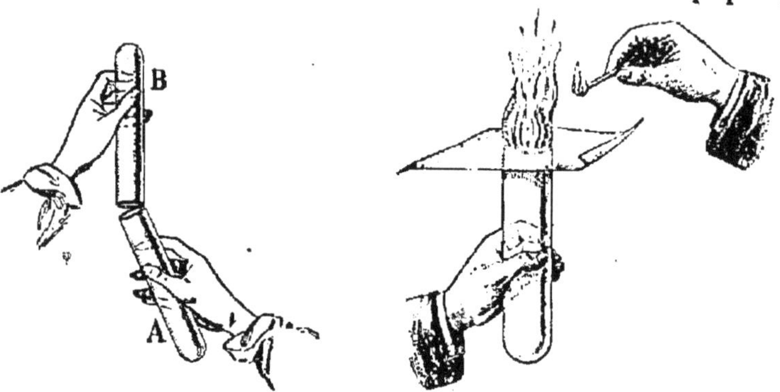

Fig. 28. — Transvasement de   Fig. 29. — Diffusion de l'hydrogène.
    l'hydrogène.

puis on la retourne (*fig.* 29) ; le gaz traverse le papier et
on peut l'enflammer au-dessus de l'éprouvette.

On peut encore démontrer cette diffusion en se servant
d'un vase poreux auquel est adapté un
tube légèrement recourbé (*fig.* 30), qui
pénètre dans un flacon contenant de
l'eau colorée. Le flacon porte un tube
droit qui plonge dans le liquide. Si l'on
recouvre le vase poreux d'une cloche
pleine d'hydrogène, ce gaz pénètre
dans le vase poreux plus vite que l'air
n'en sort et on voit l'eau colorée s'é-
lever dans le tube droit. Lorsqu'on
retire la cloche, l'hydrogène sort du
vase poreux plus vite que l'air n'y
rentre, le liquide descend dans le tube
droit et de l'air rentre par ce tube
dans le flacon.

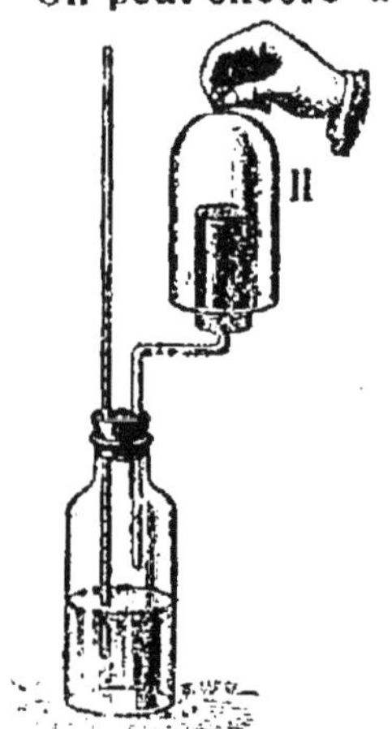

Fig. 30. — Expérience
montrant la diffusion
de l'hydrogène.

Liquéfaction. — L'hydrogène est le
gaz le plus difficilement liquéfiable. Ré-
duit d'abord à l'état de brouillard passager par Cailletet en 1877, il
a été liquéfié plus récemment par M. Dewar. Ce dernier, en employant une pression de 180^{kg} et un froid de — 205°, a obtenu un
liquide incolore, coulant comme de l'eau ; il a pu en recueillir
200^{cm^3} dans des vases spéciaux à double enveloppe.

Action sur l'organisme. — L'hydrogène pur **est** un gaz inoffensif; on a pu faire vivre des animaux dans une atmosphère dont l'azote avait été remplacé par **ce gaz**. Respiré seul, l'hydrogène asphyxie par privation d'oxygène.

38. Propriétés chimiques. — L'hydrogène est un gaz *combustible* : il brûle avec une flamme pâle, très chaude, en se combinant à l'oxygène de l'air; le produit de la combustion est de la vapeur d'eau.

Pour effectuer cette combustion d'une manière continue, on remplace le tube à dégagement de l'appareil producteur par un tube droit, effilé (*fig.* 31), *et l'on attend pour enflammer l'hydrogène que tout l'air ait été expulsé de l'appareil.*

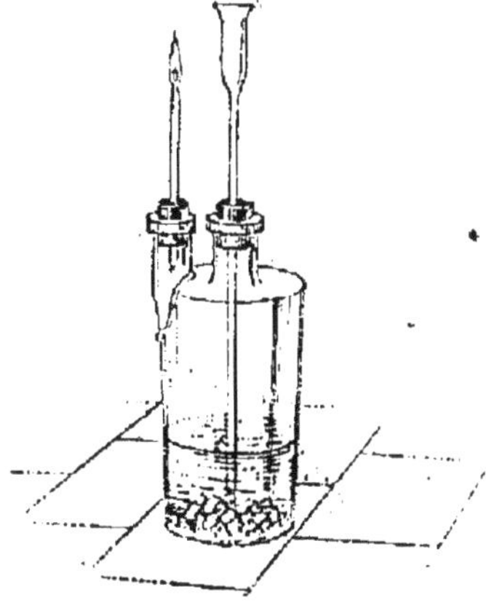

Fig. 31. — Combustion continue de l'hydrogène.

On démontre que le produit de la combustion est de la

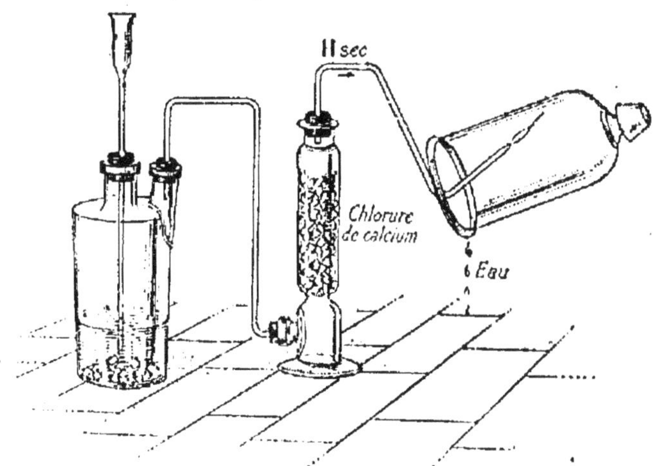

Fig. 32. — Production d'eau par la combustion de l'hydrogène.

vapeur d'eau en faisant passer de l'hydrogène sec à travers

un tube contenant des substances avides d'eau, et en le faisant brûler sous une cloche de verre bien sèche (*fig.* 32). La vapeur d'eau produite se condense sur les parois froides de la cloche en fines gouttelettes qui ruissellent peu à peu le long du verre.

L'hydrogène forme avec l'oxygène ou avec l'air un mélange qui *détone* au contact d'une flamme. Pour faire l'expérience sans danger, on remplit aux $\frac{2}{3}$ d'hydrogène un flacon plein d'eau et renversé sur l'eau, on achève de le remplir avec de l'oxygène, puis on le bouche sous l'eau, on l'enveloppe de plusieurs linges mouillés et on enlève rapidement le bouchon en approchant le flacon d'une flamme : la combustion a lieu instantanément dans toute la masse en produisant une violente détonation. Cette détonation résulte de ce que la vapeur d'eau a d'abord brusquement refoulé l'air à l'orifice du flacon puis s'est condensée, ce qui a amené subitement une rentrée de l'air.

Les corps combustibles ne brûlent pas dans l'hydrogène : une bougie allumée plongée dans une éprouvette pleine d'hydrogène s'éteint après avoir enflammé le gaz.

Action réductrice de l'hydrogène.—L'hydrogène ayant une grande tendance à s'unir à l'oxygène, décompose un grand nombre d'oxydes métalliques avec l'aide de la chaleur : il s'empare de leur oxygène pour former de l'eau, et le métal est mis en liberté. On dit que ces composés sont *réduits* et que l'hydrogène est un agent réducteur.

Si l'on chauffe légèrement de l'oxyde de cuivre dans un tube adapté à un appareil producteur d'hydrogène sec (*fig.* 33), il se dégage bientôt de la vapeur d'eau à l'extrémité du tube, en même temps que l'oxyde devient incandescent. Après refroidissement, le tube renferme une

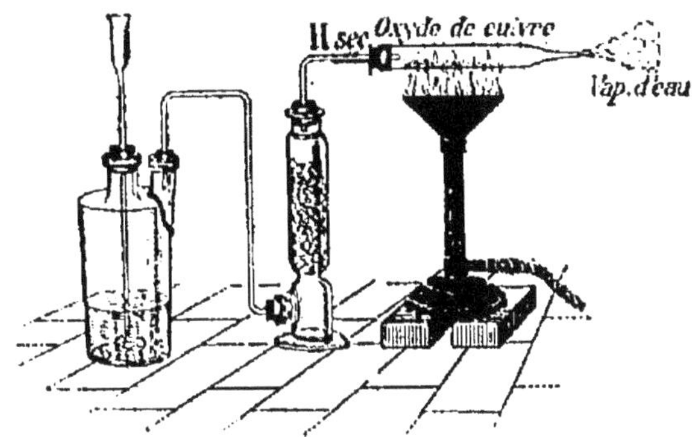

Fig. 33. — Réduction de l'oxyde de cuivre par l'hydrogène.

poudre rouge, qui n'est autre chose que du cuivre métal·
lique.

39. Caractères de l'hydrogène. — L'hydrogène se dis·
tingue des autres gaz par les caractères suivants :

1° il brûle avec une flamme pâle ;

2° le produit de la combustion est de la vapeur d'eau qui se condense en gouttelettes sur les parois froides.

40. Usages. — Dans les laboratoires, l'hydrogène est souvent employé comme réducteur.

Comme il est 14 fois plus léger que l'air, il convient parfaitement pour gonfler les aérostats, pourvu qu'on emploie des enveloppes imperméables. On lui substitue presque toujours pour cet usage le gaz d'éclairage, beaucoup moins léger, mais qu'on trouve partout et qui est d'un prix moins élevé.

Alimentée par l'oxygène, la flamme de l'hydrogène produit une température très élevée, utilisée pour fondre le platine, pour souder le plomb à lui-même (soudure autogène). Dirigée sur un bâton de chaux vive, cette même flamme devient éblouissante (lumière de Drummond) et sert à éclairer les lanternes de projection.

RÉSUMÉ DU CHAPITRE V

L'hydrogène (H = 1) est très répandu à l'état de combinaisons : il forme la 9ᵉ partie de l'eau en poids et entre dans la constitution de beaucoup de corps composés. On le prépare en décomposant à froid l'acide sulfurique étendu par le zinc dans un flacon à deux tubulures. On peut remplacer l'acide sulfurique par l'acide chlorhydrique.

L'hydrogène est un gaz incolore, inodore, conducteur de la chaleur. Il pèse 14 fois moins que l'air à volume égal, ce qui lui permet de traverser les enveloppes poreuses avec une grande facilité. Sa solubilité dans l'eau est presque nulle.

L'hydrogène est combustible : il brûle avec une flamme très chaude, à peine visible ; le produit de la combustion est de la vapeur d'eau. C'est un agent réducteur : il décompose un grand nombre d'oxydes métalliques, s'empare de leur oxygène pour former de l'eau et met le métal en liberté.

On emploie quelquefois l'hydrogène pour gonfler les ballons ; on s'en sert aussi pour produire des températures élevées.

CHAPITRE VI

NOTIONS ÉLÉMENTAIRES DE CHIMIE GÉNÉRALE

---

41. Cristallisation. — La plupart des corps, en passant lentement de l'état liquide à l'état solide, prennent des formes géométriques régulières ; on dit que ces corps cristallisent, et on les appelle alors des *cristaux.*

On provoque la cristallisation des corps, soit en les soumettant par la chaleur à un changement d'état (cristallisation par voie sèche), soit en les dissolvant dans un liquide que l'on fait ensuite évaporer (cristallisation par voie humide).

Cristallisation par voie sèche. — Soit à faire cristalliser du *soufre*. On fond du soufre dans un creuset en terre, puis on le laisse refroidir lentement. Dès qu'une croûte d'épaisseur convenable s'est formée à la surface, on la perce en deux endroits avec une tige de fer chaude, et l'on décante pour faire écouler le soufre resté liquide. En enlevant alors complètement la croûte superficielle, on voit l'intérieur du creuset tapissé de longues aiguilles flexibles (*fig.* 34), d'un jaune brunâtre.

Ce mode de cristallisation, appelé cristallisation par *fusion*, peut être employé pour la plupart des métaux.

On fait cristalliser au contraire par *sublimation*, c'est-à-

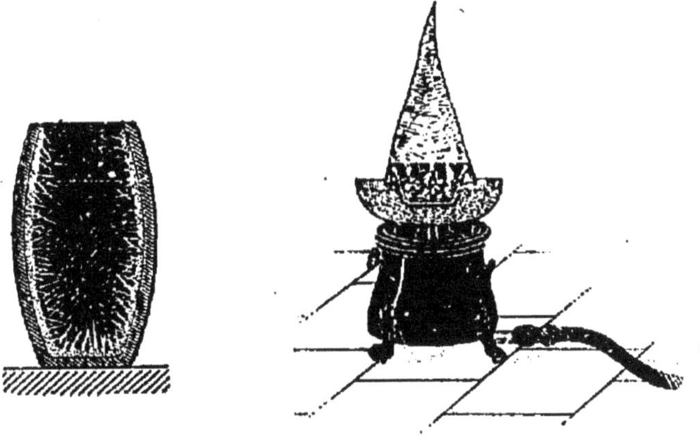

Fig. 34. — Cristallisation du soufre.   Fig. 35. — Sublimation de la naphtaline.

dire par volatilisation, les corps qui émettent des vapeurs à une température peu élevée, comme l'iode, le sublimé corrosif, la naphtaline. Au contact des parties froides de l'appareil employé, les vapeurs cristallisent sans transition liquide (*fig.* 35).

Cristallisation par voie humide. — On fait enfin cristalliser un grand nombre de corps par l'intermédiaire d'un dissolvant approprié ; ce dissolvant est l'eau pour la plupart des sels ; le sulfure de carbone pour le soufre, le phosphore ; l'alcool pour l'acide stéarique, etc.

Si le corps est à peine plus soluble à chaud qu'à froid (chlorure de sodium), on en sature le liquide dissolvant à la température ordinaire, et on abandonne la dissolution à l'évaporation lente dans un vase large et peu profond.

Fig. 36. — Groupe de cristaux d'alun.

Si la solubilité du corps augmente considérablement avec la température, on en dissout la plus grande quantité possible à la température d'ébullition du liquide saturé ; par refroidissement, l'excès du corps dissous à la faveur de la chaleur se dépose en cristaux. On fait ainsi cristalliser les aluns (*fig.* 36), l'azotate de potassium ; le soufre par le sulfure de carbone, etc.

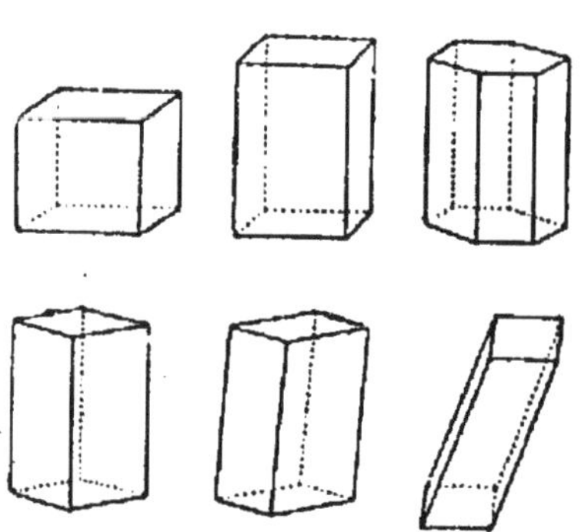

Fig. 37. — Formes types des systèmes cristallins.

SYSTÈMES CRISTALLINS. — Les formes cristallines connues sont très nombreuses ; on les range en six groupes appelés systèmes cristallins, présentant chacun une forme type à laquelle on peut rattacher toutes les autres formes du même système. Les formes types sont représentées par la figure 37 ; ce sont le cube (système cubique), le prisme droit à base carrée (système quadratique), le prisme droit à base hexagonale (système hexagonal), le prisme droit à base rhombe (losange), (système orthorhombique ;, le prisme rhomboïdal oblique (système clinorhombique), le prisme doublement oblique (système triclinique).

42. Dimorphisme. — Isomorphisme. — En général, un même corps, en cristallisant, prend toujours la même forme cristalline, ou une forme qui dérive de celle-ci par des modifications régulières. Cependant, il est des corps qui possèdent deux formes cristallines entièrement différentes, n'appartenant pas par conséquent au même système cristallin ; on les appelle corps *dimorphes* : le soufre en fournit un exemple. Enfin on dit que deux corps sont *isomorphes* quand ils peuvent prendre la même forme cristalline et exister ensemble dans un même cristal sans en altérer la forme. Les corps isomorphes sont constitués semblablement au point de vue chimique.

Les aluns peuvent être cités comme exemple de composés isomorphes. Si l'on porte un octaèdre d'alun ordinaire dans une dissolution d'alun de chrome, par exemple, le cristal incolore se recouvre d'une couche violette d'alun de chrome ; reporté dans une solution d'alun ordinaire, il s'accroît d'une nouvelle couche incolore, et ainsi de suite.

LOIS DES COMBINAISONS

43. Principe de la conservation de la matière. — Les corps, en se combinant ou en se décomposant, ne font que se transformer en d'autres corps, sans qu'il y ait jamais ni création, ni destruction de matière. C'est ce qu'exprime la loi suivante, dite *loi des masses* : la masse d'un composé est égale à la somme des masses des corps qui le constituent. — Cette loi fondamentale, énoncée par Lavoisier en 1789, a permis d'écrire les réactions chimiques en équations algébriques ; on peut la considérer comme ayant été le point de départ de la chimie moderne.

44. Loi des proportions définies. — L'hydrogène et l'oxygène, pour former de l'eau, se combinent toujours dans la proportion $\frac{1}{8}$; de même le soufre et le fer, pour former le sulfure de fer dont nous avons parlé (4) dans la proportion $\frac{4}{7}$; de là *la loi des proportions définies :*

Pour former un composé déterminé, deux corps s'unissent toujours dans les mêmes proportions.

Il résulte de cette loi que si l'on fait l'analyse d'un composé déterminé, on trouvera toujours les mêmes constituants unis dans les mêmes proportions.

MOLÉCULES ET ATOMES

45. Molécules et masses moléculaires. — On admet aujourd'hui que les corps sont constitués par la réunion d'une très grande quantité de parties excessivement petites, ou *molécules,* toutes semblables entre elles, et séparées par des intervalles pouvant augmenter ou diminuer sous l'influence de causes extérieures.

Une molécule est donc la plus petite partie d'un corps qui puisse exister à l'état libre.

Avogadro et Ampère se fondant sur ce que les gaz se dilatent et se compriment à peu près également, en conclurent que dans tous les gaz considérés à une même température et sous une même pression, les molécules sont placées à la même distance les unes des autres, et que, par suite, leur nombre est d'autant plus grand que le volume du gaz est plus grand ; de là l'hypothèse suivante : *des volumes égaux de gaz ou de vapeurs à des températures et sous des pressions égales renferment un même nombre de molécules.* Ainsi, un litre d'hydrogène renferme autant de molécules qu'un litre d'oxygène, qu'un litre de vapeur d'eau. Comme on ne connait pas ce nombre de molécules, on ignore ce que pèse, par exemple, une molécule d'hydrogène, une molécule d'oxygène ; mais ce qu'il importe seulement de savoir et ce qui est aisé à calculer, ce sont les *masses moléculaires relatives*, c'est-à-dire comparées à la masse conventionnelle d'une molécule d'un gaz choisi comme type. Comme l'hydrogène est le gaz qui a la plus faible densité, c'est celui que l'on choisit, et l'on convient de représenter par 2 la masse d'une molécule d'hydrogène. On appelle alors *masse moléculaire* d'un gaz ou d'une vapeur, la masse d'une molécule de ce gaz ou de cette vapeur par rapport à la masse 2 d'une molécule d'hydrogène.

Soit M la masse du volume V d'un gaz formé par la réunion de n molécules identiques ayant chacune une masse *moléculaire* m ; on a

$$M = m \times n.$$

Pour un même volume V d'un autre gaz, dans des conditions semblables de température et de pression, et contenant le même nombre n de molécules, la masse sera

$$M' = m' \times n \, ;$$

donc

$$\frac{M}{M'} = \frac{m}{m'}.$$

Mais les masses de volumes égaux de gaz dans les mêmes conditions de température et de pression étant proportionnelles à leurs densités, on a

$$\frac{M}{M'} = \frac{d}{d'} \, ;$$

donc

$$\frac{m}{m'} = \frac{d}{d'} \cdot$$

Faisons dans cette formule $m' = 2$, $d' = 0,0695$; on aura la formule générale

$$m = \frac{2d}{0,0695} = 28,8 \times d ;$$

donc *la masse moléculaire d'un gaz ou d'une vapeur s'obtient en multipliant sa densité par* 28,8. Ainsi la masse moléculaire de l'oxygène est $1,105 \times 28,8 = 32$; celle de la vapeur d'eau, $\frac{5}{8} \times 28,8 = 18$, etc.

46. Atomes et masses atomiques. — Considérons une molécule de vapeur d'eau ; elle est formée d'oxygène et d'hydrogène, et renferme par conséquent des parties plus petites qu'elle-même de chacun de ces deux gaz. On donne à ces parties le nom d'*atomes*. Toute molécule d'un corps composé est constituée par une réunion d'atomes de chacun des corps simples qui entrent dans le composé. Une molécule d'un corps simple est également formée d'atomes, mais ces atomes sont tous de même espèce : une molécule d'hydrogène ne renferme que des atomes d'hydrogène.

On définit l'*atome* d'un corps simple : la plus petite quantité de ce corps pouvant entrer en combinaison.

Soit, par exemple, à déterminer la masse atomique de l'hydrogène. On dressera un tableau contenant tous les composés gazeux ou volatils qui renferment de l'hydrogène, avec leurs masses moléculaires ; en regard, on inscrira la masse d'hydrogène qui entre dans chaque molécule, masse qui est fournie par l'analyse : la plus petite de toutes ces masses sera la masse atomique de l'hydrogène.

	m	Masse d'H contenue dans la molécule.
Hydrogène	2	2
Eau.	18	2
Acide chlorhydrique	36,5	1
Acide sulfhydrique.	34	2
Gaz ammoniac	17	3
Méthane	16	4
Alcool ordinaire.	46	6
Chloroforme	119,5	1
Etc.		

En général, soient a la masse de l'atome comparée à la masse 1 de l'atome d'hydrogène, m la masse d'une molécule ; on trouve $m = n \times a$, n étant un nombre entier toujours simple et égal à 1, 2 ou 4.

Si $n = 1$, la molécule renferme un atome ; on dit que c'est une molécule *monoatomique* ; il en est ainsi pour le zinc, le mercure. Si $n = 2$, la molécule est formée de 2 atomes (molécule *diatomique*), ex.: hydrogène, oxygène, azote, chlore, soufre. Si enfin $n = 4$, la molécule est *tétratomique* ; ex.: phosphore, arsenic.

Quand un corps simple ne forme pas de composés gazeux ou volatils, comme l'argent, le platine, on détermine sa masse atomique en appliquant la loi suivante : *Le produit de la masse atomique d'un corps simple par sa chaleur spécifique est constant et sensiblement égal à 6,4.* Ce produit 6,4 a été vérifié pour les corps dont les masses atomiques ont pu être déterminés directement à l'aide des masses moléculaires ; les masses atomiques des autres corps simples seront donc fixés approximativement par la formule $a = \dfrac{6,4}{c}$.

47. Volumes moléculaires. — Cherchons le volume occupé par 1ᵍ d'hydrogène à 0° sous la pression de 76ᶜᵐ : un litre de ce gaz pesant $1,3 \times 0,0695$ ou 0ᵍ,09, 1ᵍ correspond à $\dfrac{1}{0,09} = 11^l,11$. Ce volume est *l'unité de volume* adoptée dans le système des poids atomiques.

Si l'on détermine les volumes occupés par les poids moléculaires (évalués en grammes) de chaque corps simple ou composé, gazeux ou volatil, on trouvera toujours un volume égal à 22ᶫ,22, c'est-à-dire un volume égal à celui qu'occuperaient 2ᵍ d'hydrogène. On peut donc encore définir la masse

moléculaire d'un corps gazeux ou capable d'émettre des vapeurs : *la masse de ce corps qui occupe à l'état de gaz ou de
vapeur un volume égal à celui qui correspond à la masse 2
d'hydrogène.*

48. Valence des atomes. — On appelle valence des atomes
leur puissance de combinaison avec l'hydrogène, autrement dit,
leur propriété de s'unir à un nombre plus ou moins grand
d'atomes d'hydrogène.

Si l'on examine les formules des combinaisons gazeuses
que forme l'hydrogène avec les métalloïdes, on est conduit à diviser ceux-ci en un certain nombre de groupes,
tels qu'un atome des métalloïdes d'un même groupe se
combine au même nombre d'atomes d'hydrogène.

Le 1er groupe comprend le fluor, le chlore, le brome et
l'iode : 1 atome de chacun de ces éléments fixe toujours
1 atome d'hydrogène. On exprime ce fait en disant que ces
quatre métalloïdes sont *monovalents.*

L'oxygène, le soufre, le sélénium et le tellure composent
le 2e groupe et sont *divalents* : chaque atome de ces métalloïdes fixe en effet 2 atomes d'hydrogène.

Chaque atome d'azote, de phosphore, d'arsenic et d'antimoine se combine à 3 atomes d'hydrogène. Ces métalloïdes sont donc *trivalents.*

Enfin le carbone et le silicium sont *tétravalents.*

La valence d'un métalloïde est donc définie par le
nombre d'atomes d'hydrogène auquel s'unit un atome de
ce métalloïde.

Un atome divalent équivaut dans une combinaison à 2 atomes monovalents, 1 atome trivalent à 3 monovalents, ou à 1
divalent plus 1 monovalent, etc., de sorte qu'*une molécule est
saturée ou complète quand la valence de ses atomes est entière-
tièrement satisfaite.*

NOMENCLATURE ET NOTATION CHIMIQUES

49. Notation des corps composés. — De même que chaque corps simple se note par un symbole représentant en même temps sa masse atomique, chaque composé se note par une *formule* représentant en même temps sa masse moléculaire.

Pour établir la formule d'un corps composé, on écrit les uns à la suite des autres les symboles des composants ; de plus, chaque symbole doit être affecté d'un exposant indiquant le nombre d'atomes du corps simple correspondant qui entre dans la molécule du corps composé. Ainsi une molécule d'eau qui renferme 2 atomes d'hydrogène et 1 atome d'oxygène, est représentée par la formule H^2O.

Il faut remarquer que la formule d'un composé indique son volume à l'état gazeux si le corps est gazeux ou capable de se réduire en vapeur : ce volume est toujours égal, comme on l'a vu, au volume occupé par une masse 2 d'hydrogène. Elle indique aussi le *rapport des volumes des composants* quand ceux-ci sont gazeux ; la formule H^2O apprend de suite que, pour former de l'eau, 2 vol. d'hydrogène s'unissent à 1 vol. d'oxygène.

50. Équations chimiques. — Pour se rendre compte rapidement des réactions chimiques, on représente celles-ci par des équations. Le premier membre d'une équation renferme les symboles et formules des corps réagissants, le second, les symboles et formules des corps résultant de la réaction.

Soit à formuler la préparation de l'hydrogène par le zinc et l'acide sulfurique :

$$Zn + SO^4H^2 = SO^4Zn + 2H^2.$$

Zinc. Acide   Sulfate   Hydrogène.
     sulfurique. de zinc.

Dans la préparation de l'oxygène par le chlorate de potassium en présence du bioxyde de manganèse, le chlorate se décompose régulièrement en chlorure de potassium et oxygène :

$$CIO^3K = KCl + 3O'.$$

Chlorate de   Chlorure de   Oxygène.
potassium.   potassium.

51. Fonctions chimiques. — Les corps composés peuvent être partagés en un certain nombre de groupes, caractérisés chacun par un ensemble de propriétés communes constituant ce que l'on appelle la *fonction chimique* du groupe.

Les trois groupes les plus importants sont les acides, les bases et les sels.

Acides. — Les acides sont des composés qui renferment de l'hydrogène pouvant être remplacé en tout ou en partie par un métal. Ces composés rougissent une matière colorante bleue connue sous le nom de *teinture de tournesol*; étendus d'eau, ils ont une saveur aigre, analogue à celle du vinaigre. Les acides les plus usuels sont l'acide sulfurique SO^4H^2, l'acide chlorhydrique HCl et l'acide azotique AzO^3H.

Bases. — Les bases sont des composés renfermant un métal pouvant se substituer à l'hydrogène d'un acide. Leurs dissolutions ramènent au bleu la teinture de tournesol rougie par un acide, rougissent la phtaléine du phénol, brunissent la teinture de curcuma et verdissent le sirop de violettes. Elles ont une saveur âcre ou caustique. La chaux éteinte CaO^2H^2, la potasse KOH, la soude $NaOH$ sont des bases importantes.

Sels. — Les sels dérivent des acides dont l'hydrogène a été remplacé en tout ou en partie par un métal.

Ce remplacement se produit principalement soit quand on fait agir un acide sur un métal, comme dans la préparation de l'hydrogène, soit quand on fait agir un acide sur une base. Dans ce dernier cas, la formation du sel est accompagnée d'une élimination d'eau. Ex. : versons de l'acide chlorhydrique dans une dissolution de potasse : du chlorure de potassium KCl prendra naissance et de l'eau sera mise en liberté :

$$HCl + KOH = KCl + H^2O.$$

52. Nomenclature des composés. — Anciennement, les composés connus portaient des noms arbitraires, latins pour la plupart, et ne rappelant en rien leur origine. En 1782, Guyton de Morveau publia une nomenclature systématique et réellement scientifique, dont les règles sont encore en grande partie suivies aujourd'hui.

Les règles de nomenclature les plus simples se rapportent aux acides et aux sels.

Nomenclature des acides. — Les acides peuvent être divisés en deux groupes : les hydracides et les oxacides.

Les *hydracides* ne sont formés que de deux éléments dont l'un est nécessairement de l'hydrogène. Pour les nommer, on ajoute au mot « acide » le nom de l'élément combiné à l'hydrogène avec la terminaison *hydrique* : acide chlorhydrique (HCl), acide sulfhydrique (H^2S).

Les *oxacides* sont des composés ternaires oxygénés renfermant de l'hydrogène comme tous les acides. On les nomme en ajoutant au nom du corps qui s'unit à l'oxygène et à l'hydrogène la terminaison *ique* : acide carbonique (CO^3H^2). Si ce même corps forme deux acides différents, on laisse la terminaison « ique » à celui qui contient le plus d'oxygène et on donne la terminaison *eux* à celui qui en contient le moins : acide azoteux (AzO^2H), acide azotique (AzO^3H). Enfin si le nombre des acides est supérieur à deux, on les distingue par les préfixes *per* (qui signifie plus oxygéné relativement), *hypo* (qui signifiera moins oxygéné) : acide hyposulfureux ($S^2H^3O^2$), acide sulfureux (SO^3H^2), acide sulfurique (SO^4H^2), acide persulfurique (SO^4H).

Nomenclature des sels. — Les sels correspondant aux hydracides se nomment en donnant la terminaison *ure* à l'élément qui est uni au métal : chlorure de sodium ($NaCl$), iodure de potassium (KI), sulfure de zinc (ZnS).

Pour nommer un sel correspondant à un oxacide, on écrit d'abord le nom de l'oxacide dont il dérive, en changeant la terminaison *ique* en *ate* et la terminaison *eux* en *ite* ; puis on fait suivre le nom ainsi formé de celui du métal substitué à l'hydrogène de l'acide : sulfate de sodium (SO^4Na^2), sulfite de zinc (SO^3Zn).

Nomenclature des anhydrides. — Les anhydrides sont des composés qui, en se combinant à l'eau, donnent des acides. On les nomme en ajoutant au nom du corps qui s'unit à l'oxygène la terminaison *ique* : anhydride carbonique CO^2. Si le même corps forme avec l'oxygène 2 anhydrides différents, on laisse la terminaison *ique* à celui qui contient le plus d'oxygène, et on donne la terminaison *eux* à celui qui en contient le moins : anhydride arsénieux As^2O^3, anhydride arsénique As^2O^5. Enfin si le nombre des anhydrides est supérieur à 2, on les distingue par les préfixes *per* (qui signifiera plus oxygéné), *hypo* (qui signifiera moins oxygéné) : anhydride sulfureux SO^2, anhydride sulfurique SO^3, anhydride persulfurique S^2O^7.

Nomenclature des oxydes. — Les oxydes sont des composés binaires oxygénés qui ne donnent pas d'acides en réagissant sur l'eau. Pour les nommer, on fait suivre le mot *oxyde* du nom de l'élément combiné à l'oxygène : oxyde de zinc ZnO. Si le même élément forme plusieurs oxydes, on les distingue, soit par des terminaisons *eux* ou *ique* : oxyde cuivreux Cu^2O, oxyde cuivrique CuO ; soit par des préfixes : *proto, sesqui, bi*, etc., qui signifient 1, 1 1/2, 2,... atomes d'oxygène: protoxyde de manganèse MnO, sesquioxyde de manganèse Mn^2O^3, bioxyde de manganèse MnO^2, etc.

Par exception, certains oxydes ont conservé les noms qu'ils possédaient avant l'établissement de la nomenclature; ainsi on dit couramment *chaux* pour oxyde de calcium CaO, *baryte* pour oxyde de baryum BaO, *magnésie* pour oxyde de magnésium MgO, *alumine* pour oxyde d'aluminium Al^2O^3.

Nomenclature des composés binaires ne renfermant ni oxygène ni hydrogène. — Leur nomenclature est soumise à la règle suivante: on termine par *ure* le nom du corps qui, dans la décomposition du composé par la pile, se porterait au pôle positif, et on le fait suivre du nom du second élément. On emploie encore comme précédemment les terminaisons *eux* et *ique* pour ce dernier, et les préfixes *proto*, *bi*, *sesqui*,... pour l'élément terminé en *ure*: chlorure de potassium KCl; sulfure de carbone CS^2; protosulfure de fer FeS, bisulfure de fer FeS^2, sesquisulfure de fer Fe^2S^3; etc.

Les combinaisons résultant de l'union de deux ou plusieurs métaux se nomment *alliages*: alliage de cuivre et de zinc. Si l'un des métaux est le mercure, la combinaison porte le nom d'*amalgame*: amalgame d'or, amalgame d'étain.

Nomenclature des bases oxygénées. — Elles prennent naissance dans l'union d'un oxyde métallique avec l'eau. On les appelle *hydrates* et l'on ajoute à ce nom celui du métal: hydrate de potassium KOH, hydrate de cuivre CuO^2H^2.

RÉSUMÉ DU CHAPITRE VI

La plupart des corps *cristallisent* en passant lentement de l'état liquide à l'état solide. On provoque la cristallisation des corps soit en les soumettant par la chaleur à un changement d'état (cristallisation du soufre), soit en les dissolvant dans un liquide que l'on fait ensuite évaporer (cristallisation de l'alun).

Les corps *dimorphes* possèdent chacun deux formes cristallines différentes. Les corps *isomorphes* peuvent prendre la même forme cristalline et exister ensemble dans un même cristal.

La masse d'un composé est égale à la somme des masses des corps qui le constituent (*loi des masses*). — Pour former un composé déterminé, deux corps s'unissent toujours dans les mêmes proportions (*loi des proportions définies*).

On admet que les corps résultent de l'agglomération des particules très petites appelées *molécules*, toutes semblables entre elles. Des volumes égaux de gaz ou de vapeur (à la même température et sous la même pression) contiennent le même nombre de molécules. La *masse moléculaire* d'un corps est la masse d'une molécule de ce corps rapportée à la masse conventionnelle 2 de la molécule d'hydrogène.

On appelle *atome* la plus petite quantité d'un corps simple pouvant entrer en combinaison.

La *masse atomique* d'un corps simple est la masse d'un atome de ce corps comparée à la masse 1 d'un atome d'hydrogène.

La valence des atomes est leur puissance de combinaison avec l'hydrogène. Le fluor, le chlore fixent toujours un atome d'hydrogène : ils sont monovalents. L'oxygène, le soufre sont divalents ; l'azote, le phosphore, trivalents ; le carbone, tétravalent.

La *formule* d'un composé est la réunion des symboles des corps simples composants, chaque symbole ayant un exposant égal au nombre d'atomes du corps simple correspondant qui entrent dans la molécule du composé.

Les réactions chimiques s'expriment par des *équations*, dont le premier membre renferme les symboles et les formules des corps réagissants, le second les symboles et formules des produits obtenus.

Les *acides* renferment de l'hydrogène remplaçable par un métal ; ils rougissent la teinture de tournesol. Les *bases* renferment un métal ; elles ramènent au bleu le tournesol rougi par un acide. Les *sels* résultent du remplacement de l'hydrogène des acides par des métaux.

Les hydracides prennent la terminaison *hydrique*, les oxacides les terminaisons *eux* ou *ique*. Les sels correspondants aux hydracides prennent la terminaison *ure* ; ceux qui correspondent aux oxacides les terminaisons *ite* ou *ate*.

I. — MÉTALLOÏDES MONOVALENTS

CHAPITRE VII

CHLORE

Symbole: Cl.   M. atomique: 35,5.   M. moléculaire: 71.

53. État naturel. — Le chlore ne se rencontre pas libre
dans la nature, mais il est très répandu à l'état de chlorures : le *chlorure de sodium* NaCl forment des dépôts considérables dans le sein de la terre ; il y en a près de 25ᵍ
dans un litre d'eau de mer. Celle-ci contient aussi en dissolution du *chlorure de potassium* KCl et du *chlorure de
magnésium* $MgCl^2$.

54. Préparation. — *Le chlore se prépare en décomposant l'acide chlorhydrique par le bioxyde de manganèse.*

On chauffe doucement les deux corps dans un ballon muni d'un tube de sûreté (*fig.* 38).
L'oxygène du bioxyde s'unit

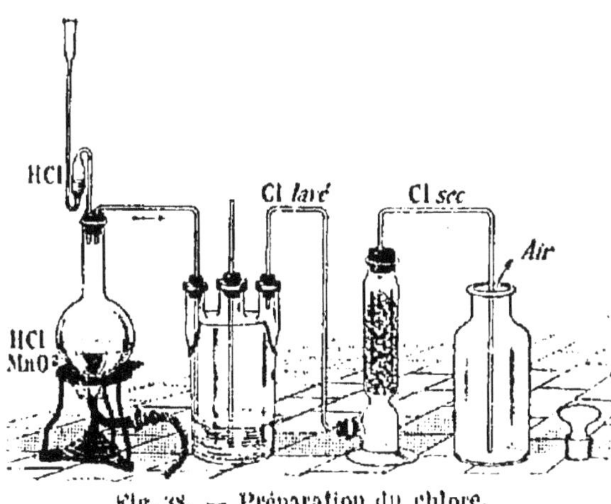

Fig. 38. — Préparation du chlore.

à l'hydrogène de l'acide chlorhydrique pour former de

l'eau ; une partie du chlore se combine au manganèse ; l'autre se dégage, passe dans un flacon laveur contenant un peu d'eau pour retenir l'acide chlorhydrique entraîné, puis se dessèche dans un tube contenant du chlorure de calcium. Il reste dans le ballon du chlorure de manganèse et de l'eau :

$$MnO^2 + 4HCl = MnCl^2 + 2H^2O + 2Cl.$$

Le chlore ne peut être recueilli ni sur l'eau dans laquelle il est soluble, ni sur le mercure qu'il attaque ; on le recueille *à sec* en faisant arriver le tube à dégagement au fond d'un flacon sec : le chlore, plus lourd que l'air, chasse peu à peu celui-ci et communique au flacon une teinte jaune-verdâtre.

Quand on ne tient pas à avoir du chlore pur, on met du chlorure de chaux (59) dans un appareil qui diffère d'un appareil à hydrogène en ce que le tube à entonnoir est remplacé par un tube à boule et à robinet (*fig.* 38 bis). On verse

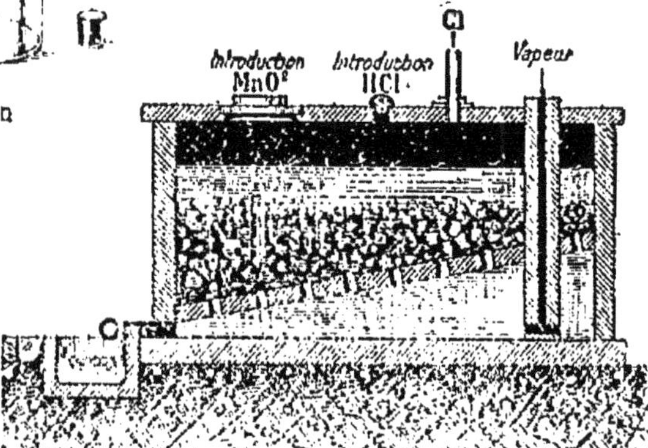

Fig. 38 bis. — Préparation du chlore à froid.

de l'acide chlorhydrique dans l'entonnoir et on ouvre de temps en temps le robinet pour le faire écouler dans le flacon. Le chlore ainsi obtenu est recueilli à sec.

Fig. 39. — Still pour la préparation industrielle du chlore

55. Préparation industrielle du chlore. — Industriellement, le chlore est préparé en grand dans une série de cuves prismatiques construites en dalles de lave de Volvic
(roche volcanique des environs de Riom). Ces cuves (*fig.* 38)
portent le nom de « stills » ou « pierres ». Chacune d'elles
porte un double fond, incliné et percé de trous, pour rece-
voir le bioxyde de manganèse en morceaux. On chauffe en
injectant de la vapeur d'eau au-dessous du double fond par
un tube en grès.

A cause du prix élevé du bioxyde de manganèse, on a cherché à
le régénérer en traitant convenablement les résidus acides de l'opération précédente. Dans le procédé Weldon, ces résidus, connus
sous le nom de *muriates*, sont introduits dans des cuves ou « wells »

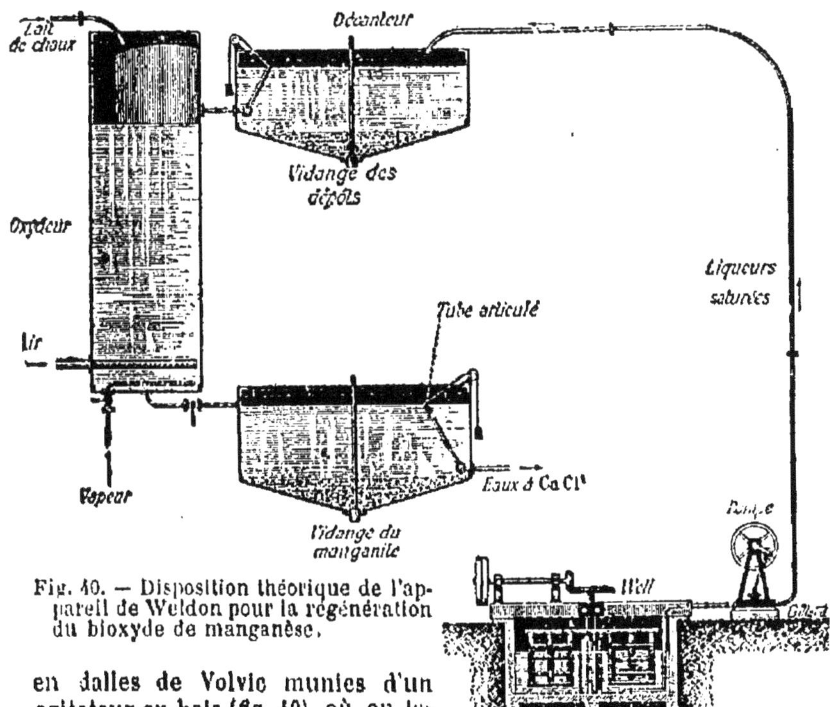

Fig. 40. — Disposition théorique de l'appareil de Weldon pour la régénération
du bioxyde de manganèse.

en dalles de Volvic munies d'un
agitateur en bois (*fig.* 40), où on les
additionne de craie en poudre.
Cette addition neutralise l'acide
chlorhydrique et provoque la précipitation de certaines impuretés,
notamment du fer, d'où le nom de « déferrage » donné à cette opération. Le contenu du well est alors pompé dans un bac décanteur :
les boues sont rejetées par un tampon de décharge et le liquide
clair, formé principalement de chlorure de manganèse et de chlo-

rure de calcium, passe au moyen d'un tube articulé dans un cylindre vertical appelé « oxydeur ». Le contenu de l'oxydeur étant porté à 70° par barbotage de vapeur, on y ajoute un lait de chaux et on insuffle à la partie inférieure de l'appareil un violent courant d'air qui, tout en agissant chimiquement, agite vigoureusement la masse. La chaux décompose le chlorure de manganèse :

$$MnCl^2 + CaO = MnO + CaCl^2.$$

L'oxyde manganeux MnO s'oxyde sous l'influence de l'air et forme avec la chaux un composé insoluble $(MnO^2)^2CaO, H^2O$ (manganite acide de calcium). Ce manganite passe dans un décanteur où il se dépose tandis qu'on soutire les eaux à chlorure de calcium par un tube articulé.

Les manganites ainsi obtenus peuvent être traités par l'acide chlorhydrique dans les stills à chlore.

Remarque. — Il existe des procédés industriels qui permettent de se passer de bioxyde de manganèse.

Le procédé *Deacon* est basé sur la décomposition de l'acide chlorhydrique par l'oxygène :

$$2HCl + O = H^2O + 2Cl.$$

Enfin on obtient aujourd'hui du chlore industriellement par l'électrolyse du chlorure de sodium (154).

56. Propriétés physiques. — Le chlore est un gaz

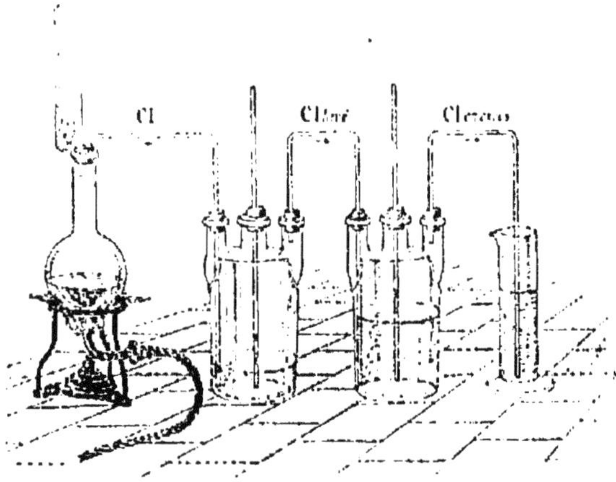

Fig. 41. — Préparation de l'eau de chlore.

jaune-verdâtre, d'une odeur suffocante caractéristique. Il est environ 2 fois 1/2 plus lourd que l'air (sa densité est 2,49).

L'eau dissout 3 fois son volume de chlore à la température de 8°. Cette dissolution, appelée *eau de chlore*, s'obtient en remplaçant le tube desséchant de l'appareil producteur de chlore par un flacon laveur aux 3/4 rempli d'eau (*fig.* 41). On dispose à la suite de ce flacon une éprouvette contenant un lait de chaux, destiné à absorber le chlore en excès.

Si l'on refroidit de l'eau de chlore à 0°, il se forme des lamelles butyreuses jaunâtres, constituant un *hydrate* de formule $2Cl + 10H^2O$.

Liquéfaction. — Le chlore se liquéfie sous une pression de 6^{kg} à 0°. On se sert d'un tube de verre en forme de V dans une des branches duquel on a introduit de l'hydrate de chlore avant de fermer le tube à la lampe. La branche contenant l'hydrate est alors plongée dans l'eau tiède pendant que l'autre branche est entourée de glace (*fig.* 42). Le chlore liquéfié se rassemble

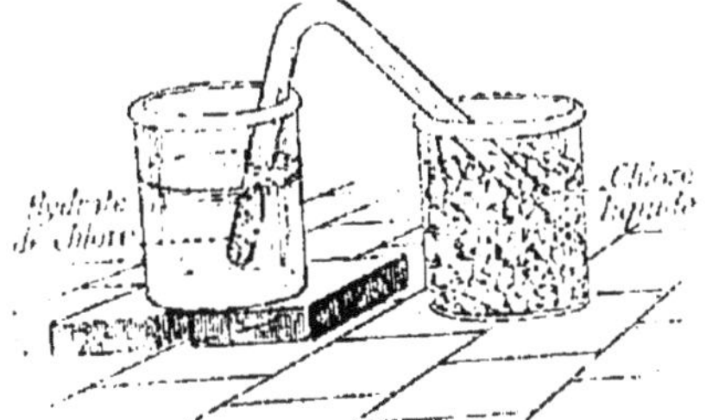

Fig. 42. — Liquéfaction du chlore.

dans cette dernière branche, sous forme d'un liquide jaune, mobile.

Action sur l'organisme. — Le chlore est dangereux à respirer. En petite quantité, il détermine une sensation de chaleur à la gorge, accompagnée d'une toux douloureuse ; en plus grande quantité, il produit des crachements de sang. On atténue ces accidents en buvant du lait ou en respirant de la vapeur d'eau.

57. Propriétés chimiques. — La propriété caractéristique du chlore est sa grande tendance à s'unir à l'hydrogène pour former de l'acide chlorhydrique. Si l'on mélange des volumes égaux de chlore sec et d'hydrogène, il ne se produit rien dans l'obscurité, mais à la lumière diffuse la combinaison s'effectue lentement. Si l'on approche une flamme de l'ouverture du flacon qui contient le mélange, il se produit une forte détonation et il y a production de vapeurs blanches d'acide chlorhydrique (*fig.* 43).

Action sur les métalloïdes. — Le chlore se combine directement avec la plupart des métalloïdes.

Un morceau de *phosphore* sec placé dans une coupelle et introduit dans un flacon plein de chlore fond, puis s'enflamme et se transforme en chlorures PCl^3 et PCl^5. L'an-

Fig. 43. — Combinaison du chlore et de l'hydrogène.

Fig. 44. — Combustion de l'antimoine dans le chlore.

timoine, finement pulvérisé et projeté dans le chlore, produit une gerbe d'étincelles accompagnées de fumées épaisses de chlorure d'antimoine $SbCl^3$ (*fig.* 44).

Action sur les métaux. — Un grand nombre de métaux sont attaqués par le chlore à la température ordinaire. Le sodium introduit dans le chlore s'enflamme spontanément en formant du chlorure de sodium.

Du *mercure* agité dans un flacon de chlore finit par adhérer au verre sous forme d'un enduit miroitant constitué par du chlorure de mercure. Une feuille d'*or* agitée avec de l'eau de chlore disparait rapidement.

Le *fer*, le *cuivre*, l'*étain* doivent être préalablement chauffés : un gros fil de cuivre rouge, légèrement chauffé et introduit dans un flacon plein de chlore, devient incandescent; il se produit en même temps des fumées jaunes, épaisses, de chlorure de cuivre.

Action sur les composés. — A cause de sa grande tendance à s'unir à l'hydrogène, le chlore enlève ce gaz à la plupart des composés hydrogénés.

L'eau est décomposée par le chlore sous l'influence de la lumière et de la chaleur :

$$H^2O + 2Cl = 2HCl + O^{\prime}.$$

Cette équation montre pourquoi l'eau de chlore est un agent d'oxydation quand elle se trouve en présence de corps avides d'oxygène.

On évite l'action de la lumière en conservant l'eau de chlore dans des flacons en verre jaune ou noir.

L'acide sulfhydrique cède également son hydrogène au chlore :

$$H^2S + 2Cl = 2HCl + S.$$

Cette propriété fait du chlore un désinfectant précieux.

Si l'on fait arriver un courant de *gaz ammoniac* AzH^3

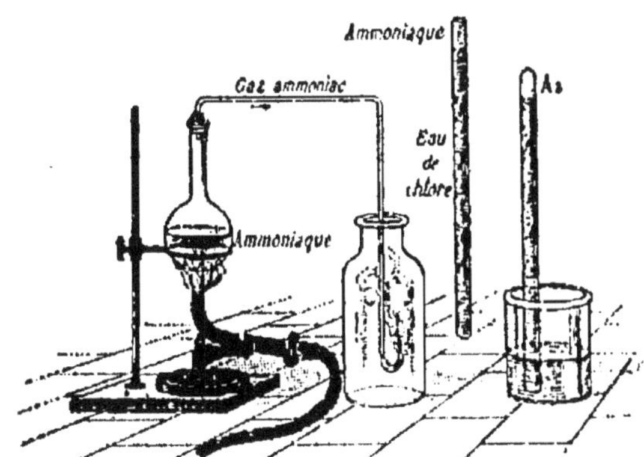

Fig. 45. — Action du chlore sur l'ammoniaque.

dans un flacon plein de chlore (*fig.* 45), il y a inflammation et il se produit des fumées blanches de chlorure d'ammonium AzH^4Cl :

$$4AzH^3 + 3Cl = 3AzH^4Cl + Az.$$

Pour montrer le dégagement d'azote, on verse de l'eau de chlore dans un long tube jusqu'aux 9/10, on achève de le remplir avec de l'ammoniaque, puis on bouche le tube avec le doigt et on le renverse sur une cuve à eau (*fig.* 45) : l'ammoniaque, plus légère, monte à travers l'eau de chlore et est décomposée ; des bulles d'azote se rassemblent au sommet du tube et il se forme en même temps des fumées blanches de chlorure d'ammonium.

Enfin, les *matières organiques hydrogénées* sont plus ou moins attaquées par le chlore.

Un morceau de papier à filtre imprégné d'essence de térébenthine $C^{10}H^{16}$ brûle dans le chlore avec une flamme rougeâtre en produisant des fumées épaisses d'acide chlorhydrique et un dépôt de noir de fumée :

$$C^{10}H^{16} + 16Cl = 16HCl + 10C.$$

Sous l'influence du chlore, les bouchons de liège sont attaqués et jaunis ; les matières colorantes d'origine organique sont détruites : versons de l'eau de chlore dans des verres renfermant respectivement du tournesol, de l'encre, etc. ; nous verrons ces liquides se décolorer immédiatement.

58. Caractères. — On reconnaît le chlore :

1° à sa couleur jaune-verdâtre et à son odeur suffocante ;

2° à ce qu'il bleuit un papier amidonné imprégné d'une dissolution d'iodure de potassium. Le chlore décompose l'iodure et met en liberté l'iode, qui a la propriété de colorer l'amidon en bleu.

59. Usages. — Le chlore est surtout employé comme *décolorant* et comme *désinfectant*. Son emploi à l'état de gaz serait incommode ; aussi le fait-on absorber par de la potasse, de la soude ou de la chaux : on obtient ainsi les chlorures *décolorants* (eau de Javel, liqueur de Labarraque, chlorure de chaux). Ces chlorures servent pour le blanchiment du linge, pour désinfecter les fosses d'aisances, détruire les miasmes dans les hôpitaux, etc.

Dans l'industrie, on a recours au chlore pour extraire le brome et l'iode, pour préparer des produits chlorés, comme le chloral, etc.

RÉSUMÉ DU CHAPITRE VII

Le *chlore* (Cl = 35,5) ne se rencontre pas à l'état libre dans la nature : son composé le plus répandu est le chlorure de sodium.

On prépare le chlore en chauffant du bioxyde de manganèse avec de l'acide chlorhydrique dans un ballon de verre ; le gaz est lavé, séché, et recueilli à sec. Le résidu de la préparation est une dissolution de chlorure de manganèse.

Le chlore est un gaz jaune-verdâtre, à odeur suffocante. Il est 2 fois 1/2 plus lourd que l'air. Sa solubilité dans l'eau = 3 à la température ordinaire. Cette dissolution constitue l'eau de chlore.

Le chlore se combine directement avec presque tous les corps simples, en dégageant beaucoup de chaleur. Un mélange à volumes égaux de chlore et d'hydrogène détone violemment à l'approche d'une flamme ; le produit de la combinaison est de l'acide chlorhydrique.

Le phosphore, l'antimoine s'enflamment spontanément dans le chlore ; le fer, le cuivre y brûlent quand ils ont été préalablement chauffés.

A cause de sa grande affinité pour l'hydrogène, le chlore enlève ce gaz à la plupart des composés hydrogénés : il décompose l'eau, l'acide sulfhydrique, l'ammoniaque, détruit les matières colorantes organiques.

On utilise les propriétés décolorantes du chlore et son action sur l'acide sulfhydrique pour le blanchiment et pour la destruction des miasmes. On emploie ce gaz à l'état de chlorures décolorants.

CHAPITRE VIII

ACIDE CHLORHYDRIQUE. — BROME. — IODE. ACIDE FLUORHYDRIQUE

ACIDE CHLORHYDRIQUE

Formule : HCl.　　　　　　　　　　　　　M. moléculaire : 36,5.

60. État naturel. — L'acide chlorhydrique, appelé quelquefois acide *muriatique* ou *esprit de sel*, se dégage des volcans. Comme il est très soluble dans l'eau, il se dissout dans les ruisseaux qui descendent des montagnes volcaniques. Le suc gastrique (sécrété dans l'estomac) en contient de 2 à 3/1000, et c'est pour faire face à cette production que l'homme a besoin de faire entrer du sel (chlorure de sodium) dans son alimentation.

61. Préparation. — *On prépare l'acide chlorhydrique en décomposant le sel marin par l'acide sulfurique. Le résidu de la préparation est du sulfate acide de sodium :*

$$NaCl + SO^4H^2$$
$$= SO^4NaH + HCl.$$

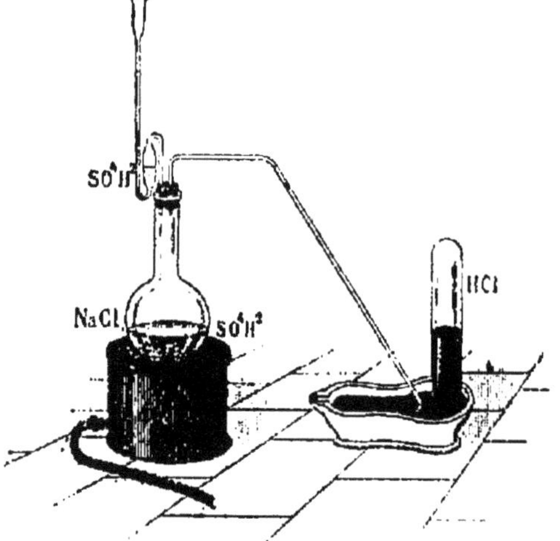

Fig. 46.— Préparation de l'acide chlorhydrique.

Ou introduit dans un ballon muni d'un tube de sûreté et d'un tube à dégagement (*fig.* 46) du sel marin fondu (le sel ordinaire serait trop vite attaqué) ; puis on verse de l'acide sulfurique par le tube de sûreté et l'on chauffe modérément. Le gaz est recueilli sur le mercure. Comme il est plus lourd que l'air, on peut aussi le recueillir à sec dans des flacons qui ont été desséchés.

La *dissolution* d'acide chlorhydrique s'obtient en disposant à la suite du ballon précédent une série de flacons laveurs contenant de l'eau pure. Les tubes qui amènent le gaz dans chaque flacon plongent de quelques millimètres seulement, de sorte que la dissolution, plus dense que l'eau, gagne le fond au fur et à mesure de sa formation.

Dans l'*industrie*, on chauffe encore du sel marin avec de l'acide sulfurique, mais la température étant très élevée, 1 mol. d'acide sulfurique décompose 2 mol. de sel marin :

$$2NaCl + SO^4H^2 = SO^4Na^2 + 2HCl.$$

Le gaz qui se dégage des fours où s'effectue la réaction précédente se refroidit en circulant le long d'un conduit en poterie, puis tra-

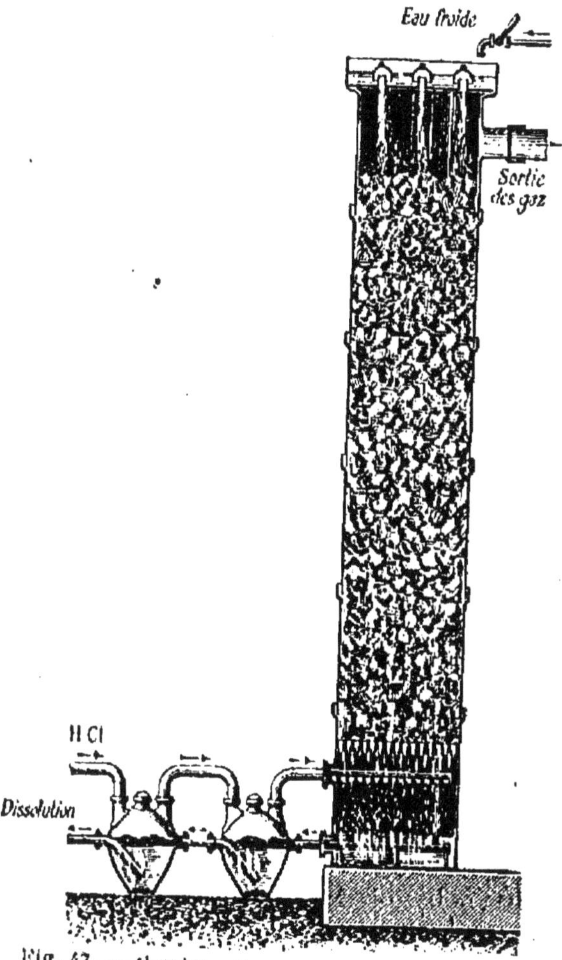

Fig. 47. — Condensation industrielle de l'acide chlorhydrique.

verse successivement une série de bonbonnes et une teur remplie de coke (*fig.* 47) ; l'eau circule en sens inverse et se charge de plus en plus d'acide chlorhydrique.

La dissolution courante du commerce est d'un jaune d'ambre et marque 20 à 21° au pèse-acides de Baumé ; elle contient du chlorure ferrique Fe^2Cl^6 qui lui donne sa couleur jaune ; il provient de l'attaque par l'acide chlorhydrique de la fonte des fours. Elle contient aussi de l'acide sulfurique entraîné par le courant gazeux.

62. Propriétés physiques. — L'acide chlorhydrique est un gaz incolore, fumant à l'air ; il a une odeur suffocante et une saveur fortement acide. Sa densité est 1,25.

Solubilité. — L'eau, à 0°, dissout 500 fois son volume d'acide chlorhydrique. Pour mettre en évidence cette grande solubilité, on ferme un flacon plein de ce gaz par un bouchon portant un tube dont une extrémité est effilée et l'autre fermée à la lampe (*fig.* 48). On brise cette dernière après l'avoir introduite dans un vase contenant de l'eau colorée par du tournesol bleu ; l'eau s'élève dans le flacon en formant un jet d'eau et en prenant une coloration rouge.

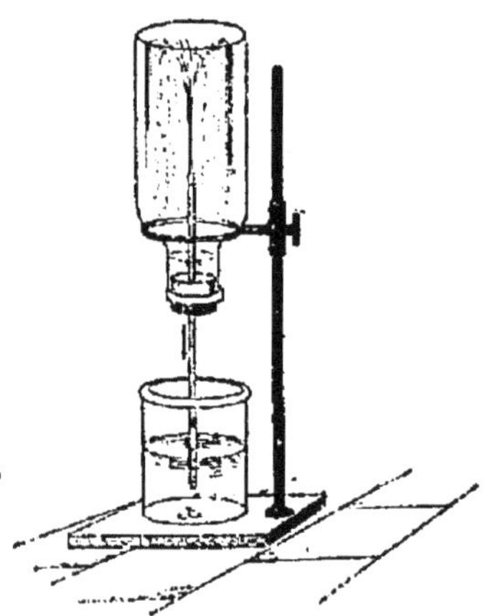

Fig. 48. — Solubilité de l'acide chlorhydrique.

On n'emploie l'acide chlorhydrique qu'à l'état de dissolution.

Si l'on chauffe une dissolution d'acide chlorhydrique, elle ne perd qu'une partie de son gaz, ce qui prouve qu'il n'y a pas eu seulement dissolution. L'acide chlorhydrique forme en effet avec l'eau divers hydrates dont la composition varie avec la température.

Les vapeurs blanches que répand l'acide chlorhydrique à l'air sont dues précisément à la condensation d'hydrates formés par ce gaz avec la vapeur d'eau de l'atmosphère.

Liquéfaction. — L'acide chlorhydrique se liquéfie sous une pression de 40ᵏ⁸ à la température ordinaire ; on obtient un liquide incolore, qui se prend en une masse cristalline vers —115°.

Action sur l'organisme. — Les vapeurs d'acide chlorhydrique exercent une action très irritante sur les poumons ; elles provoquent la toux, les larmes, quelquefois des crachements de sang. La dissolution, introduite dans le tube digestif, y produit des ulcérations profondes ; son contrepoison est la magnésie calcinée, qui forme du chlorure de magnésium.

63. Propriétés chimiques. — L'acide chlorhydrique est un *acide très énergique*, rougissant fortement la teinture de tournesol. Il n'est pas combustible et une bougie allumée plongée dans ce gaz s'éteint après s'être frangée de vert.

Action sur les métalloïdes. — Les métalloïdes n'exercent aucune action sur l'acide chlorhydrique, à l'exception de l'oxygène et du silicium. Au rouge sombre, l'oxygène forme de l'eau et met du chlore en liberté :

$$2HCl + O = H^2O + 2Cl.$$

Cette décomposition n'est que partielle et est limitée par l'action inverse (57).

Action sur les métaux. — L'acide chlorhydrique attaque tous les métaux, sauf l'or et le platine ; il se forme un chlorure et il se dégage de l'hydrogène.

La réaction se produit à froid et est très vive avec l'aluminium et avec le zinc :

$$Zn + 2HCl = ZnCl^2 + 2H.$$

L'acide chlorhydrique est également décomposé à froid par le sodium ; il se forme du chlorure de sodium et l'hydrogène est mis en liberté.

Avec l'étain il faut chauffer légèrement. Enfin l'argent n'est attaqué qu'au rouge sombre.

Le *gaz ammoniac* se combine au gaz chlorhydrique volume à volume en formant du chlorure d'ammonium AzH^4Cl. Il suffit de mettre en présence les bouchons des flacons à acide chlorhydrique et à ammoniaque pour voir

Fig. 49. — Formation du chlorure
d'ammonium.

apparaître aussitôt d'épaisses fumées blanches de ce chlorure (*fig.* 49).

L'acide chlorhydrique attaque la plupart des *oxydes métalliques* et leurs hydrates ; il se produit un chlorure et de l'eau :

$$FeO + 2HCl = FeCl^2 + H^2O,$$

$$KOH + HCl = KCl + H^2O.$$

Versons peu à peu de l'acide chlorhydrique dans une dissolution concentrée de potasse ; il se formera un dépôt cristallin de chlorure de potassium.

Certains bioxydes (de manganèse, de plomb), traités par l'acide chlorhydrique, dégagent du chlore (54).

Fonction chimique. — L'acide chlorhydrique ne renfermant qu'un atome d'hydrogène remplaçable par un métal, est un acide *monobasique* ; il ne s'unit qu'à une mol. de potasse KOH ou de soude $NaOH$ et ne donne qu'un sel avec le même métal. Si celui-ci est monovalent, on a un chlorure de la forme KCl ou $NaCl$; avec un métal divalent, comme le calcium, le zinc, etc., les formules des chlorures seront $CaCl^2$, $ZnCl^2$,... car un atome de métal divalent ne pouvant remplacer que 2 atomes d'hydrogène réagit sur 2 mol. d'acide chlorhydrique.

64. Caractères. — Les caractères suivants permettent de reconnaître l'acide chlorhydrique à l'état de gaz ou en dissolution :

1° Il a une odeur piquante et fume à l'air ;

2° il répand des fumées blanches en présence de l'ammoniaque ;

3° avec une dissolution d'azotate d'argent, il donne un précipité blanc de chlorure d'argent, devenant violet à la lumière, et soluble dans l'ammoniaque.

65. Usages. — L'acide chlorhydrique sert à préparer le chlore, l'hydrogène, le gaz carbonique, etc. Dans l'industrie, on l'emploie pour préparer les chlorures décolorants, le chlorure d'ammonium ; pour extraire la gélatine des os, décaper les métaux, pour l'étamage et la galvanisation, décomposer les savons de chaux, régénérer le soufre des charrées de soude, laver les sables et argiles employés en céramique, épailler les laines. Ce dernier usage est une application de la propriété que possède la paille de s'émietter dans l'acide chlorhydrique, tandis que la laine y conserve sa souplesse.

Mélangé à l'acide azotique, il constitue l'*eau régale*, qui dissout l'or et le transforme en chlorure.

66. Composition de l'acide chlorhydrique. Loi des volumes. — Pour faire la *synthèse* de l'acide chlorhydrique, on abandonne à la lumière diffuse un système de deux flacons d'égal volume dont les cols s'emboîtent exactement et qui ont été remplis préalablement, l'un de chlore, l'autre d'hydrogène (*fig.* 50). Après quelques heures, la couleur du chlore a disparu : si l'on ouvre alors les deux flacons séparément sur le mercure, on constate que le volume n'a pas changé. De plus, une petite quantité d'eau introduite dans chaque flacon absorbe complètement le gaz.

Fig. 50. — Synthèse de l'acide chlorhydrique.

On déduit de cette expérience qu'*un volume* d'hydrogène, en se combinant à *un volume* de chlore, forme *deux volumes* d'acide chlorhydrique. C'est une application de la loi des combinaisons en volume : les volumes de deux gaz qui se combinent sont dans un rapport simple, et le volume du composé formé, s'il est gazeux ou volatil, est dans un rapport simple avec les volumes des composants.

En général, quand les gaz se combinent à volumes égaux, il n'y a pas de diminution de volume ; l'acide chlorhydrique en est un exemple. Il y a contraction quand les volumes des gaz composants sont inégaux. La contraction est d'un tiers quand leur rapport est $\frac{1}{2}$ (1 vol. d'oxygène et 2 vol. d'hydrogène donnent 2 vol. de vapeur d'eau), de moitié quand le rapport des volumes est $\frac{1}{3}$ (1 vol. d'hydrogène et 3 vol. d'azote forment 2 vol. de gaz ammoniac).

67. Brome. — Iode. — Acide fluorhydrique. — Le *brome* (Br = 80) est un liquide rouge foncé, d'une odeur irritante. Il est 3 fois plus lourd que l'eau. Sa solubilité dans l'eau est très faible, mais il se dissout facilement dans le sulfure de carbone. Même à la température ordinaire il émet de lourdes vapeurs rouges, dangereuses à respirer.

Le brome a des propriétés chimiques analogues à celles du chlore : un morceau de phosphore projeté dans du brome (*fig.* 51) détermine une explosion. C'est aussi un décolorant ; il forme avec l'hydrogène l'acide bromhydrique HBr.

Le brome sert à préparer le bromure de potassium, très employé en médecine et en photographie.

Fig. 51. — Action du brome sur le phosphore.

L'*iode* (I = 127) se présente en lamelles brillantes, d'un violet noir ; il est 5 fois plus lourd que l'eau. Sa solubilité dans l'eau est presque nulle ; mais il est très soluble dans l'alcool (teinture d'iode) et dans le sulfure de carbone, auquel il communique une belle teinte violette.

Chauffé, l'iode émet des vapeurs violettes qui se condensent sur les parois froides en cristaux. Son pouvoir décolorant est très faible. Il est déplacé par le chlore et le brome de ses combinaisons. Enfin il est caractérisé par la coloration bleue qu'il communique à l'empois d'amidon.

L'iode sert à préparer l'iodure de potassium, l'iodoforme. En médecine, la teinture d'iode est employée contre certaines maladies de la peau.

L'acide fluorhydrique HF est le composé hydrogéné du *fluor*, gaz dont les affinités chimiques sont beaucoup plus énergiques que celles du chlore.

Cet acide est un liquide incolore, fumant à l'air. Il a la propriété importante de dissoudre la silice à la température ordinaire :

$$SiO^2 + 4HF = 2H^2O + SiF^4 \; ;$$

aussi les silicates et le verre, formé de silicates, sont-ils rapidement corrodés par l'acide fluorhydrique.

La principale application de l'acide fluorhydrique est la gravure sur verre.

RÉSUMÉ DU CHAPITRE VIII

L'acide chlorhydrique HCl existe à l'état naturel : il se dégage des volcans. On le prépare en chauffant dans un ballon du sel marin fondu avec de l'acide sulfurique ; il reste du sulfate acide de sodium, et le gaz qui se dégage est recueilli à sec ou sur le mercure.

C'est un gaz incolore, à odeur piquante. L'eau en dissout 500 fois son volume à 0°. Cette dissolution s'obtient en faisant passer le gaz dans des flacons laveurs contenant de l'eau distillée ; elle est incolore et fume à l'air.

L'acide chlorhydrique n'est pas combustible. C'est un acide énergique. Tous les métaux, sauf l'or et le platine, sont attaqués par lui, avec formation de chlorure et dégagement d'hydrogène. Au contact de l'ammoniaque, il produit des fumées blanches de chlorure d'ammonium.

L'acide chlorhydrique sert à préparer l'hydrogène, le chlore. On l'emploie pour décaper le fer, épailler les laines, etc. Avec l'acide azotique, il forme l'eau régale.

2 vol. d'acide chlorhydrique sont formés de 1 vol. d'hydrogène et 1 vol. de chlore. C'est un exemple de la loi des combinaisons en volumes : deux gaz s'unissent toujours dans un rapport simple et le volume du composé formé, s'il est gazeux ou volatil, est dans un rapport simple avec les volumes des composants.

II. — MÉTALLOÏDES DIVALENTS

Les métalloïdes divalents comprennent l'oxygène, le soufre, le sélénium et le tellure (48) ; l'oxygène a été étudié (27) ; le sélénium et le tellure n'ont pas assez d'importance pour être étudiés ici.

CHAPITRE IX

SOUFRE

Symbole: S.   M. atomique: 32.   M. moléculaire: 64.

68. État naturel. — Le soufre existe à l'*état natif*, aussi a-t-il été connu de toute antiquité. On le rencontre autour des volcans éteints, imprégnant les terres sur une épaisseur plus ou moins grande et formant ainsi des *solfatares*, comme à Pouzzolles près de Naples, en Islande, etc. Il est très abondant en Sicile, où il se présente le plus souvent en masses compactes, disséminées dans des couches de calcaire, de pierre à plâtre, etc., ou mélangées à des matières bitumineuses (*soufrières* de Sicile).

Le soufre est surtout répandu à l'état de sulfures et de sulfates. Les *sulfures* métalliques naturels constituent pour la plupart des minerais importants d'où l'on retire les métaux ; tels sont les sulfures de plomb (galène), de zinc (blende), de mercure (cinabre), etc. Le gypse ou pierre à plâtre est du sulfate de calcium hydraté.

69. Industrie du soufre. — La majeure partie du soufre du commerce provient du soufre natif. Comme ce dernier n'est mélangé qu'à des matières terreuses ou bitumineuses, on l'en sépare facilement soit par fusion, soit par distillation.

Procédé des calcaroni. — En Sicile, où le combustible est rare et le transport difficile, on traite le minerai sur place, et c'est le soufre lui-même qui sert de combustible. Sur un sol incliné, on construit avec le minerai une grande moule appelée *calcarone* (*fig.* 52), et on la recouvre

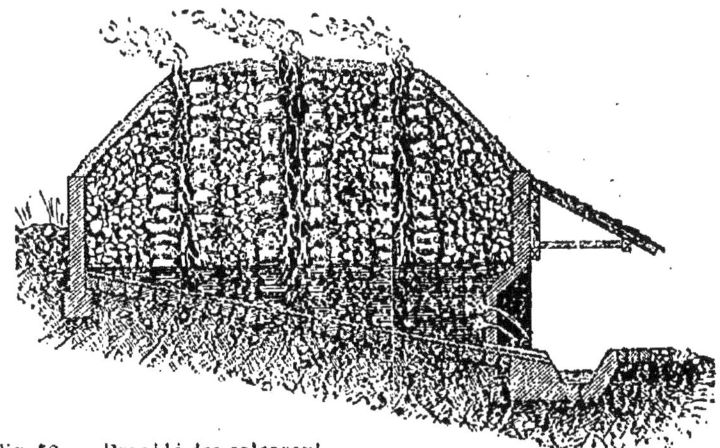

Fig. 52. — Procédé des calcaroni.

de terre en laissant libres les ouvertures de quelques cheminées qui ont été ménagées dans la masse. Par ces ouvertures on introduit des branches allumées ; une partie du soufre brûle ; la chaleur provenant de sa combustion fait fondre l'autre partie. Le soufre fondu s'écoule au dehors par une ouverture ménagée à l'endroit le plus bas.

Le procédé est expéditif et peu coûteux ; mais il fait perdre environ un tiers du soufre du minerai et il ne peut être employé qu'une partie de l'année, à cause du dégagement de gaz sulfureux qui brûlerait les récoltes.

Extraction par distillation. — Ce procédé s'applique aux minerais pauvres provenant des solfatares. La terre soufrée est introduite dans des pots en fonte, disposés en deux rangées dans un four sur la sole duquel on brûle du bois (*fig.* 53). Les vapeurs de soufre vont se condenser à l'état liquide dans des récipients extérieurs, d'où le soufre fondu s'écoule dans un petit réservoir.

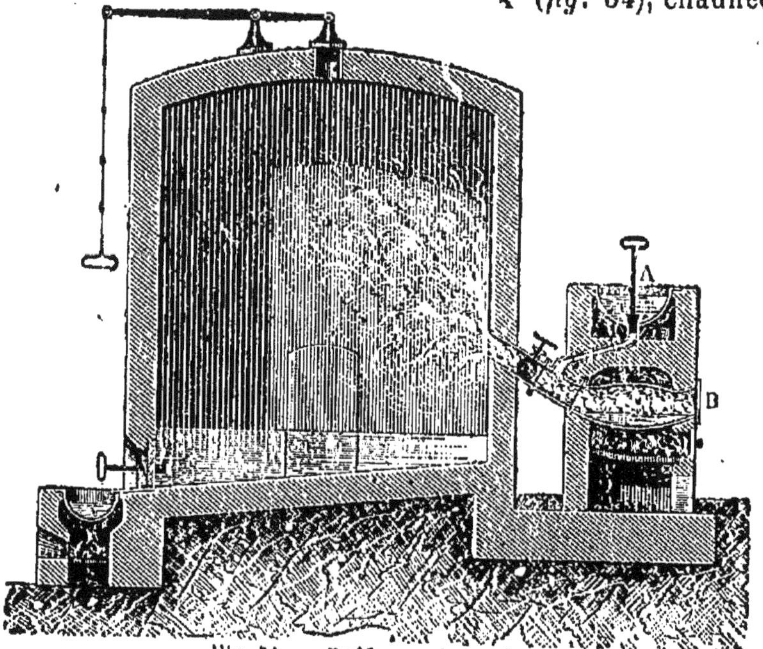

Fig. 53. — Extraction du soufre par distillation.

Raffinage du soufre. — Le soufre brut ainsi obtenu renferme de 3 à 4 % d'impuretés dont on le débarrasse en le raffinant.

Le soufre brut est introduit dans une chaudière en fonte A (*fig.* 54), chauffée

Fig. 54. — Raffinage du soufre.

par la chaleur perdue du foyer : quand il est fondu, on le

fait écouler dans une autre chaudière inférieure B, chauffée directement par le foyer. Les vapeurs de soufre qui
s'en échappent se rendent dans une grande chambre
en maçonnerie, sur les parois de laquelle elles se condensent d'abord en poudre très légère, constituant la
fleur de soufre. Mais ces parois s'échauffent peu à peu et
finissent par acquérir une température supérieure au point
de fusion du soufre ; dès lors, les vapeurs se condensent à
l'état de soufre liquide, qui se rassemble sur le sol incliné
de la chambre. Par une ouverture que l'on débouche de
temps à autre, on le fait écouler dans une petite chaudière, d'où il est coulé dans des moules coniques en bois
entourés d'eau froide. On obtient ainsi le *soufre en canons*.

RemaRquE. — On extrait aussi du soufre des *marcs* ou *charrées de soude*, résidus provenant de la fabrication des sou-
des (161) Enfin, en Saxe et en Bohême, on retire une certaine quantité de soufre de la pyrite de fer FeS^2. Cette pyrite est chauffée dans des cor-nues en poterie, disposées par séries dans un four (*fig.* 55). Les vapeurs de soufre se rendent dans un récipient en fonte contenant de l'eau froide.

A l'usine de Borbeck (Allemagne), le gaz sulfu-reux produit par le

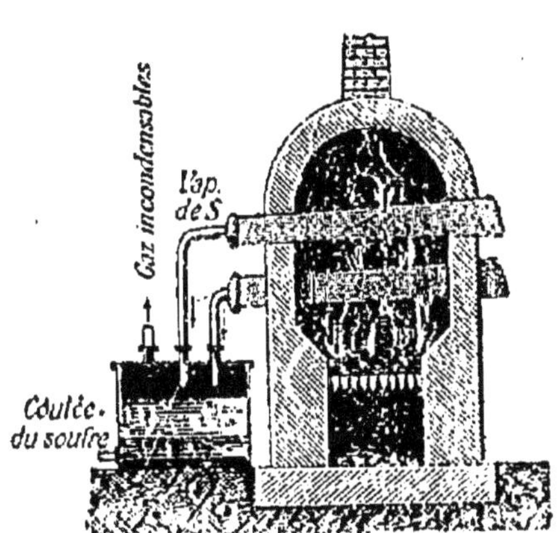

Fig. 55. — Extraction du soufre des pyrites.

grillage de la blende (sulfure de zinc) est transformé en soufre par
l'action de l'oxyde de carbone :

$$SO^2 + 2CO = 2CO^2 + S.$$

70. Propriétés physiques. — Le soufre est jaune citron,
cassant, inodore. Sa masse spécifique est $2^g,07$ (soufre naturel cristallisé). Il est mauvais conducteur de la chaleur
et de l'électricité ; ainsi un canon de soufre plongé dans

l'eau chaude fait entendre des craquements dus à ce que les couches extérieures se dilatent et se séparent des parties intérieures non échauffées ; d'un autre côté, un canon de soufre frotté avec un morceau de drap s'électrise et attire les corps légers.

Le soufre est insoluble dans l'eau, peu soluble dans la benzine. Son meilleur dissolvant est le sulfure de carbone, qui en dissout beaucoup plus à chaud qu'à froid. En laissant refroidir lentement (*fig.* 56) la dissolution saturée à

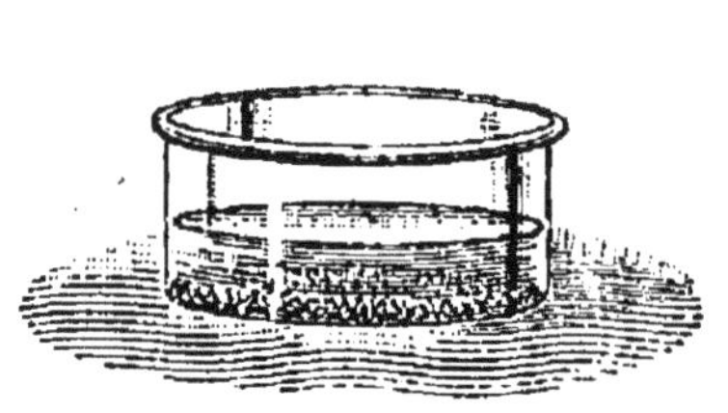

Fig. 56. — Cristallisation du soufre
par voie humide.

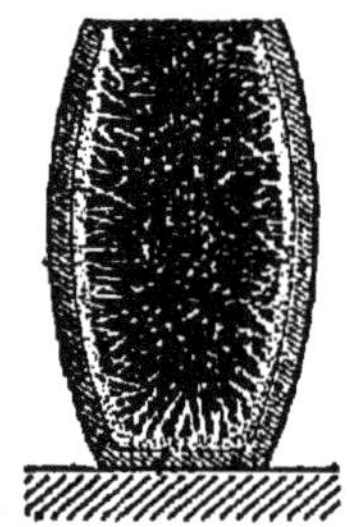

Fig. 57. — Cristallisation du
soufre par fusion.

chaud, on obtient des cristaux octaédriques appartenant au système orthorhombique (41). On peut aussi faire cristalliser le soufre par fusion (41) ; on obtient alors de longues aiguilles (*fig.* 57), qui sont en réalité des prismes du système clinorhombique. Le soufre cristallise ainsi dans deux systèmes différents : c'est donc un corps *dimorphe* (42).

Il existe une variété de soufre non cristallisée : c'est le soufre amorphe, insoluble dans le sulfure de carbone. Il se trouve en très petite quantité dans le soufre en canons, mais en proportion assez forte dans le soufre en fleur et surtout dans le soufre mou dont nous allons parler. Il constitue le résidu jaune pâle pulvérulent que laissent toutes ces variétés de soufre quand on les traite par le sulfure de carbone.

Action de la chaleur. — Le soufre *fond* vers 114° en un liquide jaunâtre, très fluide. Cette fluidité diminue à mesure que l'on continue à chauffer, en même temps que le liquide se colore en rouge brun. A 220° on a une masse brune, visqueuse. Un peu au delà de 230°, le soufre peut de nouveau couler, mais il conserve sa couleur brune. Enfin à 447°, il entre en ébullition et émet des vapeurs rouges brunes.

Si l'on refroidit brusquement, en le versant dans l'eau froide, du soufre qui est encore au moins à 230°, on obtient du soufre mou, formé de fils rougeâtres s'étirant comme du caoutchouc; mais au bout de quelques jours ce soufre a repris sa couleur et son état primitifs.

71. Propriétés chimiques. — Le soufre est *combustible* : il s'enflamme vers 250° et brûle avec une flamme bleue en donnant l'anhydride sulfureux SO^2, gaz à odeur suffocante.

Action sur les métaux. — Le soufre présente au point de vue chimique une grande analogie avec l'oxygène; c'est ainsi qu'il s'unit à la plupart des *métaux* et donne des sulfures analogues aux oxydes.
Si l'on chauffe de la tournure de cuivre et de la fleur

Fig. 58. — Action du soufre
sur le cuivre.

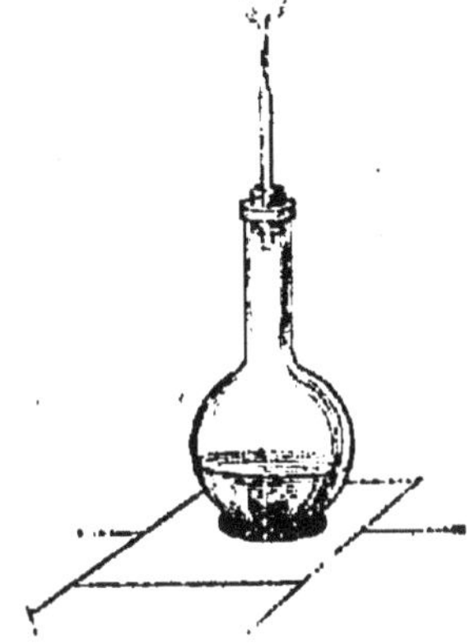

Fig. 59. — Expérience
du volcan de Lémery.

de soufre dans un ballon (fig. 58) le mélange devient incandescent et se transforme en sulfure de cuivre noir.

Un mélange intime de fleur de soufre et de limaille de fer projeté dans une cuiller en fer portée au rouge, devient incandescent et donne du sulfure de fer. Ce sulfure s'obtient également si l'on introduit le mélange dans un ballon (*fig.* 59) avec un peu d'eau tiède ; un jet de vapeur d'eau s'échappe avec force par le tube effilé dont on a muni le ballon. (Volcan de Lémery.)

Action sur les composés. — A cause de son affinité pour l'oxygène, le soufre décompose un certain nombre de composés oxygénés comme l'acide azotique, l'acide sulfurique, etc. Si l'on chauffe dans un tube à essais un fragment de soufre avec de l'acide sulfurique concentré, on constate rapidement un dégagement de gaz sulfureux. Enfin si on projette un fragment de soufre dans un tube à essais contenant du chlorate de potassium préalablement fondu, il brûle avec une flamme éblouissante.

72. Usages. — Le *soufre en canons*, qui est le soufre le plus pur, sert à préparer l'acide sulfurique pur, le gaz sulfureux, le sulfure de carbone, les hyposulfites, le caoutchouc factice par cuisson avec des huiles végétales ; à soufrer les allumettes ; à vulcaniser le caoutchouc ; à blanchir la paille, la laine et la soie ; à sceller le fer dans la pierre, etc.

Le *soufre en fleur* est employé pour combattre l'oïdium de la vigne, préparer les mèches soufrées que l'on brûle dans les tonneaux, éteindre les feux de cheminée, préparer certains sulfures : sulfures de mercure, d'étain, etc.

En médecine, on utilise contre la gale et autres maladies de la peau des pommades faites avec du soufre.

RÉSUMÉ DU CHAPITRE IX

Le *soufre* (S = 32) se rencontre à l'état natif, soit mélangé aux

terres volcaniques (solfatares), soit en masses compactes. Il est très
répandu à l'état de sulfures et de sulfates. En Sicile, on construit
des meules (calcaroni) avec le soufre natif et on y met le feu ; une
partie du soufre brûle, fournissant ainsi la chaleur nécessaire à la
fusion de l'autre partie. Près de Naples, on distille la terre soufrée
dans des pots en fonte. Le soufre brut obtenu par ces méthodes est
raffiné par distillation et fournit successivement le soufre en fleur
et le soufre en canons.

Le soufre est jaune citron, cassant, mauvais conducteur. Son
meilleur dissolvant est le sulfure de carbone. C'est un corps dimorphe. Il fond vers 114° en un liquide jaune fluide qui, lorsque
la température s'élève, devient brun et visqueux, puis redevient
fluide et finalement se réduit en vapeurs à 447°.

Le soufre brûle avec une flamme pâle en donnant de l'anhydride
sulfureux. Il se combine avec la plupart des métaux ; avec le cuivre,
le fer, il y a incandescence.

On emploie le soufre pour fabriquer l'acide sulfurique, pour soufrer les allumettes. Le soufre en fleur est surtout employé pour le
soufrage des vignes.

CHAPITRE X

ACIDE SULFHYDRIQUE

Formule : H_2S.   M. moléculaire : 34.

73. État naturel. — Le gaz acide sulfhydrique, autrefois nommé *air puant* à cause de son odeur infecte, fait
partie des gaz qui se dégagent des volcans. Il existe dans
les eaux minérales sulfureuses (eaux de Barèges, d'Enghien), soit à l'état libre, soit à l'état de sulfures alcalins,
et leur communique une odeur d'œufs pourris. Il s'en
produit toutes les fois que des matières organiques sulfurées entrent en putréfaction : les œufs pourris, la vase des
marais, les égouts, les fosses d'aisances, etc., sont des
sources d'acide sulfhydrique.

74. Préparation. — *On prépare l'acide sulfhydrique en décomposant le sulfure de fer par l'acide sulfurique étendu.*

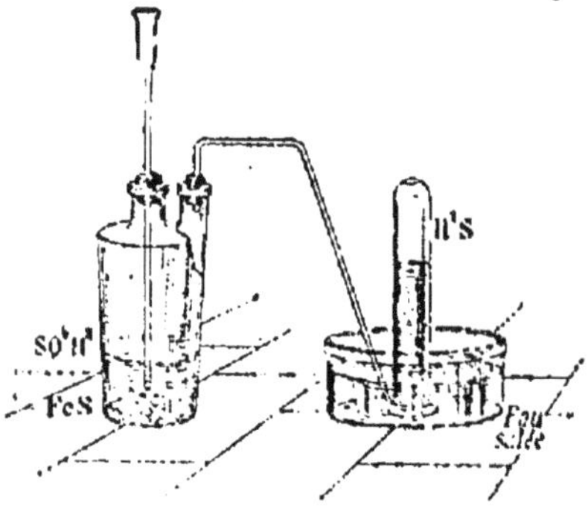

Fig. 60. — Préparation de l'acide sulfhydrique.

Dans un appareil à hydrogène (*fig.* 60), on introduit du sulfure de fer concassé et de l'eau, puis on verse de l'acide sulfurique par le tube à entonnoir. A cause de sa solubilité dans l'eau, on recueille le gaz sur le mercure, ou, à défaut, sur l'eau salée.

Le résidu de la préparation est du sulfate de fer, qui se dissout dans l'eau du flacon :

$$FeS + SO^4H^2 = SO^4Fe + H^2S.$$

On peut remplacer l'acide sulfurique par l'acide chlorhydrique ; il se forme du chlorure de fer $FeCl^2$:

$$FeS + 2HCl = FeCl^2 + H^2S.$$

L'acide sulfhydrique préparé avec le sulfure de fer est presque toujours mélangé d'hydrogène ; cela tient à ce que ce sulfure, préparé avec de la limaille de fer et du soufre, renferme du fer libre, qui réagit sur l'acide sulfurique.

Pour avoir la dissolution d'acide sulfhydrique, on dispose à la suite de l'appareil producteur deux flacons laveurs ; le premier contient un peu d'eau pour retenir l'acide sulfurique entraîné ; le second, destiné à absorber les gaz, est rempli presque complètement d'eau qui a été privée d'air par ébullition et refroidie.

Préparation de l'acide sulfhydrique pur. — On décompose le sulfure d'antimoine par l'acide chlorhydrique concentré (*fig.* 61) :

$$Sb^2S^3 + 6HCl = 2SbCl^3 + 3H^2S.$$

Le résidu est du chlorure d'antimoine. Le gaz qui se dégage est lavé dans un flacon où il se débarrasse de l'acide

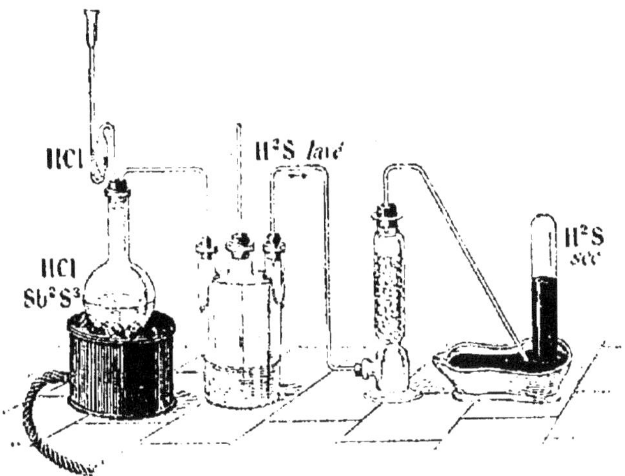

Fig. 61. — Préparation de l'acide sulfhydrique pur.

chlorhydrique entraîné, puis il est desséché sur du chlorure de calcium et recueilli sur le mercure.

Industriellement, on prépare l'acide sulfhydrique par l'action de l'acide chlorhydrique sur le résidu dit *charrée* ou *marc de soude*. Ce résidu est un composé complexe contenant surtout du sulfure de sodium

75. Propriétés physiques. — L'acide sulfhydrique est un gaz incolore, doué d'une odeur fétide rappelant celle des œufs pourris, et d'une saveur douceâtre. Sa densité est 1,19. L'eau en dissout 3 fois son volume à la température ordinaire. Si l'on introduit un peu d'eau dans une éprouvette pleine d'acide sulfhydrique et que l'on agite fortement, l'éprouvette reste adhérente à la main.

Liquéfaction. — Soumis à une pression de 17ᵏᵍ, l'acide sulfhydrique se transforme en un liquide incolore qui, à —85°, se prend en une masse blanche ressemblant à de la glace.

Action sur l'organisme. — L'acide sulfhydrique est un poison violent. Une très petite quantité de ce gaz suffit pour infecter une salle. Respiré à faible dose, il produit une sensation de malaise, suivie de vertige. Quand il se dégage brusquement en grande quantité, comme à l'ouverture des fosses d'aisances, il peut causer une mort foudroyante; les vidangeurs l'appellent le plomb, à cause du poids énorme qui semble brusquement comprimer leur poitrine quand ils respirent ce gaz.

On remédie aux accidents causés par l'acide sulfhydrique en faisant respirer au malade de l'oxygène pur.

76. Propriétés chimiques. — L'acide sulfhydrique est un *acide faible* colorant le tournesol en rouge vineux.

Il est *combustible* et brûle avec une flamme pâle, en donnant de l'eau et du gaz sulfureux :

$$H^2S + 3O = H^2O + SO^2\nearrow.$$

Si l'on enflamme de l'acide sulfhydrique dans une éprouvette étroite, la combustion est incomplète, car l'air n'arrive pas en quantité suffisante ; il se dépose alors du soufre sur les parois :

$$2H^2S + 4O = 2H^2O + S + SO^2\nearrow.$$

Action des métalloïdes. — En présence de l'eau, *l'oxygène* décompose l'acide sulfhydrique à la température ordinaire avec dépôt de soufre ; c'est pourquoi la dissolution d'acide sulfhydrique se prépare avec de l'eau privée d'air par l'ébullition et se conserve dans des flacons pleins et bien bouchés.

En présence des corps poreux légèrement chauffés, l'acide sulfhydrique est oxydé plus complètement et transformé en acide sulfurique :

$$H^2S + 4O = SO^4H^2.$$

On explique ainsi la corrosion rapide des rideaux dans les établissements d'eaux thermales sulfureuses (Aix-les-Bains).

Le *chlore* décompose instantanément l'acide sulfhydrique ainsi que sa dissolution :

$$H^2S + 2Cl = 2HCl + S,$$

de là son emploi comme désinfectant. Versons un peu d'eau de chlore dans une éprouvette pleine de gaz sulfhydrique et agitons ; l'odeur de ce dernier disparaîtra et nous observerons en même temps un dépôt de soufre.

Action des métaux. — La plupart des *métaux* décomposent l'acide sulfhydrique ; ils s'emparent du soufre pour former des sulfures et mettent l'hydrogène en liberté. Une pièce d'argent humide introduite dans du gaz sulfhydrique noircit rapidement. Le cuivre se recouvre d'une mince couche de sulfure de cuivre d'un noir bleuâtre.

Action sur les composés. — A cause de l'hydrogène qu'il contient, l'acide sulfhydrique exerce une action réductrice sur beaucoup de composés, tels que l'acide azotique, l'acide sulfurique, le gaz sulfureux, etc.

Si l'on verse quelques centimètres cubes d'acide azotique fumant dans une éprouvette pleine de gaz sulfhydrique, il se produit un dépôt de soufre accompagné de vapeurs rouges de peroxyde d'azote AzO^3 :

$$2AzO^3H + H^2S = S + 2H^2O + 2AzO^2.$$

L'acide sulfhydrique décompose un certain nombre de sels métalliques en dissolution et donne des sulfures insolubles, dont la couleur dépend de la nature du métal que contiennent ces sulfures. Avec les sels de plomb, il se précipite du sulfure de plomb noir. Cette dernière réaction est fréquemment utilisée pour reconnaître la présence de l'acide sulfhydrique.

77. Caractères. — L'acide sulfhydrique peut être facilement décelé par les caractères suivants :

1° il a une odeur d'œufs pourris ;

2° il brûle avec une flamme bleue accompagnée d'une odeur de gaz sulfureux ;

3° il noircit un papier qui a été imprégné d'une dissolution d'acétate de plomb.

78. Usages. — L'acide sulfhydrique est très employé dans les laboratoires pour précipiter certains métaux à l'état de sulfures insolubles, pour faire certaines réductions. On l'utilise quelquefois pour détruire les animaux nuisibles comme les rats, les guêpes, etc. ; on peut, pour cet usage, préparer ce gaz en chauffant de la fleur de soufre avec du suif ou de l'huile.

RÉSUMÉ DU CHAPITRE X

L'acide sulfhydrique H^2S se produit principalement dans la putréfaction des matières organiques sulfurées. On le prépare en décomposant, dans un appareil à hydrogène, le sulfure de fer par l'acide sulfurique étendu ; le gaz obtenu est ordinairement mélangé d'hydrogène. L'acide sulfhydrique pur s'obtient en chauffant du sulfure d'antimoine avec de l'acide chlorhydrique concentré dans un ballon de verre ; le gaz est recueilli sur le mercure.

L'acide sulfhydrique est un gaz à odeur d'œufs pourris ; l'eau en dissout 3 fois son vol. à la température ordinaire. Il brûle avec une flamme bleuâtre, en donnant de l'eau et du gaz sulfureux.

Parmi les métalloïdes, le chlore décompose immédiatement l'acide sulfhydrique. L'oxygène humide le décompose lentement avec dépôt de soufre. La plupart des métaux forment avec lui un sulfure et mettent l'hydrogène en liberté.

L'acide sulfhydrique réduit un certain nombre de composés oxygénés, comme l'acide azotique, le gaz sulfureux, etc... Il forme avec quelques dissolutions de sels métalliques des sulfures insolubles (sulfure de plomb noir avec les sels de plomb).

On l'emploie fréquemment comme réactif dans les laboratoires.

CHAPITRE XI

COMPOSÉS OXYGÉNÉS DU SOUFRE

79. Principaux composés oxygénés du soufre. — Les principaux composés oxygénés du soufre sont l'*anhydride sulfureux* SO^2, auquel correspond l'acide sulfureux SO^3H^2; et l'*acide sulfurique* SO^4H^2, correspondant à l'anhydride sulfurique SO^3.

Outre les composés précédents, on connaît : l'*acide hydrosulfureux* SO^4H^2, l'*acide hydrosulfurique* $S^2O^3H^2$ (connu à l'état de sels); l'*anhydride persulfureux* S^2O^7, auquel correspond l'acide persulfurique SO^4H; enfin quatre acides composant la *série thionique* : acides di, tri, tétra, pentathioniques $S^2O^6H^2$, $S^3O^6H^2$, $S^4O^6H^2$, $S^5O^6H^2$.

ANHYDRIDE SULFUREUX

Formule : SO^2.   M. moléculaire : 64.

80. État naturel. — L'anhydride sulfureux, appelé aussi *gaz sulfureux*, est le produit de la combustion du soufre à l'air. Il fait partie des émanations volcaniques. On le rencontre fréquemment dans l'atmosphère des grands centres industriels.

81. Préparation. — *L'anhydride sulfureux se prépare en réduisant partiellement l'acide sulfurique par le mercure ou le cuivre.* Le résidu est du sulfate de mercure ou du sulfate de cuivre, suivant le métal employé :

$$Hg + 2SO^4H^2 = SO^4Hg + 2H^2O + SO^2 ;$$
$$Cu + 2SO^4H^2 = SO^4Cu + 2H^2O + SO^2.$$

On introduit du mercure ou du cuivre en lames dans un

ballon muni d'un tube de sûreté et d'un tube à dégagement (*fig.* 62). On verse de l'acide sulfurique par le tube
de sûreté et on chauffe modérément. Le gaz sulfureux se
dessèche dans un flacon laveur contenant de l'acide sulfurique concentré ; comme il est très soluble dans l'eau, on

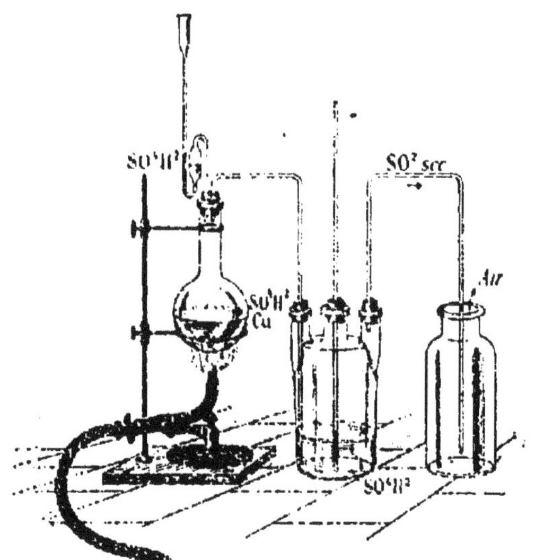

Fig. 62. — Préparation du gaz sulfureux.

le recueille sur le mercure ou par déplacement d'air dans
des flacons très secs.

Dissolution. — Elle se prépare en disposant à la suite de
l'appareil précédent un second flacon laveur aux 3/4 rempli
d'eau qui a été privée d'air par l'ébullition. On termine l'appareil par une éprouvette à pied contenant un lait de chaux
destiné à absorber le gaz en excès. Le ballon contient de
l'acide sulfurique et du charbon de bois. L'emploi du charbon
est très économique, et le gaz carbonique qu'il dégage en
même temps que le gaz sulfureux est ici sans inconvénient :

$$C + 2SO^4H^2 = 2H^2O + 2SO^2 + CO^2.$$

Industriellement, le gaz sulfureux est obtenu par l'un des procédés
suivants : grillage des pyrites, combustion du soufre, décomposition
de l'acide sulfurique par le soufre.

La pyrite de fer FeS^2, chauffée au rouge dans un courant d'air

dégage du gaz sulfureux en laissant un résidu d'oxyde ferrique
Fe^2O^3 :

$$2FeS^2 + 11O = Fe^2O^3 + 4SO^2.$$

82. Propriétés physiques. — Le gaz sulfureux a une
odeur suffocante, une saveur acide désagréable. Sa densité est 2,24. L'eau en dissout 50 fois son vol. à 15°. Si l'on
introduit un peu d'eau dans une éprouvette pleine de gaz
sulfureux et que l'on agite fortement, l'éprouvette reste
adhérente à la main.

Liquéfaction. — L'anhydride sulfureux peut être facilement amené à l'état liquide. On fait arriver le gaz pur et
sec au fond d'un matras entouré d'un mélange de glace et

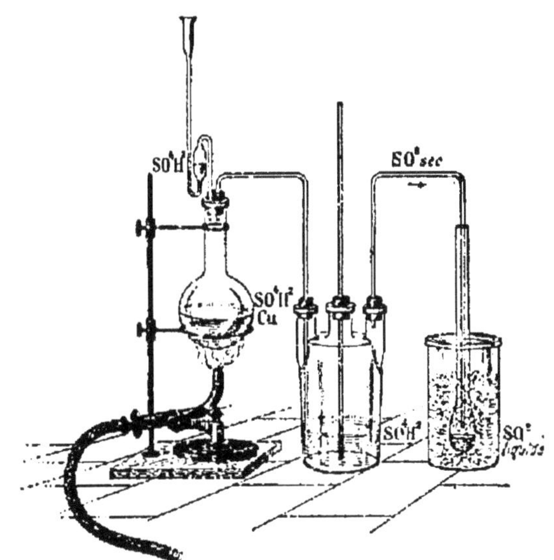

Fig. 63. — Liquéfaction du gaz sulfureux.

de sel (*fig.* 63); ce mélange refroidit le gaz à —15° et
amène sa liquéfaction.

Dans l'industrie l'anhydride sulfureux obtenu par l'action de l'acide
sulfurique sur le soufre chauffé à 400° est desséché sur de l'acide
sulfurique concentré, puis envoyé dans un récipient refroidi à —10°,

où il se liquéfie. On le conserve dans des siphons à eau de Seltz, car sa tension de vapeur ne dépasse pas 3^{k_g} à la température ordinaire.

L'évaporation rapide à l'air de l'anhydride sulfureux liquide peut abaisser la température à $-65°$, ce qui permet de congeler le mercure.

Action sur l'organisme. — Introduit dans les voies respiratoires, le gaz sulfureux provoque une toux opiniâtre accompagnée d'une oppression pénible : aussi est-il prudent de ne faire que de courtes inspirations quand on se trouve auprès des appareils qui le produisent.

83. Propriétés chimiques. — Le gaz sulfureux n'est pas combustible et il éteint les corps en combustion.

L'*oxygène,* en présence de l'eau, réagit lentement sur le gaz sulfureux à la température ordinaire et le transforme en acide sulfurique :

$$SO^2 + H^2O + O = SO^4H^2.$$

C'est pour cela que la dissolution de gaz sulfureux doit être faite avec de l'eau bouillie et conservée dans des flacons bien bouchés.

Action sur les composés. — Cette tendance du gaz sulfureux à s'emparer de l'oxygène en présence de l'eau en fait un réducteur énergique ; si l'on verse quelques gouttes d'*acide azotique fumant* dans une éprouvette pleine de gaz sulfureux, il y a production de vapeurs rouges de peroxyde d'azote AzO^2 :

$$2AzO^3H + SO^2 = SO^4H^2 + 2AzO^2.$$

La dissolution rouge de *permanganate de potassium* MnO^4K est décolorée par le gaz sulfureux ; il se forme des sulfates de potassium et de manganèse, incolores.

Enfin un grand nombre de matières colorantes sont décolorées par le gaz sulfureux, mais le plus souvent sans être détruites. C'est ainsi que des violettes deviennent blanches dans une dissolution de gaz sulfureux, mais verdissent ensuite si on les lave à l'eau ammoniacale, ou se colorent en rose si on les traite par l'acide sulfurique étendu.

84. Caractères. — Le gaz sulfureux se distingue surtout des autres gaz par les caractères suivants :

1° il a une odeur suffocante ;

2° il décolore le permanganate de potassium ;

3° il est absorbé facilement par la potasse.

85. Usages. — Le gaz sulfureux est le facteur principal dans la fabrication de l'acide sulfurique.

On l'emploie pour blanchir la laine, la soie, les plumes, les éponges, etc., pour enlever les taches de vin sur les étoffes, etc. C'est un antiseptique puissant utilisé pour désinfecter les objets de literie, assainir les hôpitaux, détruire les germes de fermentation dans les tonneaux.

L'anhydride sulfureux liquide sert à la fabrication de la glace.

86. Acide sulfureux, SO^3H^2. — L'acide sulfureux n'a pas été isolé, mais on admet son existence dans la dissolution du gaz sulfureux. Celle-ci rougit fortement le tournesol, puis le décolore : traitée par la potasse ou la soude, elle donne un sulfite SO^3K^2 ou SO^3Na^2.

Les 2 atomes d'hydrogène que renferme l'acide sulfureux pouvant être remplacés par un métal, c'est un *acide bibasique*. Si le métal est divalent, il prend la place des deux atomes d'hydrogène ; ex. : sulfite de calcium SO^3Ca. Si le métal est monovalent, on peut obtenir successivement un sulfite acide et un sulfite neutre ; ex. : sulfite acide de potassium SO^3KH, sulfite neutre de potassium SO^3K^2.

ACIDE SULFURIQUE

Formule : SO^4H^2.   M. moléculaire : 98.

87. État naturel. — L'acide sulfurique, connu autrefois sous le nom d'*huile de vitriol*, se rencontre en petite quan-

tité dans certaines eaux volcaniques et dans les eaux de
pluie des grands centres industriels. Il est très répandu à
l'état de sulfates, principalement de sulfate de calcium
(gypse ou pierre à plâtre).

88. Production d'acide sulfurique dans les laboratoires.
— La préparation de l'acide sulfurique est fondée *sur
l'oxydation du gaz sulfureux en présence de l'eau :*

$$SO^2 + O + H^2O = SO^4H^2.$$

L'oxygène nécessaire, bien qu'emprunté à l'air, n'est
fixé sur le gaz sulfureux que par l'intermédiaire de composés oxygénés de l'azote.

On peut obtenir une petite quantité d'acide sulfurique
de la manière suivante : dans un grand ballon dont le fond
contient un peu d'eau, on fait arriver un courant d'oxyde
azotique AzO (*fig. 64*); ce gaz, au contact de l'air du bal-

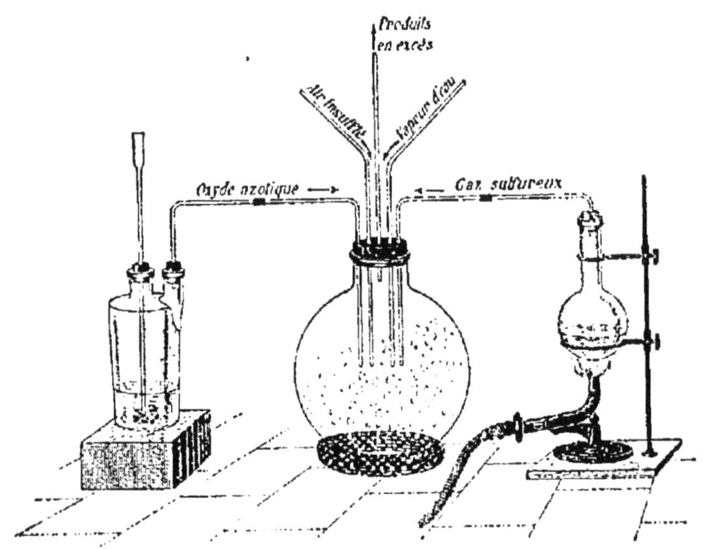

Fig. 64. — Production d'acide sulfurique dans les laboratoires.

lon, se transforme en vapeurs rouges de composés de

l'azote plus riches en oxygène. On envoie alors un courant
de gaz sulfureux dans le ballon, en même temps que l'on
y insuffle de l'air ; l'atmosphère du ballon se décolore et
ses parois se tapissent peu à peu de grands cristaux qui
portent le nom de *cristaux des chambres de plomb*
$SO^4H.AzO$:

$$2SO^2 + 3O + 2AzO + H^2O = 2(SO^4H.AzO).$$

Par une introduction de vapeur d'eau, ces cristaux dis-
paraissent en donnant de l'acide sulfurique et dégageant
des vapeurs rouges :

$$2(SO^4H.AzO) + H^2O = 2SO^4H^2 + Az^2O^3.$$

On peut alors constater la présence de l'acide sulfurique
dans l'eau du ballon en y versant un peu de chlorure de
baryum ; il se forme un précipité blanc de sulfate de
baryum.

Ces deux réactions successives : formation des cristaux
des chambres de plomb, et leur transformation en acide
sulfurique, peuvent être reproduites indéfiniment en suivant la même marche.

89. Industrie de l'acide sulfurique. — Dans l'industrie, les
réactions précédentes s'effectuent dans de vastes chambres, dites
chambres de plomb, où se trouvent réunis les gaz sulfureux, l'air,
la vapeur d'eau et les vapeurs nitreuses.

Le *gaz sulfureux* s'obtient par le grillage des pyrites. Les pyrites,
étalées sur une série de tablettes superposées, sont grillées par un
courant d'air ascendant (*fig.* 65). On met en marche par un feu de
bois sur la sole inférieure, après quoi le four s'entretient seul. De
temps à autre, on fait tomber dans la cave la pyrite de la tablette
inférieure, puis chaque couche de pyrite est descendue d'un
étage et la tablette supérieure reçoit de la pyrite fraîche.

Sur le collecteur du gaz sulfureux se trouvent des marmites en
fonte contenant de l'azotate de sodium et de l'acide sulfurique ; elles
dégagent des vapeurs d'acide azotique qui, en présence du gaz sulfureux, sont réduites avec formation de vapeurs nitreuses (88). Tous
ces gaz se rendent à la partie inférieure d'une tour remplie de gros
silex et de fragments de coke (*tour de Glover*). A la partie supé-

rieure de cette tour sont deux cuves renfermant, l'une de l'acide
sulfurique que l'on a retiré des chambres de plomb et qui marque

Fig. 65. — Four pour le grillage des pyrites.

52° au pèse-acides de Baumé, l'autre de l'acide sulfurique nitreux
(dont nous verrons plus loin la provenance). Ces deux acides mélangés sont répandus en pluie sur le coke de la tour et circulent en
sens inverse des gaz chauds provenant des fours à pyrites (*fig.* 66).

Ces gaz, qui étaient à plus de 300° au bas de la tour, en sortent à
une température égale à environ 70° ; de plus, pendant le trajet
ils ont absorbé les produits nitreux de l'acide sulfurique nitreux et
ils ont concentré jusqu'à 62° Baumé l'acide qui était à 52°.

Les *chambres de plomb*, ainsi appelées parce qu'elles sont doublées intérieurement de feuilles de plomb, sont au nombre de trois.
Les gaz sortant de la tour de Glover pénètrent dans la première
chambre, puis dans la seconde ; ils s'y trouvent en contact avec de
la vapeur d'eau, et donnent de l'acide sulfurique. Cet acide se rassemble dans des cuvettes qui supportent les chambres, il marque
52° au pèse-acides de Baumé. La troisième chambre est plus petite
que les précédentes et ne reçoit pas de vapeur d'eau ; c'est là que
l'acide sulfurique achève de se condenser.

Pour recueillir les vapeurs nitreuses non condensées, on fait
passer les gaz qui s'échappent de la dernière chambre de plomb
dans une grande tour en plomb (*tour de Gay-Lussac*), remplie de
coke sur lequel tombent de minces filets d'acide sulfurique à 62°
Baumé. Les gaz qui sortent de cette tour sont formés d'azote et
d'une petite quantité d'oxygène non utilisé ; ils s'échappent par une
cheminée d'appel. Quant à l'acide qui s'est chargé de produits
nitreux, il est recueilli au bas de la tour, d'où il est envoyé à la

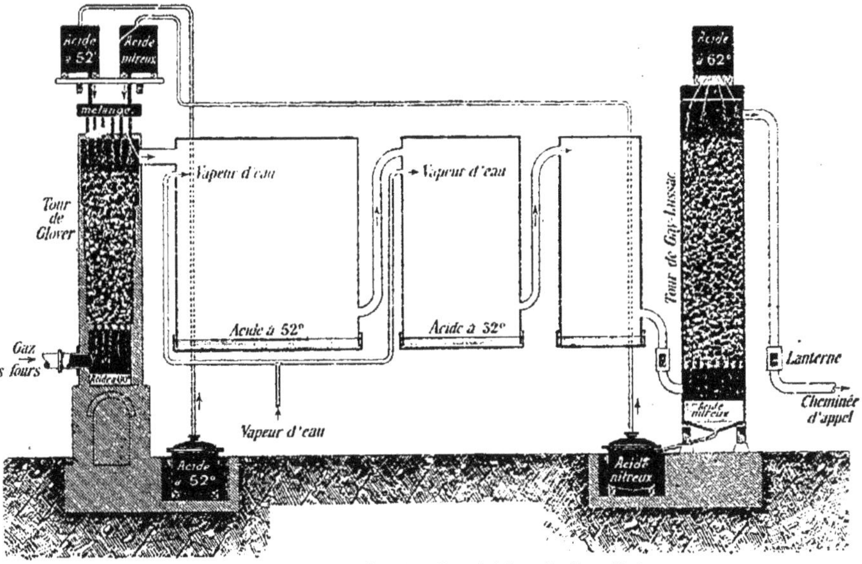

Fig. 66. — Disposition schématique d'une fabrique d'acide sulfurique.

partie supérieure de la tour de Glover. Cette tour fait passer, comme nous l'avons vu, l'acide de 52° à 62° Baumé ; mais cet acide ainsi concentré est souillé de produits nitreux et de poussières venant des fours à pyrite. Pour certains usages, on a besoin d'acide pur marquant 66°. On obtient ce dernier en concentrant directement l'acide des chambres.

Cette concentration s'effectue jusqu'à 60° dans des bassines en plomb. A partir de 60°, l'acide sulfurique attaque le plomb. La concentration s'achève, soit dans de grandes cornues en verre, soit dans des alambics en platine de forme basse, jusqu'à ce que l'acide marque 66° B. On concentre quelquefois l'acide sulfurique par l'emploi du vide ou de l'air chaud.

L'acide sulfurique du commerce renferme ordinairement du sulfate de plomb provenant de l'attaque des parois des chambres par

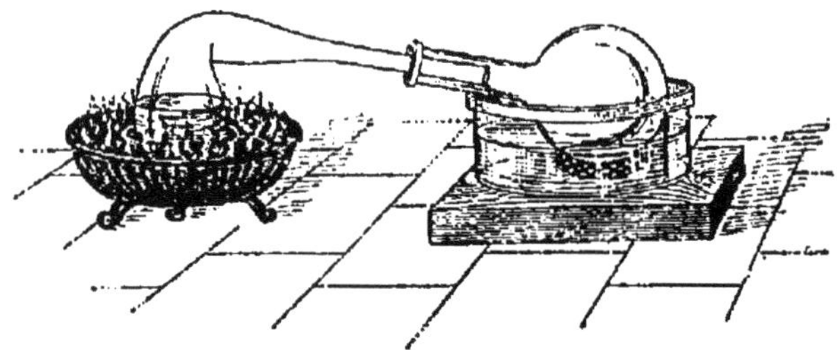

Fig. 67. — Distillation de l'acide sulfurique.

l'acide sulfurique, des vapeurs nitreuses, des composés arsenicaux provenant des pyrites, etc. Pour le purifier, on le distille dans une cornue de verre (*fig.* 67).

Comme l'ébullition de l'acide sulfurique se fait avec des soubresauts violents qui pourraient briser la cornue, on la rend régulière en introduisant dans celle-ci des fragments de porcelaine et en chauffant par les côtés à l'aide d'une grille annulaire. On rejette les premières portions qui distillent et on pousse la distillation jusqu'à ce qu'il ne reste plus dans la cornue que la dixième partie environ de l'acide primitif.

90. Propriétés physiques. — L'acide sulfurique est un liquide incolore, ayant la consistance de l'huile ; il a une saveur très acide. L'acide le plus concentré que l'on rencontre dans le commerce marque 66° à l'aréomètre de Baumé ; sa masse spécifique est 1^g,85 ; il bout à 338° et se solidifie vers — 34° en beaux cristaux incolores.

Là composition de l'acide à 66° correspond sensiblement à la formule $SO^4H^2 + \frac{1}{12} H^2O$. Pour éliminer cette eau, on le soumet à plusieurs congélations successives en décantant chaque fois la partie restée liquide : on obtient finalement un produit solide, fondant à 10°. C'est l'*acide sulfurique normal* SO^4H^2.

Action sur l'organisme. — L'acide sulfurique est un caustique violent produisant sur les parties délicates de la peau des brûlures profondes ; aussi faut-il le manier avec précaution et éviter d'approcher le visage des vases dans lesquels on chauffe cet acide. A l'intérieur, c'est un poison violent, corrodant fortement les muqueuses et amenant rapidement la mort.

91. Propriétés chimiques. — L'acide sulfurique est un acide *très énergique* ; même très étendu, il donne au tournesol une coloration rouge pelure d'oignon.

La *chaleur* le décompose au rouge vif, en gaz sulfureux, oxygène et vapeur d'eau :

$$SO^4H^2 = SO^3 + O + H^2O.$$

Action des métalloïdes. — Les métalloïdes avides d'oxygène, comme l'*hydrogène*, le *carbone*, le *soufre*, décomposent l'acide sulfurique à une température plus ou moins élevée, en s'emparant de tout ou partie de son oxygène :

$$C + 2SO^4H^2 = CO^2 + 2H^2O + 2SO^2.$$

Action des métaux. — L'acide sulfurique attaque tous les métaux, sauf l'or et le platine. Le gaz sulfureux se prépare en chauffant du *cuivre*, du *mercure* avec cet acide concentré. Le *zinc* et le *fer* décomposent à froid l'acide étendu en dégageant de l'hydrogène. Enfin, le *plomb* ne se dissout que faiblement dans l'acide sulfurique à la température ordinaire ; mais à chaud, l'attaque est d'autant plus rapide que l'acide est plus concentré.

Action sur l'eau. — L'acide sulfurique est très avide d'eau ; exposé à l'air, il en absorbe rapidement l'humidité et augmente de volume. Mélangé directement à l'eau, il forme des hydrates en produisant une élévation de température considérable. Pour mettre ce dégagement de chaleur en évidence, on plonge dans l'eau un tube contenant de l'éther, et l'on verse peu à peu de l'acide sulfurique dans l'eau en agitant constamment ; l'éther entre bientôt en ébullition et ses vapeurs peuvent être enflammées à l'extrémité du tube.

Quand on prépare de l'acide sulfurique étendu, c'est *toujours l'acide que l'on verse dans l'eau*, et encore le verse-t-on goutte à goutte et en agitant constamment; si l'on faisait l'inverse, chaque goutte d'eau tombant dans l'acide concentré se vaporiserait aussitôt et pourrait provoquer des projections d'acide.

La plupart des *matières organiques*, au contact de l'acide sulfurique concentré, perdent leur eau de constitution et sont carbonisées ; c'est ce qui fait que cet acide exposé à l'air brunit en absorbant les poussières organiques. Un morceau de sucre devient jaune brun, puis noir ; des caractères tracés avec l'acide sulfurique sur du bois blanc deviennent rapidement noirs.

Fonction chimique. — L'acide sulfurique est bibasique ; un métal monovalent, comme le sodium, pourra donc former deux sulfates : un sulfate acide SO^4NaH, et un sulfate neutre SO^4Na^2 ; un métal divalent ne donnera qu'un sulfate : sulfate de zinc, SO^4Zn.

L'acide sulfurique dégage beaucoup de chaleur en se combinant avec les bases : si l'on verse par exemple quelques gouttes de cet acide concentré sur de la baryte anhydre, elle devient incandescente et il se produit des fumées abondantes, dues à l'acide volatilisé.

92. Usages. — L'acide sulfurique est l'acide le plus employé en chimie et dans l'industrie.

On en produit annuellement plus d'un milliard de kilogrammes, dont la plus grande partie sert dans la fabrication des soudes du commerce et des superphosphates employés comme engrais.

On emploie encore l'acide sulfurique pour préparer la plupart des acides (acides azotique, chlorhydrique, sulfhydrique, acétique, tartrique, etc.); pour préparer l'hydrogène, le phosphore, le brome, l'iode, etc. ; pour épurer les huiles ; pour fabriquer les aluns, les vitriols, l'éther ordinaire, le glucose, l'alizarine, les bougies ; pour le chargement des accumulateurs. On l'emploie aussi dans les laboratoires pour dessécher les gaz ; on l'utilise enfin dans la plupart des piles.

93. Acide disulfurique, $S^2O^7H^2$. — Cet acide est aussi appelé *acide sulfurique fumant*. On le prépare par synthèse en dissolvant de l'anhydride sulfurique (94) dans de l'acide sulfurique ordinaire :

$$SO^3 + SO^4H^2 = S^2O^7H^2.$$

L'acide disulfurique répand à l'air d'épaisses fumées blanches. Il est ordinairement coloré en brun par des matières organiques. On l'emploie pour dissoudre l'indigo, parce qu'il en dissout plus que l'acide ordinaire. Il sert aussi à fabriquer plusieurs matières colorantes, entre autres l'alizarine artificielle.

94. Anhydride sulfurique, SO^3. — L'anhydride sulfurique se prépare principalement dans l'industrie. On fait passer les gaz des fours à pyrites (air et gaz sulfureux) sur de l'amiante.

L'anhydride sulfurique pur se présente en longues aiguilles blanches, soyeuses. Il est très avide d'eau et répand à l'air d'épaisses fumées ; aussi le conserve-t-on dans des tubes scellés à la lampe. On utilise cet anhydride pour la préparation de l'acide disulfurique.

RÉSUMÉ DU CHAPITRE XI

L'anhydride sulfureux ou gaz sulfureux SO^2 est le produit de la combustion du soufre à l'air. On le prépare en réduisant partiellement l'acide sulfurique à chaud par le cuivre ou par le mercure; le gaz est recueilli à sec ou sur le mercure.

L'anhydride sulfureux a une odeur suffocante; il est très soluble dans l'eau. On le liquéfie en le faisant arriver dans un matras entouré d'un mélange de glace et de sel.

Le gaz sulfureux n'est pas combustible et n'entretient pas la combustion. L'oxygène, en présence de l'eau, le transforme en acide sulfurique; aussi le gaz sulfureux réduit-il un grand nombre de composés oxygénés: acide azotique, permanganate de potassium, etc. Beaucoup de matières colorantes végétales sont décolorées par le gaz sulfureux.

L'anhydride sulfureux est employé pour préparer l'acide sulfurique, pour blanchir la laine, la soie, etc., et comme antiseptique. L'anhydride liquide sert à fabriquer de la glace.

L'acide sulfurique SO^4H^2 est très répandu à l'état de sulfates, principalement de sulfate de calcium. On le prépare par oxydation du gaz sulfureux en présence de l'eau et des composés oxygénés de l'azote; ces derniers ne servent que d'intermédiaires; ils prennent l'oxygène de l'air pour le fixer sur le gaz sulfureux. Dans les laboratoires on obtient une petite quantité d'acide sulfurique en faisant arriver à la fois dans un grand ballon, du gaz oxyde azotique, du gaz sulfureux, de l'air et de la vapeur d'eau; il se forme d'abord des cristaux des chambres de plomb qui, au contact de l'eau, se décomposent et donnent de l'acide sulfurique.

L'acide le plus concentré que l'on rencontre dans le commerce marque 66° Baumé; il est incolore, oléagineux, très caustique. C'est un acide très énergique. Beaucoup de métaux et de métalloïdes le décomposent; les uns réagissent sur l'acide étendu et froid en dégageant de l'hydrogène (zinc, fer), les autres réduisent l'acide concentré à chaud en donnant du gaz sulfureux (mercure, cuivre, soufre, carbone).

L'acide sulfurique est très avide d'eau; mélangé à ce liquide, il dégage une grande quantité de chaleur. Exposé à l'air, il en absorbe la vapeur d'eau.

On l'emploie dans presque toutes les industries chimiques, à cause de son énergie, de sa stabilité et de son bas prix. On peut citer particulièrement la fabrication des soudes, des superphosphates, des sulfates; la préparation de la plupart des acides et d'une foule de gaz.

III. — MÉTALLOÏDES TRIVALENTS

CHAPITRE XII

AMMONIAQUE

Formule : AzH^3 M . moléculaire : 17.

95. État naturel. — Ce composé gazeux de l'azote et de l'hydrogène se produit dans la putréfaction ou la décomposition par la chaleur des matières organiques renfermant de l'azote . les eaux vannes, les urines putréfiées ; les eaux provenant de la purification du gaz d'éclairage dégagent du gaz ammoniac quand on les distille avec de la chaux. On trouve une petite quantité d'ammoniaque dans l'air, à l'état de carbonate et d'azotate. Enfin la plupart des oxydations lentes en présence de l'eau donnent naissance à de l'ammoniaque ; telles sont la formation de la rouille, l'oxydation du phosphore à l'air humide, etc.

En général, on appelle *gaz ammoniac* le gaz lui-même et on réserve le nom *d'ammoniaque* à sa dissolution dans l'eau.

96. Préparation. — *On prépare le gaz ammoniac en décomposant le sel ammoniac ou chlorure d'ammonium par la chaux :*

$$2AzH^4Cl + CaO = CaCl^2 + H^2O + 2AzH^3.$$

On broie rapidement dans un mortier de la chaux vive

avec du chlorure d'ammonium pulvérisé, puis on introduit ce mélange dans un ballon que l'on achève de remplir avec de la chaux vive (*fig*. 68). La réaction commence à

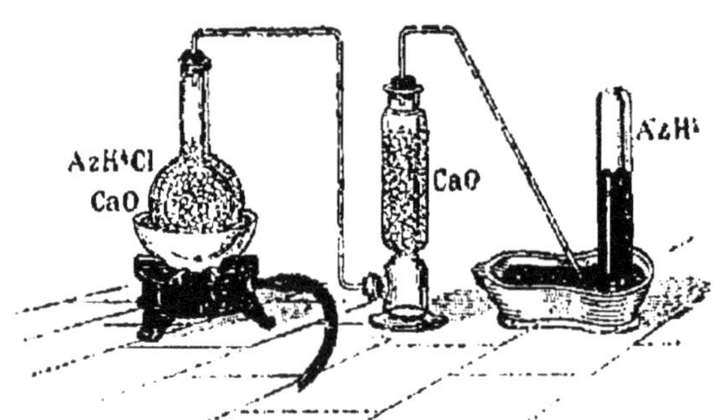

Fig. 68. — Préparation du gaz ammoniac.

froid ; on l'active en chauffant au bain de sable. Le gaz ammoniac traverse une éprouvette contenant de la chaux vive, qui achève de le dessécher ; à cause de sa grande solubilité dans l'eau, on le recueille sur le mercure ou par déplacement dans des flacons très secs.

On obtient plus rapidement du gaz ammoniac en chauffant doucement l'ammoniaque du commerce dans un petit ballon. Cette dissolution abandonne en effet la plus grande partie de son gaz bien avant la température d'ébullition de l'eau.

AMMONIAQUE. — La majeure partie de l'ammoniaque du commerce provient de la distillation de la houille (fabrication du gaz d'éclairage) ; on en obtient aussi en recevant dans l'eau le gaz ammoniac provenant de la distillation des eaux vannes, des urines putréfiées, des eaux d'épuration des usines à gaz, etc., avec de la chaux éteinte.

Pour préparer la dissolution ammoniacale pure, on chauffe l'ammoniaque du commerce avec un peu de chaux, et on fait passer le gaz dégagé dans des flacons à trois tubulures, contenant de l'eau distillée et entourés d'eau froide (*fig*. 69). Les tubes à dégagement doivent plonger jusqu'au fond des flacons, car la dissolution est plus légère que l'eau. L'appareil est terminé par une éprouvette contenant de l'acide sulfurique destiné à absorber le gaz en excès.

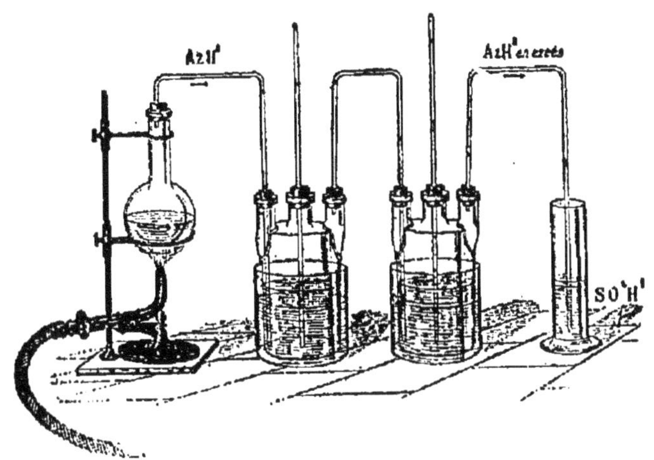

Fig. 69. — Préparation de la dissolution ammoniacale.

97. Propriétés physiques. — Le gaz ammoniac a une odeur vive et pénétrante. Il est beaucoup plus léger que l'air : sa densité n'est que 0,59.

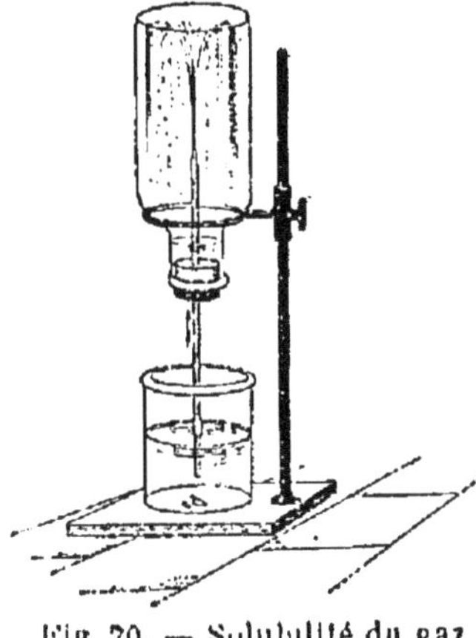

Fig. 70. — Solubilité du gaz ammoniac.

L'eau dissout jusqu'à 1050 fois son volume de gaz ammoniac à 0°, et 613 fois à 15°.

Cette extrême solubilité peut être mise en évidence, comme pour l'acide chlorhydrique (62) en faisant l'expérience du jet d'eau (*fig.* 70) ; l'eau colorée en rouge par du tournesol bleuit en pénétrant dans le flacon, parce que l'ammoniaque est une base énergique.

La solution ammoniacale ou ammoniaque possède l'odeur pénétrante du gaz ; elle a une saveur brûlante. Chauffée à 100° ou placée dans le vide, elle perd tout le gaz qu'elle tenait en dissolution. Refroidie au contraire fortement, elle laisse déposer des aiguilles brillantes, correspondant à la formule $AzH^4.OH$.

Liquéfaction. — Dans les laboratoires, on utilise la propriété que possède le chlorure d'argent d'absorber une grande quantité de ce gaz à froid et de l'abandonner ensuite par une faible élévation de température. On introduit du chlorure d'argent saturé de gaz ammoniac dans un tube de Faraday (*fig.* 71), on le ferme à la lampe, puis la branche contenant le chlorure étant plongée dans de l'eau chaude, on maintient l'autre branche dans de la glace. Le gaz, sous l'influence de la pression, se condense dans cette dernière en un liquide incolore.

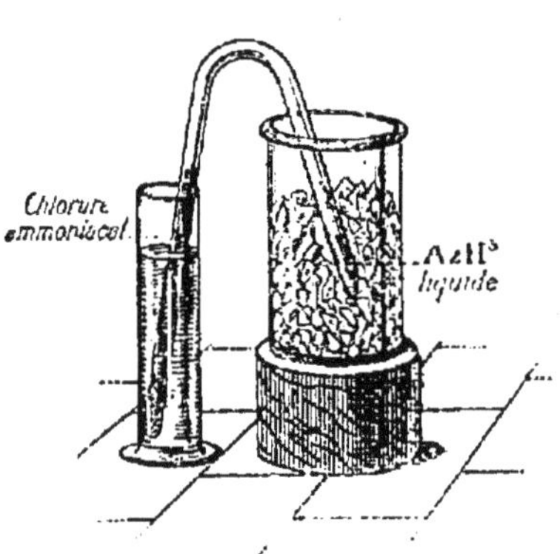

Fig. 71. — Liquéfaction du gaz ammoniac.

Action sur l'organisme. — Le gaz ammoniac provoque les larmes et peut déterminer des ophtalmies dangereuses. L'ammoniaque est un rubéfiant de la peau ; elle produit une sensation de cuisson d'autant plus vive que la solution est plus concentrée. Introduite à l'intérieur à très petite dose, elle stimule le système nerveux ; à dose plus forte, c'est un poison irritant énergique à cause de son action sur les muqueuses.

98. Propriétés chimiques. — Le gaz ammoniac ne brûle pas à l'air, mais un jet de ce gaz, arrivant dans un flacon plein d'*oxygène* (*fig.* 72), peut être enflammé et brûle avec une flamme jaunâtre :

$$2AzH^3 + 3O = 3H^2O + 2Az^2.$$

Le *chlore* décompose instantanément le gaz ammoniac ; il y a production de fumées blanches de chlorure d'ammonium (63).

Action sur les composés. — L'ammoniaque est une base puissante. Elle bleuit la teinture de tournesol rougie par un acide, brunit la teinture de curcuma et verdit le sirop de violettes.

L'*acide chlorhydrique* se combine au gaz ammoniac à

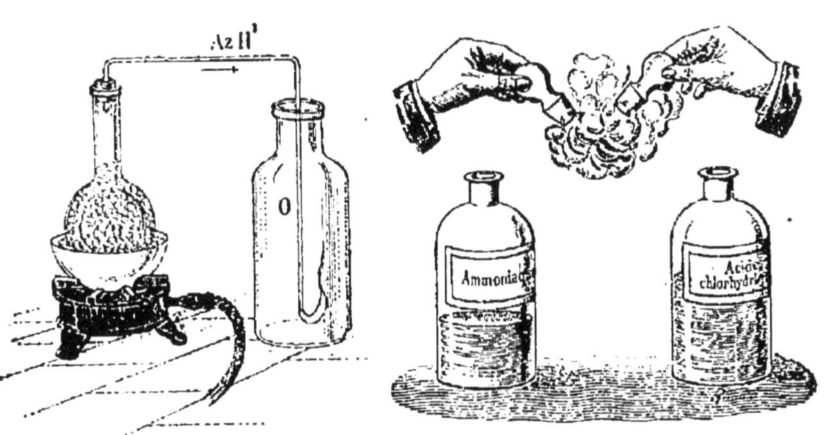

Fig. 72. — Combustion du gaz ammoniac dans l'oxygène.

Fig. 73. — Formation du chlorure d'ammonium.

volumes égaux. Il se forme des fumées blanches, épaisses, de chlorure d'ammonium $AzH^3.HCl$ ou AzH^4Cl (*fig.* 73). Les *acides oxygénés* fixent directement le gaz ammoniac en donnant naissance à des sels : azotate d'ammonium $AzO^3H.AzH^3$, ou $AzO^3.AzH^4$; sulfate d'ammonium $SO^4H^2.2AzH^3$, ou $SO^4(AzH^4)^2$, etc.

Tous ces sels, appelés *sels ammoniacaux*, sont en tout comparables aux sels correspondants de potassium et de sodium ; aussi admet-on que le groupement AzH^4 appelé *ammonium*, joue dans les sels ammoniacaux le même rôle que le potassium ou le sodium dans les sels alcalins, ce qui donne à ces deux espèces de sels des formules parallèles :

AzH^4Cl, KCl ; $AzO^3.AzH^4$, AzO^3K ; $SO^4(AzH^4)^2$, SO^4K^2 ; etc.

L'ammonium n'a pas été isolé, mais il est probable qu'on l'obtient en combinaison avec le mercure dans l'expérience suivante : projetons peu à peu et avec précaution des fragments de sodium dans du mercure légèrement chauffé, puis versons l'amalgame de sodium ainsi obtenu dans un long tube contenant une dissolution concentrée de chlorure d'ammonium et agitons ; il se forme aussitôt un nouvel amalgame très volumineux, à consistance butyreuse. Cet amalgame paraît être une combinaison de mercure et d'ammonium ; il est très instable et se détruit rapidement en dégageant de l'hydrogène et du gaz ammoniac.

On considère également comme de l'amalgame d'ammonium la masse spongieuse qui se forme quand on décompose par la pile une dissolution concentrée de chlorure d'ammonium en contact avec une couche de mercure qui sert d'électrode négative (*fig*. 74.)

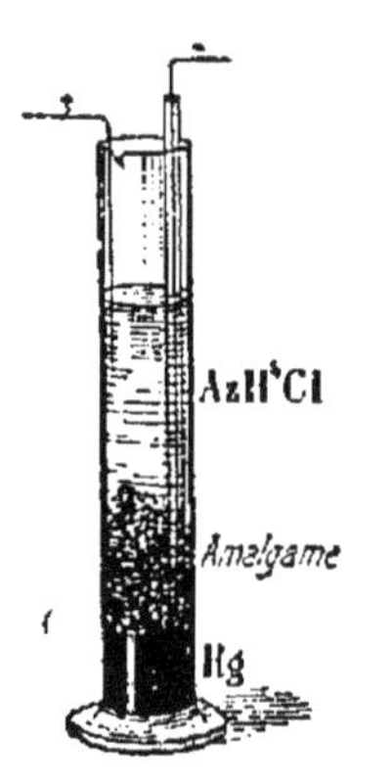

Fig. 74. — Électrolyse du chlorure d'ammonium en présence du mercure.

99. Caractères. — Le gaz ammoniac se reconnaît principalement à son odeur pénétrante et aux épaisses fumées blanches qu'il répand au contact de l'acide chlorhydrique. Il communique au papier de tournesol rouge une coloration bleue.

100. Usages. — L'ammoniaque est un réactif très employé dans les laboratoires. Dans l'industrie, on en consomme de grandes quantités dans la préparation des soudes dites *à l'ammoniaque*, des sels ammoniacaux. On l'emploie aussi pour le dégraissage des laines, pour le lavage des flanelles.

En médecine, l'ammoniaque sert à cautériser les morsures de vipères, les piqûres de guêpes ; elle entre dans la composition de l'eau sédative.

On utilise le froid produit par l'évaporation du gaz ammoniac liquéfié pour produire artificiellement de la glace.

RÉSUMÉ DU CHAPITRE XII

Le *gaz ammoniac* AzH^3 se produit principalement dans la putréfaction et dans la décomposition par la chaleur des matières organiques azotées.

Dans les laboratoires on prépare le gaz ammoniac en chauffant
soit un mélange de chlorure d'ammonium et de chaux vive, soit la
dissolution ammoniacale du commerce. Le gaz est recueilli sur le
mercure ou à sec.

Le gaz ammoniac a une odeur très vive ; il est très léger et extrêmement soluble dans l'eau. Sa dissolution porte le nom d'ammoniaque ; elle perd tout son gaz à l'ébullition.

Un jet de ce gaz peut être enflammé dans de l'oxygène et brûle en
donnant de l'eau et de l'azote. Dans le chlore, l'inflammation est
spontanée.

L'ammoniaque est une base puissante, qui s'unit par simple addition aux acides pour former les sels ammoniacaux. Elle précipite
les oxydes insolubles des dissolutions de sels métalliques, ce qui la
fait employer comme réactif.

On emploie l'ammoniaque en médecine, et dans les laboratoires
comme réactif. Dans l'industrie, elle sert surtout à fabriquer les
soudes et les sels ammoniacaux.

CHAPITRE XIII

COMPOSÉS OXYGÉNÉS DE L'AZOTE

**101. Noms des composés oxygénés de l'azote. — Lois
des proportions multiples.** — L'azote forme avec l'oxygène 6 composés dont les principaux sont l'*oxyde azoteux*
Az^2O et l'*oxyde azotique* AzO. A l'anhydride azotique
Az^2O^5 correspond un des acides les plus importants,
l'*acide azotique* AzO^3H.

Les 6 composés oxygénés de l'azote offrent un exemple remarquable d'une loi importante, la loi des proportions multiples, qui s'énonce de la manière suivante :

Lorsque deux corps peuvent, en se combinant entre eux, former plusieurs composés distincts, les différentes masses de l'un qui s'unissent à une même masse de l'autre sont entre elles dans des rapports simples. On peut dire encore que *ces différentes masses se déduisent de la plus petite en la multipliant par des facteurs simples.*

			Azote		Oxygène
Oxyde azoteux	Az^2O	contient	28	pour	16
Oxyde azotique	AzO	id.	28	id.	32 ou 16×2
Anhydride azoteux	Az^2O^3	id.	28	id.	48 ou 16×3
Peroxyde d'azote	AzO^2	id.	28	id.	64 ou 16×4
Anhydride azotique	Az^2O^5	id.	28	id.	80 ou 16×5
Anhydride perazotique	AzO^3	id.	28	id.	96 ou 16×6

A trois de ces composés correspondent des acides. *L'acide hypoazotique* AzOH correspond à l'oxyde azoteux Az^2O ; *l'acide azoteux* AzO^2H à l'anhydride Az^2O^3, et *l'acide azotique* à l'anhydride Az^2O^5.

L'oxyde azoteux se prépare en décomposant l'azotate d'ammonium par la chaleur. C'est un gaz de saveur douceâtre, anesthésique. Il entretient les combustions vives à peu près comme l'oxygène.

L'oxyde azotique s'obtient en réduisant l'acide azotique par le cuivre dans un flacon à hydrogène. Il est incolore, mais au contact de l'air il se transforme en vapeurs rouges de peroxyde d'azote.

ACIDE AZOTIQUE

Formule : AzO^3H.   M. moléculaire : 63.

102. État naturel. — L'acide azotique ou *acide nitrique* est très répandu à l'état d'*azotates*. Le salpêtre ou azotate de potassium forme des dépôts blancs à la surface du sol dans les pays chauds ; l'azotate de sodium existe au Pérou et au Chili en bancs considérables ; enfin les murs des caves et lieux humides se recouvrent fréquemment d'efflorescences blanches d'azotate de calcium.

La production de ces azotates est appelée *nitrification* ; elle résulte de l'oxydation des matières organiques azotées en présence de l'air, de l'humidité et d'un composé alcalin. Cette oxydation se fait ordinairement par l'intermédiaire d'un ferment organisé (*ferment nitrique*), très abondant dans le terreau et les eaux courantes.

103. Préparation. — Dans les laboratoires *on prépare l'acide azotique en décomposant l'azotate de potassium par l'acide sulfurique concentré.* Le résidu est du sulfate acide de potassium :

$$AzO^3K + SO^4H^2 = SO^4KH + AzO^3H^{\prime}.$$

Le mélange est chauffé doucement dans une cornue dont le col s'engage librement dans un ballon refroidi

Fig. 75. — Préparation de l'acide azotique.

(*fig.* 75). L'acide azotique distille et se condense dans ce ballon.

Au début de l'opération, l'azotate fond et il se dégage des vapeurs rutilantes : elles proviennent de la décomposition des premières portions d'acide azotique par l'acide sulfurique, qui leur enlève les éléments de l'eau. L'atmosphère de la cornue devient peu à peu incolore, et l'acide distille régulièrement en entraînant un peu de peroxyde d'azote, qui le colore en jaune. Les vapeurs rouges réapparaissent à la fin : la décomposition de l'acide azotique est due cette fois à la température élevée qui règne dans l'appareil.

Dans l'*industrie* on emploie toujours l'azotate de sodium, qui coûte moins cher que l'azotate de potassium et fournit, à masse égale, une proportion plus forte d'acide azotique. L'acide sulfurique généralement employé marque 60° Baumé.

La réaction s'effectue dans des chaudières en fonte (*fig*. 76), mu-

Fig. 76. — Préparation industrielle de l'acide azotique.

nies d'un couvercle en grès percé de deux ouvertures, dont l'une, fermée par un bouchon, sert à introduire l'acide sulfurique, tandis que l'autre porte un tube de grès par lequel se dégagent les vapeurs d'acide azotique. Ces vapeurs parcourent une série de bonbonnes étagées et finalement traversent une tour remplie de coke. Un mince filet d'eau pure traverse la tour en sens inverse, se rend dans la bonbonne supérieure, puis de là, à l'aide de siphons, se déverse successivement dans les autres bonbonnes où l'eau s'enrichit de plus en plus en acide azotique. Il résulte de cette disposition que les vapeurs les plus chargées d'acide rencontrent de l'eau déjà presque saturée, et inversement ; de telle sorte que la condensation est complète. On retire la première bonbonne de l'acide plus ou moins concentré, suivant la quantité d'eau introduite dans la tour.

104. Propriétés physiques. — *L'acide azotique pur* est un liquide incolore, répandant à l'air des fumées blanches.

Sa masse spécifique est 1ᵍ,52. Il bout à 86°, mais quand on le distille, il se décompose partiellement et se colore en jaune rouge par des vapeurs de peroxyde d'azote. La lumière le jaunit rapidement par suite de la même décomposition partielle en eau, oxygène et peroxyde d'azote.

L'acide azotique fumant est de l'acide pur coloré en jaune rouge par des vapeurs rutilantes.

L'acide azotique ordinaire renferme 30 % d'eau. Sa masse spécifique est $1^g,42$. Il bout à 123° sans subir de décomposition et se produit aussi bien quand on distille l'acide fumant que quand on distille un acide plus faible. Dans ce dernier cas, par exemple, l'excès d'eau passe d'abord, puis la température s'élève peu à peu à 123° et il ne passe plus ensuite que de l'acide ordinaire.

Action sur l'organisme. — Les vapeurs d'acide azotique sont dangereuses à respirer. L'acide lui-même produit sur la peau des taches jaunes occasionnant des brûlures graves si l'acide est concentré. A l'intérieur, il corrode les muqueuses et amène rapidement la mort.

105. Propriétés chimiques. — La principale propriété de l'acide azotique est d'être un *oxydant énergique*, c'est-à-dire de céder facilement de l'oxygène aux corps qui en sont avides.

L'hydrogène à l'état naissant réagit sur l'acide azotique à la température ordinaire et se transforme partiellement en ammoniaque :

$$AzO^3H + 8H = 3H^2O + AzH^3.$$

On produit cette dernière réaction en versant un peu d'acide azotique dans un verre à pied contenant du zinc et de l'acide sulfurique étendu : le dégagement d'hydrogène se ralentit et le liquide contient du sulfate d'ammonium.

Action sur les métalloïdes. — Presque tous les *métalloïdes* sont oxydés par l'acide azotique. Un fragment de phosphore introduit dans de l'acide fumant (*fig.* 77) s'enflamme, puis est violemment projeté. Si l'on verse de l'acide fumant sur du *noir de fumée* légèrement chauffé, il se produit des étincelles accompagnées de torrents de vapeurs rutilantes. De même un charbon incandescent brûle avec éclat dans la vapeur d'acide azotique.

Fig. 77. — Action de l'acide azotique sur le phosphore.

Action sur les métaux — L'acide azotique oxyde tous les métaux, sauf l'or et le platine, mais l'action varie avec la concentration de l'acide. L'acide concentré n'attaque que les métaux très oxydables comme le *potassium*, le *sodium* ; la réaction est très vive et il se dégage de l'azote. La plupart des métaux usuels, avec l'oxyde étendu, donnent un azotate et il se dégage de l'acide azotique AzO qui, au contact de l'air, se transforme en vapeurs rouges de peroxyde d'azote AzO^2 :

$$3Cu + 8AzO^3H = 3(AzO^3)^2Cu + 2AzO^2 + 4H^2O.$$

Le *fer* qui a été plongé dans de l'acide concentré n'est plus attaqué par l'acide ordinaire, car il est entouré d'une couche gazeuse d'oxyde azotique qui le préserve du contact de l'acide ; on dit que le fer est devenu passif. Il suffit d'ailleurs de le toucher avec un fil de fer ou de cuivre pour faire cesser cette passivité.

Enfin l'*étain* est le seul métal qui ne donne pas d'azotate.

Un morceau de papier d'étain introduit dans de l'acide fumant n'est pas attaqué ; mais si l'on ajoute de l'eau, une vive réaction se manifeste et l'on obtient une poudre blanche, qui est un oxyde acide.

Action sur les matières organiques. — L'acide azotique oxyde la plupart des matières organiques.

Si l'on projette de l'acide fumant sur un papier imprégné d'essence de térébenthine, il y a inflammation et dégagoment de torrents de vapeurs nitreuses. De même, le crin brûle avec une vive lumière dans la vapeur d'acide fumant (*fig.* 78).

L'acide azotique décolore l'indigo. Il colore en jaune la peau, la laine, la soie, et les brûle si son action est prolongée. Chauffé avec du glucose, de l'amidon, etc., il les transforme en acide oxalique en même temps qu'il se dégage des vapeurs nitreuses.

Fig. 78. — Combustion du crin dans la vapeur d'acide azotique fumant.

D'autres matières organiques sont simplement transformées. Ainsi la benzine se transforme en nitrobenzine :

$$C^6H^6 + AzO^3H = C^6H^5.AzO^2 + H^2O.$$

De même la glycérine est transformée en nitroglycérine, le phénol ordinaire ou acide phénique en acide picrique, le coton ordinaire en coton-poudre, etc.

Fonction chimique. — L'acide azotique est un acide énergique, rougissant fortement le tournesol.

Il est *monobasique*, ne donnant avec chaque métal qu'un seul azotate. Ex. : azotate de potassium AzO^3K, azotate de calcium $(AzO^3)^2Ca$, etc.

106. Caractères. — L'acide azotique se distingue des autres acides par les caractères suivants :

1° il a une odeur désagréable de vapeurs nitreuses, colore la peau en jaune et décolore l'indigo ;

2° au contact du cuivre et du mercure, il dégage des vapeurs rutilantes ;

3° mélangé à l'acide sulfurique, il colore le sulfate ferreux en rose ou en brun.

107. Usages. — *L'acide ordinaire* est employé pour préparer les azotates, la dextrine, l'acide oxalique, etc , pour affiner les métaux précieux, pour faire les essais d'or et d'argent, pour teindre en jaune la laine, la soie, les plumes. Il joue un rôle important dans la fabrication de l'acide sulfurique.

L'acide fumant sert à préparer des composés organiques importants : nitrobenzine, acide picrique, nitroglycérine, coton-poudre, celluloïd.

Enfin, dans les ateliers on consomme une grande quantité d'acide azotique plus ou moins aqueux sous les noms d'*eau forte, eau seconde*, etc., pour la gravure sur cuivre, sur zinc, etc., pour le secrétage des poils en chapellerie, pour dissoudre les oxydes formés à la surface du cuivre, du laiton, du bronze, etc.

Gravure sur cuivre. — La plaque de cuivre bien nettoyée est recouverte d'un vernis et entourée d'un bourrelet de cire. Avec une pointe fine, on trace sur ce vernis le dessin ou les caractères à graver, en ayant soin de mettre le cuivre à nu, puis on verse une couche d'eau-forte sur la plaque. Quand on juge qu'elle a suffisamment mordu, on lave à l'eau et on dissout le vernis par l'essence de térébenthine. On peut remplacer le vernis par la paraffine.

108. Eau régale. — *L'eau régale est un mélange d'acide azotique et d'acide chlorhydrique.* Elle doit son nom à la propriété qu'elle possède de dissoudre l'or, le roi des métaux.

Chauffons séparément deux tubes à essais contenant, outre une feuille d'or, l'un de l'acide azotique, l'autre de l'acide chlorhydrique ; aucune action ne se produit. Mélangeons le contenu des deux tubes, l'or disparaît et le liquide prend une teinte jaune due à la présence du chlorure d'or.

L'eau régale agit surtout par le chlore qui résulte de l'action réciproque des deux acides qui la composent :

$$Az^2OH + HCl = Cl + H^2O + AzO^4$$

L'eau régale dissout aussi le platine.

109. Anhydride azotique, Az^2O^5. — On le prépare ordinairement en déshydratant l'acide azotique par l'anhydride phosphorique, corps très avide d'eau :

$$2AzO^3H - H^2O = Az^2O^5.$$

L'anhydride azotique se présente en cristaux blancs, brillants, répandant à l'air d'épaisses fumées blanches. Il n'a aucun usage.

RÉSUMÉ DU CHAPITRE XIII

Les 6 composés oxygénés de l'azote offrent un exemple de la loi des proportions multiples. Le plus important est l'acide azotique AzO^3H, correspondant à l'anhydride azotique Az^2O^5.

L'*acide azotique* AzO^3H est très répandu à l'état d'azotates (azotates de potassium, de sodium, de calcium). On le prépare dans les laboratoires en chauffant dans une cornue de verre un mélange d'azotate de potassium, et d'acide sulfurique concentré ; les vapeurs d'acide azotique se condensent dans un ballon refroidi.

Pur, l'acide azotique est un liquide incolore, répandant à l'air des fumées blanches ; il se décompose partiellement quand on le distille. On l'appelle acide fumant quand il est coloré en jaune par des vapeurs rutilantes. L'acide ordinaire contient 30 °/₀ d'eau. Il est plus stable que l'acide fumant et distille sans se décomposer à 123°.

L'acide azotique est un oxydant énergique : il oxyde à froid le phosphore et presque tous les métaux. Le fer qui a été plongé dans l'acide fumant devient passif et n'est plus attaqué par l'acide ordinaire.

La plupart des matières organiques sont attaquées par l'acide azotique. Les unes sont oxydées plus ou moins profondément et détruites (inflammation de l'essence de térébenthine, coloration de la peau en jaune, décoloration de l'indigo) ; les autres (glucose, etc.) sont transformées.

Les usages de l'acide azotique sont nombreux : fabrication de la nitrobenzine, du coton-poudre, des azotates, de l'acide sulfurique ; décapage des métaux ; gravure sur cuivre, zinc etc.

CHAPITRE XIV

PHOSPHORE

Symbole: **P.**   M. atomique: 31.   M. moléculaire: 124.

110. État naturel. — Le phosphore n'existe pas à l'état libre dans la nature, à cause de sa grande affinité pour l'oxygène ; mais il est très répandu à l'état de *phosphates*, principalement de phosphates de calcium. Ce dernier se rencontre dans les os, les divers liquides de l'organisme et les terres arables.

111. Propriétés physiques. — Le phosphore est un solide blanc jaunâtre, assez mou pour être rayé par l'ongle ; il possède une odeur alliacée particulière. Sa masse spécifique est $1^g,84$. Il est insoluble dans l'eau, soluble dans le sulfure de carbone.

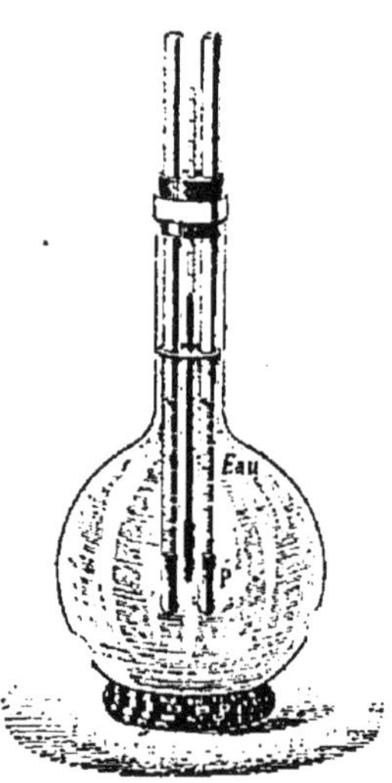

Fig. 79. — Surfusion du phosphore.

Le phosphore fond à 44° et produit le phénomène dé la surfusion. Pour le démontrer, on assujettit dans un grand ballon plein d'eau un thermomètre et un large tube contenant du phosphore recouvert d'une couche d'eau (*fig.* 79). On chauffe le tout à une température un peu supérieure au point de fusion du phosphore (44°), puis on laisse refroidir. Le thermomètre descend ; il peut même baisser jusqu'à 30° sans que le phosphore se solidifie. A ce moment, on descend dans le tube une baguette de verre à l'extrémité de laquelle adhère une parcelle de phosphore : dès que cette extrémité arrive au contact du phosphore en surfusion, celui-ci se solidifie.

Le point d'ébullition du phosphore est 290°. Il cristallise dans le système régulier (41) ; on l'obtient en dodécaèdres rhomboïdaux quand on abandonne à l'évaporation lente sa dissolution dans le sulfure de carbone.

Action sur l'organisme. — Le phosphore est vénéneux; l'absorption continue de ses vapeurs détermine une altération des os de la mâchoire et du nez. Introduit dans l'estomac, il provoque des vomissements et peut amener rapidement la mort.

112. Propriétés chimiques. — Le phosphore est caractérisé par son affinité pour l'*oxygène*. A la température ordinaire il s'oxyde lentement et émet des vapeurs qui luisent dans l'obscurité (phosphorescence). Vers 60° il prend feu et brûle avec une flamme brillante en produisant d'épaisses fumées blanches d'anhydride phosphorique P^2O^5. La facile inflammabilité du phosphore et les brûlures graves qu'il occasionne en font un corps dangereux à manier quand il est sec ; il peut même s'enflammer spontanément quand il est très divisé : c'est ainsi qu'un papier imprégné d'une dissolution de phosphore dans le sulfure de carbone prend feu dès que le sulfure est évaporé.

L'oxydation du phosphore à la température ordinaire est une combustion lente ; si l'air est sec, il se forme de l'anhydride phosphoreux P^2O^3 ; à l'air humide, divers composés oxygénés du phosphore prennent naissance, en même temps qu'un peu d'ozone. Quant à la phosphorescence qui accompagne cette combustion lente et se manifeste dans l'obscurité, elle exige la présence de l'oxygène ; ainsi elle ne se produit, ni dans l'azote, ni dans la chambre barométrique. On ne l'observe cependant pas dans l'oxygène pur à la température ordinaire, mais elle apparaît de nouveau si l'on raréfie le gaz ou si on le mélange à de l'azote ou à de l'hydrogène.

Un fragment de phosphore introduit dans un flacon plein de *chlore* s'enflamme spontanément (*fig.* 80), en produisant des chlorures de phosphore. Le *brome* et l'*iode* s'unissent également au phosphore avec dégagement de chaleur et production de lumière.

Fig. 80. — Combustion du phosphore dans le chlore.

Action sur les composés. — Le phosphore réduit la plupart des composés oxygénés. Il décompose l'acide azotique fumant avec explosion (105) ; l'acide azotique ordinaire le transforme en acide phosphorique. Il réduit la plupart des oxydes métalliques et précipite le cuivre, l'argent, l'or, le platine de leurs dissolutions métalliques : si l'on plonge pendant quelque temps un bâton de phosphore dans une dissolution de sulfate de cuivre, il se trouve recouvert de cuivre métallique et le liquide est décoloré.

Le phosphore a la propriété de décomposer l'eau à l'ébullition en présence des alcalis : il y a formation d'un hypophosphite et dégagement d'hydrogène phosphoré PH^3.

113. Usages. — Le phosphore est utilisé pour préparer des pâtes destinées à détruire les rats, mais il sert surtout à la fabrication des *allumettes chimiques*.

Les allumettes ordinaires sont en bois de peuplier ou de tremble ; on les trempe par une extrémité d'abord dans un bain de paraffine, afin de les rendre moins hygrométriques, puis dans du soufre fondu. Cette extrémité est en-

Un garnie d'une pâte faite avec du phosphore, de la colle forte, du sable fin, du salpêtre et une matière colorante.

Ces allumettes présentent de nombreux inconvénients : outre que leur fabrication est une industrie très malsaine, elles occasionnent fréquemment des incendies ou des empoisonnements. On fabrique actuellement des allumettes dont la pâte est à base de chlorate de potassium et de sesquisulfure de phosphore, composé inoffensif.

114. Phosphore rouge. — Soumis à l'influence prolongée de la chaleur, le phosphore se transforme en une variété rouge, amorphe, douée de propriétés physiques toutes nouvelles : on dit que c'est une variété *allotropique* du phosphore ordinaire.

Le phosphore rouge se présente en poudre d'un rouge brun, inodore. Il est insoluble dans le sulfure de carbone et n'est pas vénéneux.

Le phosphore rouge ne luit pas dans l'obscurité. Il ne s'enflamme qu'à 260°. Les dissolutions alcalines n'exercent sur lui aucune action.

Usages. — Le phosphore rouge sert à faire les allumettes dites au phosphore rouge. L'extrémité de ces allumettes est enduite d'un mélange de chlorate de potassium, de sulfure d'antimoine et de gélatine. Elles ne s'enflamment que sur un frottoir spécial enduit de phosphore rouge mélangé à de la gélatine et à du sulfure d'antimoine.

Fig. 81. — Décomposition du phosphure de calcium par l'eau.

115. Phosphure d'hydrogène gazeux, PH³. — Ce gaz se produit dans la décomposition des matières organiques renfermant du phosphore, comme la matière cérébrale, la laitance des carpes, etc. Il semble être la cause des phénomènes connus sous le nom de feux follets.

On obtient rapidement du phosphure d'hydrogène en projetant dans l'eau du phosphure de calcium (*fig.* 81); il se dégage du phosphure d'hydrogène impur, qui s'enflamme au contact de l'air en produisant de belles couronnes blanches d'acide phosphorique, s'élargissant à mesure qu'elles s'élèvent.

On utilise la flamme du phosphure gazeux dans les bouées de sauvetage, flotteurs spéciaux en liège destinés à être jetés à l'eau au premier cri d'alarme.

COMPOSÉS OXYGÉNÉS DU PHOSPHORE

116. Composés oxygénés du phosphore. — Le composé oxygéné le plus important du phosphore est l'*anhydride phosphorique* P^2O^5, auquel correspondent 3 acides par l'action de 1, 2, 3 molécules d'eau; ce sont l'*acide métaphosphorique* PO^3H ($P^2O^5 + H^2O = 2PO^3H$); l'*acide pyrophosphorique* $P^2O^7H^4$ ($P^2O^5 + 2H^2O$); et l'*acide orthophosphorique* ou acide phosphorique ordinaire PO^4H^3 ($P^2O^5 + 3H^2O = 2PO^4H^3$).

On peut citer en outre l'acide *phosphoreux* PO^3H^3 et *hypophosphorique* $P^2O^6H^4$, qui se rencontrent dans les produits d'oxydation du phosphore à l'air humide.

117. Anhydride phosphorique, P^2O^5. — *L'anhydride phosphorique est le produit de la combustion vive du phosphore dans l'oxygène ou dans l'air secs.*

On prépare cet anhydride en brûlant du phosphore au centre d'un grand ballon à tubulures latérales (*fig.* 82), dans lequel on insuffle de l'air sec. Le phosphore est placé dans une coupelle en porcelaine supportée par un tube de verre. On l'allume avec une tige de fer chauffée, puis on débouche de temps en temps le tube pour ajouter une nouvelle quantité de phosphore. Une partie de l'anhydride se dépose dans le ballon ; une autre partie est entraînée par le courant d'air et se rassemble dans un flacon. L'anhydride obtenu est conservé dans des flacons secs et bien bouchés.

Propriétés. — L'anhydride phosphorique est blanc, semblable à de la neige. Il est léger, très déliquescent. Projeté dans l'eau, il fait entendre un bruit analogue à celui que produirait un fer rouge.

Le charbon le réduit au rouge vif.

$$P^2O^5 + 5C$$

$$= 5CO + P2.$$

On se sert de l'anhydride phosphorique pour préparer l'anhydride azotique et pour enlever de l'eau à certains composés organiques.

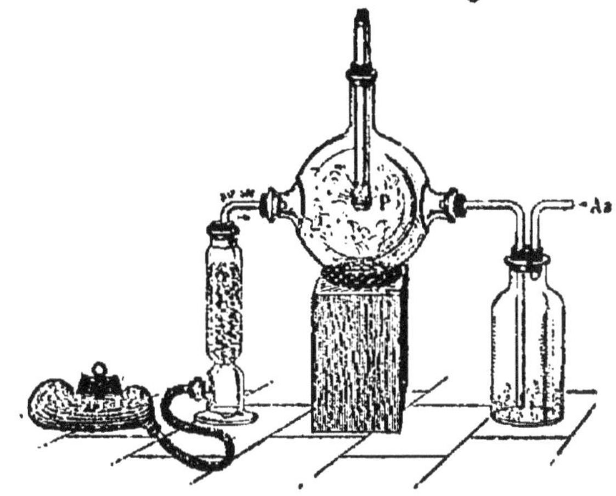

Fig. 82. — Préparation de l'anhydride phosphorique.

118. Acide orthophosphorique, PO^4H^3. — L'acide or-

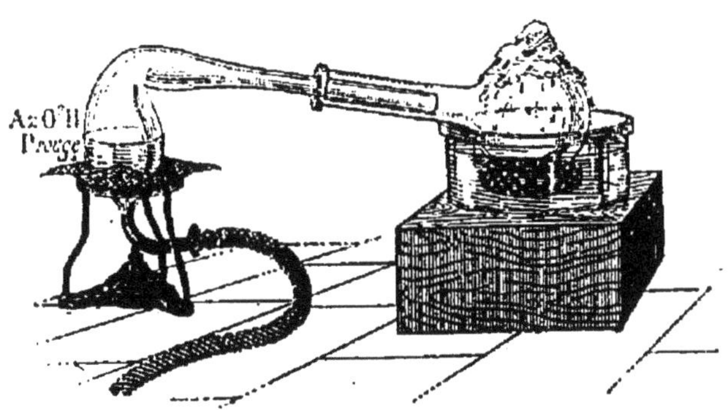

Fig. 83. — Préparation de l'acide orthophosphorique.

thophosphorique s'obtient en chauffant du phosphore rouge avec de l'acide azotique étendu (*fig.* 83) : l'acide orthophosphorique formé reste dans la cornue, et l'acide azotique chargé de vapeurs nitreuses qui se dégage est condensé dans un ballon refroidi. Quand tout le phosphore a disparu, on concentre le contenu de la cornue jusqu'à 200° et on laisse refroidir : il se dépose des cristaux transparents d'acide orthophosphorique.

Dans l'industrie, on retire l'acide orthophosphorique des phosphates naturels ou des os.

Propriétés. — L'acide phosphorique se dissout dans l'eau en toutes proportions Chauffé un peu au delà de 200°, il perd de l'eau et se transforme d'abord en acide pyrophosphorique :

$$2PO^4H^3 = H^2O + P^2O^7H^4,$$

puis au rouge sombre en acide métaphosphorique :

$$P^2O^7H^4 = H^2O + 2PO^3H.$$

Ce dernier est indécomposable par la chaleur.

Fonction chimique. — L'acide phosphorique est tribasique, les 3 atomes d'hydrogène qu'il renferme étant remplaçables par des métaux. Un métal monovalent, comme le sodium, fournit les orthophosphates : monosodique PO^4H^2Na, disodique PO^4HNa^2, trisodique PO^4Na^3 ; un métal divalent, comme le calcium, les orthophosphates : monocalcique $(PO^4H^2)^2Ca$, dicalcique $(PO^4H)^2Ca^2$, et tricalcique $(PO^4)^2Ca^3$ Ce dernier constitue le phosphate de calcium naturel ; c'est lui également qui entre dans la composition des os.

Caractères. — On distingue l'acide phosphorique par les caractères suivants : sa dissolution, neutralisée par l'ammoniaque, donne un précipité blanc avec le chlorure de baryum et un précipité jaune avec l'azotate d'argent.

119. Extraction du phosphore. — Le phosphore s'extrait chimiquement des os préalablement calcinés ou des phosphates de calcium naturels. Les os calcinés contiennent 10% de carbonate de calcium, 83% de phosphate tricalcique, 3% de phosphate de magnésium, et 4% de fluorure de calcium.

1° *Extraction de l'acide phosphorique.* — On décompose les phosphates naturels ou les os, préalablement calcinés, par l'acide sulfurique. Cette opération se fait dans des cuves en bois doublées de plomb et chauffées par de la vapeur. En employant 3 molécules d'acide sulfurique pour 1 molécule de phosphate tricalcique, on obtient de l'acide phosphorique :

$$(PO^4)^2Ca^3 + 3SO^4H^2 = 2PO^4H^3 + 3SO^4Ca.$$

On enlève le sulfate de calcium, qui est insoluble dans une dissolution d'acide phosphorique. Le liquide sirupeux restant est mélangé à 25 % de charbon de bois, puis on calcine le tout au rouge sombre. L'acide phosphorique se transforme en acide métaphosphorique :

$$PO^4H^3 = PO^3H + H^2O.$$

2° *Réduction de l'acide métaphosphorique par le charbon.* — Le mélange provenant de l'opération précédente est enfin distillé dans des cornues en terre (*fig.* 84), communiquant chacune par un tube de cuivre avec un réfrigérant en forme d'auge. Les réfrigérants contiennent de l'eau qui est chaude, afin de permettre au phosphore de fondre et de se rassembler à la partie inférieure. Il se dégage de l'oxyde de carbone :

$$2PO^3H + 5C = 2P + 5CO + H^2O.$$

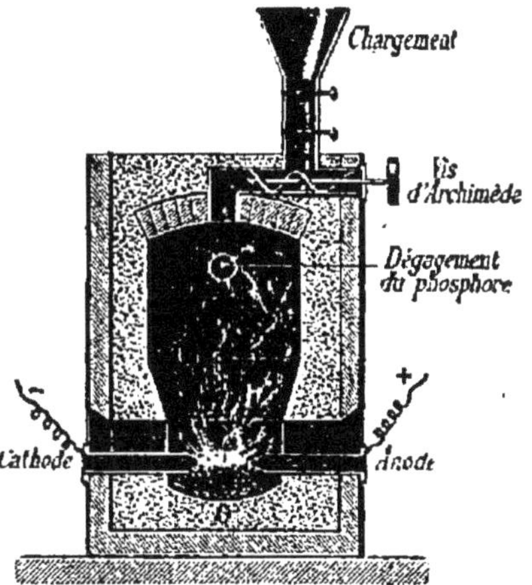

Fig. 85. — Four électrique pour l'extraction du phosphore.

Fig. 84. — Réduction de l'acide métaphosphorique par le charbon.

Cuvette d'évaporation.

3° *Purification du phosphore.* — Le phosphore brut ainsi obtenu est fondu sous l'eau, à l'aide d'un serpentin de vapeur en plomb, dans un vase garni intérieurement de plomb. On décante ensuite autant d'eau qu'on le peut pour que le phosphore ne s'enflamme pas et l'on ajoute au phosphore 1 % de bichromate de potassium. On met enfin un agitateur en mouvement et on ajoute un peu d'acide sulfurique. L'acide chromique formé oxyde les composés oxygénés inférieurs du phosphore et le phosphore obtenu est pur et presque incolore.

On raffine aussi le phosphore en le distillant dans des cornues en fer. Le phosphore raffiné est moulé en bâtons prismatiques, livrés au commerce dans des vases en fer-blanc remplis d'eau.

Extraction du phosphore par l'électrolyse. — On obtient aujourd'hui beaucoup de phosphore en traitant par un courant électrique un mélange de phosphate de calcium naturel, de sable et de charbon. Ces substances, réduites en poudre et intimement mélangées, sont introduites dans un *four électrique* (fig. 85) par une trémie de chargement munie de deux registres et d'une vis d'Archimède.

Les électrodes sont des cylindres de charbon fixés dans des douilles métalliques reliées aux pôles d'une machine dynamo-électrique. Dès que le courant passe, il se dégage des vapeurs de phosphore ; on les reçoit d'abord dans un vase contenant de l'eau chaude, puis dans un second vase contenant de l'eau froide. De temps à autre, on retire des scories par l'ouverture O et on introduit par la trémie une nouvelle quantité de mélange. La fabrication est ainsi continue

RÉSUMÉ DU CHAPITRE XIV

Le *phosphore* $(P = 31)$ est très répandu à l'état de phosphates, principalement de phosphate de calcium.

C'est un solide jaunâtre, mou, à odeur alliacée. Il se dissout facilement dans le sulfure de carbone et fond à 44°.

Le phosphore est caractérisé par son affinité pour l'oxygène. Il s'oxyde lentement à la température ordinaire en émettant des vapeurs qui luisent dans l'obscurité (phosphorescence). A 60°, il s'enflamme et brûle avec une flamme brillante en donnant de l'anhydride phosphorique. On ne doit le manier que sous l'eau. Dans le chlore, il s'enflamme spontanément.

Un grand nombre de composés oxygénés sont réduits par le phosphore : acide azotique, oxydes métalliques. Il en est de même des dissolutions de sels de cuivre, d'argent, d'or et de platine.

Le phosphore sert principalement dans la fabrication des allumettes chimiques.

Sous l'action prolongée de la chaleur, le phosphore se transforme en une variété rouge (*phosphore rouge*), insoluble dans le sulfure de carbone et non vénéneuse. Cette variété sert à fabriquer les allumettes au phosphore rouge.

Le composé le plus important du phosphore et de l'oxygène est l'anhydride phosphorique P^2O^5, auquel correspondent 3 hydrates : les acides méta, pyro et orthophosphoriques.

L'*anhydride phosphorique* P^2O^5 est le produit de la combustion vive du phosphore dans l'air ou dans l'oxygène secs. Il est en flocons blancs très avides d'eau.

L'*acide orthophosphorique* ou acide phosphorique ordinaire PO^4H^3 s'obtient en chauffant le phosphore rouge avec de l'acide azotique étendu. Par la chaleur, il se transforme d'abord en acide pyrophosphorique $P^2O^7H^4$, puis en acide métaphosphorique PO^3H, indécomposable.

IV.— MÉTALLOÏDES TÉTRAVALENTS

CHAPITRE XV

CARBONE

Symbole : C. M. atomique : 12.

120. État naturel. — Le carbone se présente à l'état libre sous un grand nombre de variétés plus ou moins pures que l'on réunit sous le nom de *charbons naturels* ; les principales sont le diamant, le graphite et la houille. Il entre dans la constitution du gaz carbonique, des carbonates et, en général, de tous les composés dits *organiques*, comme le sucre, l'amidon, l'alcool.

121. Propriétés physiques générales. — Les variétés de carbone se présentent sous divers aspects, et la plupart de leurs propriétés physiques diffèrent sensiblement d'une variété à l'autre.

Le carbone, sous toutes ses variétés, est remarquable par sa fixité. Il ne se volatilise que dans l'arc électrique, à la température d'environ 3 500°. Il n'est soluble que dans certains métaux en fusion comme l'argent, la fonte de fer.

122. Propriétés chimiques. — La propriété chimique la plus importante du carbone est son affinité pour l'*oxygène* : au rouge sombre, il brûle dans ce gaz ou dans l'air et se transforme en gaz carbonique CO^2. Si le carbone est pur, 12^g de ce corps s'unissent par la combustion à 32^g

d'oxygène et forment 44g de gaz carbonique :

$$C + 2O = CO^2 ;$$

mais si la quantité d'oxygène n'atteint pas cette proportion, la combustion est incomplète et il y a production d'oxyde de carbone CO.

Le *soufre* s'unit également au carbone, sous l'action de la chaleur, et donne le sulfure de carbone CS^2, liquide à odeur fétide. Avec l'*hydrogène*, le carbone forme un nombre presque illimité de composés appelés carbures d'hydrogène, dont les principaux sont : le méthane CH^4, l'éthylène C^2H^4, et l'acétylène C^2H^2.

Action sur les composés. — Par suite de son affinité pour l'oxygène, le carbone est un *réducteur* énergique des composés oxygénés.

L'*eau* est décomposée au rouge avec production d'hydrogène, oxyde de carbone et gaz carbonique :

$$C + H^2O = CO^{\prime} + 2H^{\prime},$$
$$C + 2H^2O = CO^{2\prime} + 4H^{\prime}.$$

On obtient un mélange de ces trois gaz en éteignant

Fig. 86. — Décomposition de l'eau par le carbone.

Fig. 87. — Réduction de l'oxyde de cuivre par le carbone.

des charbons incandescents sous une cloche remplie d'eau (*fig.* 86).

L'oxyde de cuivre, chauffé légèrement avec du charbon de bois pulvérisé (*fig.* 87), laisse un résidu de cuivre ; en même temps, il se dégage du gaz carbonique, qui trouble l'eau de chaux dans laquelle on le fait arriver :

$$2CuO + C = 2Cu + CO^2.$$

Avec l'*oxyde de zinc*, qui n'est décomposé qu'à une température élevée, il se produit de l'oxyde de carbone.

$$ZnO + C = Zn + CO^2,$$

Cette réduction des oxydes par le carbone a une grande importance dans le traitement des minerais en métallurgie.

CARBONE CRISTALLISÉ

123. Diamant. — Le diamant est du carbone presque pur, cristallisé. On ne le rencontre qu'en petite quantité, disséminé dans les sables dits d'alluvion, au Brésil, dans l'Inde et surtout dans l'Afrique du Sud. Les cristaux de diamant sont quelquefois transparents et incolores ; le plus souvent ils sont colorés en jaune, rose, bleu ou noir.

Les formes cristallines du diamant appartiennent au système régulier ou cubique ; elles ont presque toujours leurs faces et leurs arêtes arrondies. Celles que l'on rencontre le

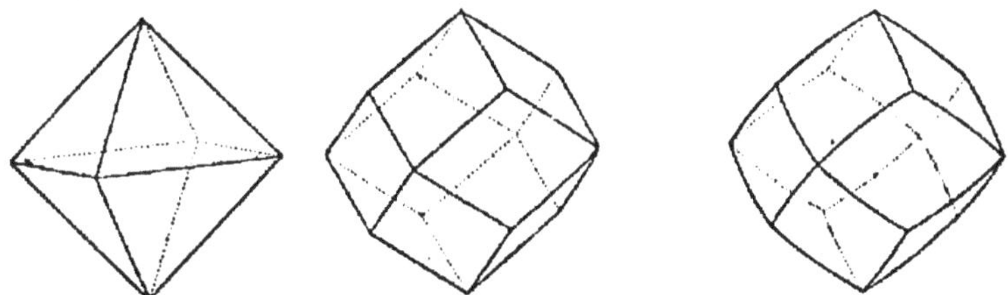

Fig. 88. — Diamants cristallisés.

plus fréquemment sont l'octaèdre et le dodécaèdre rhomboïdal (*fig.* 88).

Propriétés. — Le diamant est très réfringent : il présente un éclat particulier et, quand il est convenablement taillé, produit ces jeux de lumière qui le placent au premier rang parmi les pierres précieuses. Sa dureté est supérieure à celle de tous les corps connus ; il ne peut être poli que par sa propre poussière, que l'on appelle *égrisée*.

La masse spécifique du diamant est 3ᵍ,5. Il est mauvais conducteur de la chaleur et de l'électricité.

Usages. — Les diamants les plus limpides sont seuls utilisés en joaillerie. Auparavant on les polit et on leur donne une forme particulière (*fig.* 89) destinée à augmenter leur éclat ; c'est l'opération de la taille.

Fig. 89. — Diamants taillés :
1, en rose.
2, en brillant.

Les diamants non susceptibles d'être taillés servent, en raison de leur dureté, à fabriquer des outils pour couper le verre et graver les pierres dures. On en garnit quelquefois les forets destinés au percement des tunnels, au forage des puits.

Le prix des diamants est très variable suivant leurs dimensions, leur taille et leur transparence ; l'unité de masse est le *carat* (0ᵍ,205).

124. Graphite. — Le graphite, appelé aussi *plombagine* ou *mine de plomb*, est encore du carbone presque pur. On le trouve dans les terrains primitifs, en masses opaques d'un gris d'acier, assez tendres pour laisser une trace sur le papier. Sa masse spécifique varie entre 2ᵍ, 1 et 2ᵍ,3. Il est bon conducteur de la chaleur et de l'électricité.

Usages. — C'est avec le graphite que l'on fabrique les crayons ordinaires ; mélangé à de l'argile, il constitue les crayons Conté. On emploie le graphite en poussière délayée dans l'huile pour noircir les objets en tôle et les protéger ainsi contre la rouille. On en fait des creusets résistant aux hautes températures des fourneaux de laboratoire.

CARBONE AMORPHE

125. Noir de fumée. — Le noir de fumée est le dépôt pulvérulent que produit la combustion incomplète des substances riches en carbone, comme les résines, les essences. Si l'on enflamme, par exemple, de l'essence de térébenthine dans une sou-

Fig. 90. — Production de noir de fumée par combustion de l'essence de térébenthine.

coupe (*fig.* 90), elle brûle avec une flamme fuligineuse, et une assiette placée au-dessus de cette flamme se recouvre de noir de fumée.

Dans l'industrie, on brûle du goudron ou des résines dans une marmite chauffée par un foyer (*fig.* 91); le noir de fumée se débarrasse des liquides entraînés dans un condenseur en fonte à parois peu épaisses, puis il va se déposer dans de grandes chambres dont les parois sont recouvertes de toiles grossières. Il renferme environ 80 °/₀ de carbone ; le reste est constitué par des produits résineux et des matières grasses.

Propriétés et usages. — Le noir de fumée se présente en poudre noire très légère et grasse au toucher. A cause de son grand état de division, il convient très bien dans les laboratoires pour effectuer les réductions par le car-

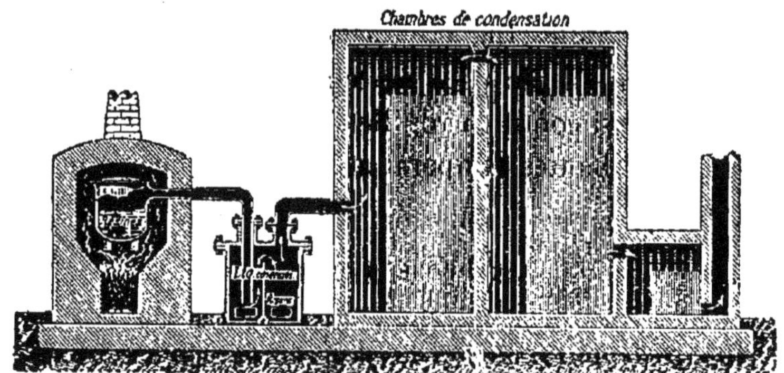

Fig. 91. — Préparation industrielle du noir de fumée.

bone, comme les réductions de l'acide azotique, de l'oxyde
de cuivre, etc.

Le noir de fumée entre dans la composition des encres
d'imprimerie et des imitations d'encre de Chine. On l'emploie dans la peinture en bâtiments. Les crayons noirs des
dessinateurs sont fabriqués avec un mélange d'argile et
de noir de fumée.

126. Noir animal. — Ce charbon est le résidu de la calcination des os en vase clos.

Quand on chauffe des os au rouge à l'abri de l'air, la
matière organique se détruit en imprégnant la matière minérale d'un résidu de carbone.

Dans l'industrie, on carbonise les os dans des cornues verticales en
fonte montées sur une double ligne de chaque côté d'un foyer
(*fig*. 92). Quand le noir est cuit, on ouvre brusquement le tampon de
décharge et on reçoit d'un seul coup la charge dans un wagonnet en
tôle, qu'on recouvre immédiatement pour étouffer le noir rouge et
l'empêcher de brûler.

Propriétés et usages. — Le noir animal se présente en
grains noirs, irréguliers, ne renfermant que 10 à 12 % de

carbone ; le reste est presque entièrement formé de phosphate et de carbonate de calcium.

Il est remarquable par l'action absorbante qu'il exerce

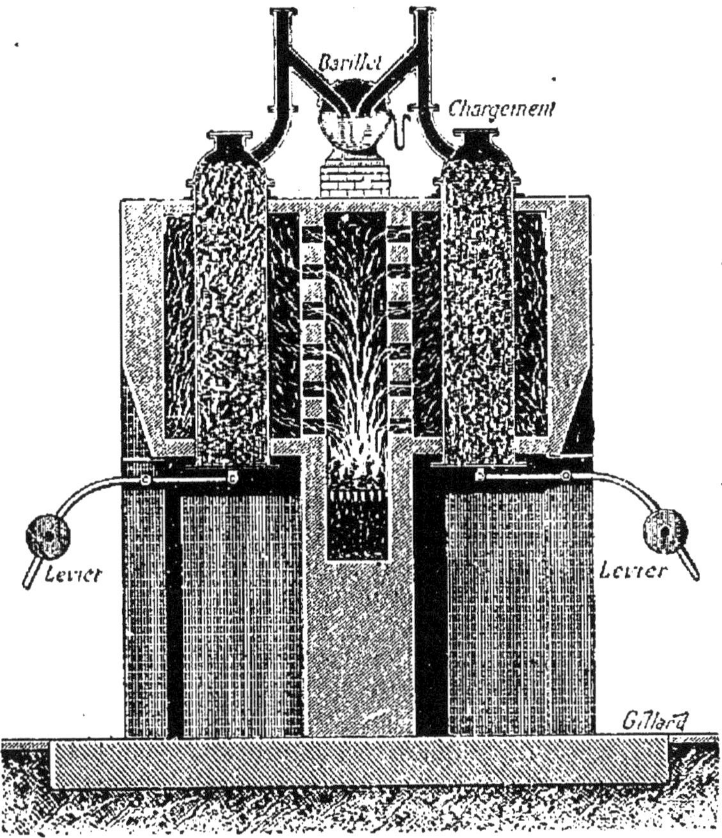

Fig. 92. — Préparation du noir animal.

sur les substances dissoutes dans l'eau et principalement
sur les matières colorantes. C'est ainsi que du vin rouge,
de la teinture bleue de tournesol, etc., filtrés à travers du
noir animal, deviennent incolores.

Cette action est utilisée pour décolorer les sirops de
sucre, les miels, pour blanchir la glycérine, épurer des
produits organiques (huiles, vaseline, etc.) Enfin le noir
en poudre entre dans la composition des cirages.

COMBUSTIBLES NATURELS

127. Anthracite. — L'anthracite ou charbon de pierre renferme environ 10 °/. de matières étrangères Il est dur, d'un noir brillant. C'est un bon combustible quand le tirage est suffisant. On le trouve dans les terrains antérieurs au terrain carbonifère en Angleterre, en France, près d'Angers, à Moûtiers (Savoie) et à la Mure (Isère).

128. Houilles. — Les houilles sont des charbons naturels renfermant de 75 à 88°/. de carbone ; on les trouve surtout dans le terrain dit *houiller*, dans lequel elles forment ordinairement des lits plus ou moins épais appelés *veines*.

Les houilles se présentent en masses noires brillantes, à structure feuilletée et portant de nombreuses empreintes de feuilles qui démontrent leur origine végétale.

Les *houilles* dites *grasses* (houilles de Saint-Étienne, de Mons) ont une couleur noir foncé; elles sont facilement inflammables, produisent en brûlant une flamme longue, fuligineuse, et se boursouflent beaucoup; elles sont préférées pour les travaux de forge et pour la fabrication du gaz d'éclairage.

Les *houilles demi-grasses* ont une cassure brillante et contiennent souvent de la pyrite de fer. Au creuset, elles se prennent en masse, mais sans subir la fusion comme les houilles grasses. On emploie les houilles demi-grasses pour le chauffage des chaudières à vapeur et des fours divers.

Les *houilles maigres* brûlent sans flamme et dégagent moins de chaleur que les précédentes; on les emploie pour la cuisson des briques, de la chaux, des tuiles et dans l'industrie céramique.

Enfin le *boghead* et le *cannel-coal*, que l'on rencontre surtout en Écosse, ont une couleur noire-jaune et contiennent des substances bitumineuses. Par la distillation sèche, ils donnent un gaz très éclairant, ce qui fait employer ces charbons mélangés à la houille grasse pour augmenter le pouvoir éclairant du gaz ordinaire.

129. Lignites. — Les lignites sont plus impurs que la

houille et se rencontrent à la base des terrains tertiaires (Soissonnais). Ils sont bruns ou noirs et brûlent avec une flamme longue, peu chaude, accompagnée d'une fumée noire désagréable. Certaines variétés sont brillantes et assez dures pour pouvoir être travaillées au tour ; on les emploie sous le nom de *jais, jayet,* ou *ambre noir*, pour faire des ornements.

130. Tourbe. — La tourbe est de formation toute récente : elle provient de la décomposition de plantes marécageuses. Séchée et comprimée, elle constitue un médiocre combustible. En France, on l'extrait en grande partie des marais de la vallée de la Somme.

La tourbe est remarquable par son pouvoir antiseptique et surtout par son pouvoir absorbant. On associe les fibres de tourbe à la laine de brebis pour faire des tissus hygiéniques (lainages à la ouate de tourbe). Dans le nord de la France, on utilise de la tourbe de Hollande pour la litière des chevaux. On pratique ainsi une économie notable sur la paille. Le fumier de tourbe est livré à l'agriculture.

COMBUSTIBLES ARTIFICIELS

131. Coke. — Le coke est le résidu de la calcination de la houille en vase clos ; on l'obtient comme produit accessoire dans la fabrication du gaz d'éclairage. Il renferme en moyenne 90 % de carbone.

Le coke est grisâtre, boursouflé et très léger. Il brûle presque sans flamme et sans répandre d'odeur désagréable, mais il ne s'allume qu'assez difficilement et sa combustion doit être activée par un courant d'air.

Le coke provenant de la fabrication du gaz ne peut, en raison de son petit volume et de son titre relativement élevé en cendres et bas en carbone, servir aux usages métallurgiques ; aussi est-il consommé presque exclusivement dans les ménages et les petits foyers industriels. Pour la métallurgie, on prépare spécialement du coke en carbonisant la houille en grandes masses afin d'avoir un produit dur et fortement aggloméré.

132. Charbon de cornues. — Ce charbon se dépose sous forme de croûte dure sur les parois des cornues dans lesquelles on distille la houille ; c'est du carbone presque pur. Il est noir, brillant, très sonore, bon conducteur. On le taille en prismes pour former l'électrode positive des piles de Bunsen ; on en fait aussi des tubes et des creusets résistant aux divers agents chimiques.

Le charbon de cornues s'enflamme difficilement parce qu'il est bon conducteur de la chaleur, mais brûlé dans un foyer à bon tirage, il constitue un excellent combustible, à cause de la quantité considérable de carbone qu'il contient.

133. Charbon de bois. — Le charbon de bois est le produit de la combustion incomplète du bois ou de sa distillation en vase clos ; de là deux procédés de fabrication.

Procédé des meules. — Dans les forêts, après les coupes, on empile des rondins de bois de la grosseur voulue et on en forme des *meules* à cheminée centrale (*fig.* 93).

Fig. 93. — Combustion incomplète du bois en meules.

Chaque meule ayant été recouverte de terre, on jette du bois enflammé par la cheminée, et à l'aide d'ouvertures pratiquées successivement de haut en bas, on règle la combustion de manière qu'elle se propage peu à peu dans toute la meule ; après quoi, on bouche toutes les ouvertures et on laisse refroidir. Ce procédé donne un faible rendement, mais il a l'avantage d'être expéditif et de pouvoir s'appliquer sur-place.

Carbonisation. — La carbonisation du bois en vase clos donne un rendement plus élevé et permet de recueillir les produits volatils dégagés par le bois : esprit de bois, acide acétique, etc.

Propriétés et usages. — Le charbon de bois est noir, cassant. Il possède la propriété importante d'absorber les gaz, généralement en quantité d'autant plus grande que ceux-ci sont plus solubles dans l'eau.

Ainsi 1 vol. de charbon de bois peut absorber 60 vol. de gaz ammoniac, et seulement 7,5 d'azote. Si, après avoir éteint sous le mercure un fragment de charbon de bois incandescent, on l'introduit sous une éprouvette remplie de gaz ammoniac, on voit le niveau du mercure monter rapidement par suite de l'absorption du gaz.

Cette propriété absorbante est mise à profit pour enlever toute mauvaise odeur aux viandes avariées, pour désinfecter les fosses d'aisances et surtout les eaux stagnantes (filtre à charbon, *fig.* 94). Il suffit de filtrer ces eaux à travers une couche de charbon de bois comprise entre deux couches de sable pour les rendre inodores et propres aux usages domestiques. Mais c'est surtout comme combustible,

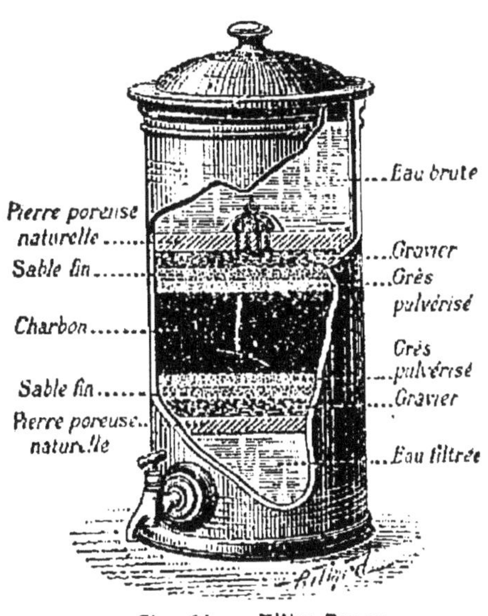

Fig. 94. — Filtre Duron.

dans les cuisines, que le charbon de bois est utilisé.

RÉSUMÉ DU CHAPITRE XV

Le *carbone* (C = 12) est très répandu dans la nature, soit presque pur (diamant, graphite), soit associé à des matières étrangères (houille). Ces variétés constituent les charbons naturels.

Le carbone est combustible : 12g de carbone pur brûlent en s'unissant à 32g d'oxygène et forment 44g de gaz carbonique. C'est un réducteur énergique ; il décompose l'eau au rouge et réduit la plupart des oxydes métalliques en mettant le métal en liberté.

Le carbone *cristallisé* existe sous forme de diamant et de graphite. Le diamant est du carbone presque pur : il est très dur et mauvais conducteur de la chaleur et de l'électricité. On le taille avec sa propre poussière (égrisée).

Le graphite ou plombagine est d'un gris d'acier, tendre, bon conducteur de la chaleur et de l'électricité. Il sert à fabriquer les crayons, à noircir les objets en tôle, etc.

Le noir de fumée et le noir animal sont des charbons *amorphes*.

Le noir de fumée provient de la combustion incomplète des résines. Il est noir, pulvérulent. On l'emploie surtout pour fabriquer les encres d'imprimerie.

Le noir animal est le résidu de la calcination des os en vase clos ; il ne renferme que 10 % de carbone. Il absorbe facilement les matières colorantes, ce qui le fait employer comme décolorant.

Les *combustibles naturels* comprennent principalement les houilles, qui renferment de 75 à 88 % de carbone. Elles sont noires, luisantes, fragiles. On les trouve abondamment dans le terrain houiller.

Les lignites sont des combustibles naturels bruns ou noirs brûlant avec une flamme peu chaude. Certaines variétés constituent le jais.

Les *combustibles artificiels* comprennent le coke et le charbon de bois.

Le coke provient de la distillation de la houille en vase clos ; il est grisâtre, poreux.

Le charbon de bois s'obtient par la combustion incomplète du bois ou par sa distillation en vase clos. Il est fragile, poreux. Il a la propriété de condenser les gaz dans ses pores ; aussi est-il employé comme désinfectant.

CHAPITRE XVI

COMPOSÉS OXYGÉNÉS DU CARBONE

134. Noms des composés oxygénés du carbone. — Il n'existe que deux composés oxygénés du carbone ; ce sont *l'anhydride carbonique* CO^2 et *l'oxyde de carbone* CO. Tous deux sont gazeux et se forment directement par union des éléments avec dégagement de chaleur. A l'anhydride carbonique correspondrait *l'acide carbonique* CO^3H^2, non encore isolé.

ANHYDRIDE CARBONIQUE

Formule : CO^2.   M. moléculaire : 44.

135. État naturel. — Formation. — L'anhydride carbonique, appelé aussi *gaz carbonique*, se produit dans la combustion des corps renfermant du carbone, la fermentation alcoolique, la calcination des calcaires, la respiration des animaux et des végétaux. Il s'en dégage du sol près des volcans, dans les grottes naturelles, comme la grotte du Chien, près de Naples, ou encore dans les vallées qui sont d'anciens cratères de volcans, comme la vallée de la Mort, à Java.

Malgré cette énorme production, l'air renferme une proportion de gaz carbonique à peu près constante $\left(\dfrac{3}{10000}\right)$; cela tient à ce que ce gaz est absorbé par les bases du sol, par l'eau, et surtout par les plantes vertes sous l'influence de la lumière.

136. Préparation. — *On prépare l'anhydride carbonique en décomposant le carbonate de calcium (craie ou marbre) par l'acide chlorhydrique :*

$$CO^3Ca + 2HCl = CO^2 + CaCl^2 + H^2O.$$

Cette opération se fait dans un appareil à hydrogène (*fig* 95); on y introduit de l'eau et de la craie ou des fragments de marbre blanc, puis on verse peu à peu de l'acide chlorhydrique par le tube à entonnoir. Il se produit une vive effervescence : le gaz carbonique se dégage et est recueilli sur l'eau. Le chlorure de calcium formé reste en dissolution dans l'eau du flacon.

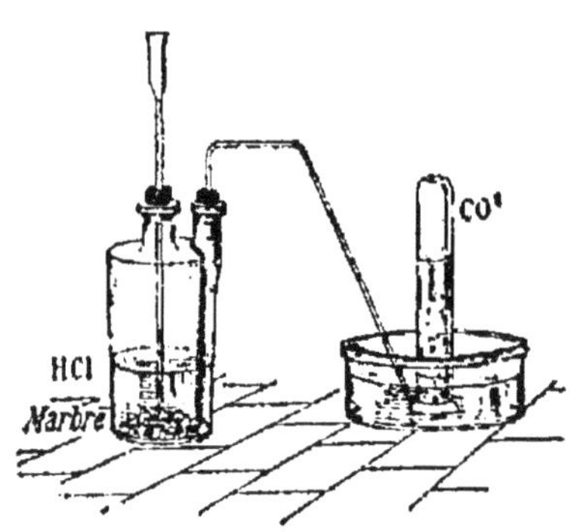

Fig. 95. — Préparation du gaz carbonique.

Industriellement, le gaz carbonique destiné à la fabrication des eaux gazeuses artificielles est obtenu en traitant la craie par l'acide sulfurique dans de grands appareils en plomb :

$$CO^3Ca + SO^4H^2 = SO^4Ca + H^2O + CO^2.$$

Dans les industries qui exigent à la fois du gaz carbonique et de la chaux, comme l'industrie du sucre, par exemple, on calcine les calcaires naturels ; il se dégage du gaz carbonique et le résidu est de la chaux vive :

$$CO^3Ca = CaO + CO^2.$$

Cette calcination se fait dans de grands fours à enveloppe métallique, munis de plusieurs foyers latéraux, d'un même nombre de portes de défournement pour la chaux vive, et d'une trémie conique pour le chargement (*fig.* 96). On y introduit des couches successives de calcaire mélangé à 10 °/₀ de coke. Les gaz qui se dégagent sont reçus dans une galerie circulaire et se refroidissent dans une longue conduite qui porte une lentille faisant soufflet pour la dilatation de la conduite ; ils passent ensuite dans une chambre à poussières et finalement traversent de bas en haut un laveur muni de cloches et de trop pleins, permettant à l'eau de circuler de haut en bas. A la sortie du laveur les gaz sont aspirés par une pompe ; ils contiennent de 18 à 28 °/₀ de gaz carbonique.

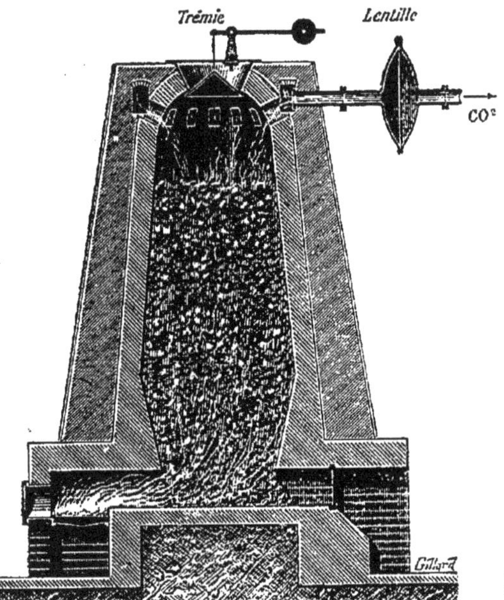

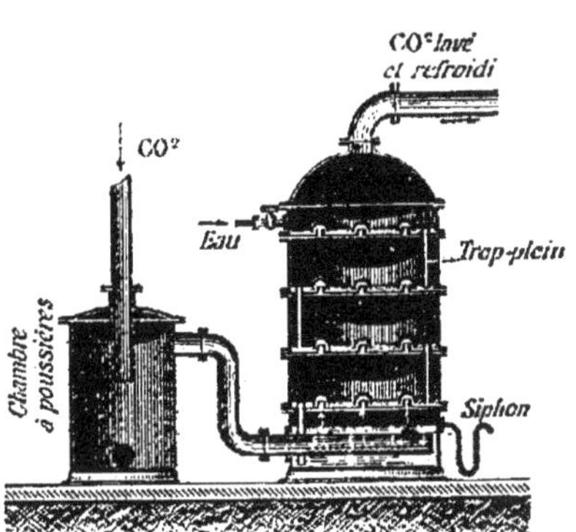

Fig. 96. — Four pour la fabrication continue du gaz carbonique.

137. Propriétés physiques.

Fig. 97. — Extinction d'une bougie par le gaz carbonique.

137. Propriétés physiques. — Le gaz carbonique a une odeur légèrement piquante et une saveur aigrelette. Sa densité est 1,529. Pour mettre en évidence cette grande densité, on verse à la manière d'un liquide, le gaz carbonique contenu dans une éprouvette sur une bougie allumée (*fig.* 97); la bougie s'éteint immédiatement, car ce gaz n'entretient pas la combustion.

Liquéfaction. — L'anhydride carbonique est facilement liquéfiable ; on l'obtient en effet à l'état liquide à 0° sous une pression de 36^{kg}.

On prépare l'anhydride liquide en comprimant le gaz dans des réservoirs refroidis par de la glace. Il est vendu dans des cylindres en fer forgé contenant 8^{kg} d'anhydride liquide, représentant 3 500 litres de gaz carbonique mesurés sous la pression ordinaire. C'est un liquide très mobile ; en s'évaporant à l'air, il produit un abaissement de température suffisant pour qu'une partie du liquide se solidifie sous forme de flocons neigeux, lesquels peuvent être recueillis dans des boîtes mauvaises conductrices. Cette neige ne mouille pas les corps ; mais mélangée à de l'éther et soumise à une évaporation rapide dans le vide, elle abaisse la température à — 110° ; aussi est-elle utilisée pour produire de très grands froids. Quand à l'anhydride liquide, on l'emploie pour exercer des pressions, principalement la pression nécessaire au débit de la bière. On le vend dans de petites boules d'acier (sparklets) pour « champagniser » instantanément n'importe quelle boisson.

Action sur l'organisme. — Le gaz carbonique est irrespirable. Dans une atmosphère qui en contient environ 30 °/₀, le sang veineux ne peut plus dégager le gaz carbonique qu'il contient ; de là la mort par asphyxie. L'asphyxie est très rapide quand ce gaz se dégage brusquement en grande quantité ; on connaît les accidents nombreux qui ont été occasionnés par les fours à chaux, les cuves de fermentation, etc. ; aussi est-il prudent, avant de pénétrer dans un endroit où le gaz carbonique a pu s'accumuler, de s'assurer qu'une bougie allumée y brûle tranquillement.

Au contact de la peau, le gaz carbonique détermine une sensation de chaleur ; on l'administre quelquefois en douches gazeuses comme stimulant. Introduit en dissolution à l'intérieur (eau de Seltz), il rafraîchit, désaltère et active les sécrétions de l'estomac.

138. Propriétés chimiques. — Le gaz carbonique est incombustible et n'entretient pas la combustion (*fig.* 97). Il est réduit au rouge par un certain nombre de corps avides d'oxygène ; les uns, comme le carbone, le ramènent à l'état d'oxyde de carbone ; les autres, comme le potassium, exercent une action réductrice plus profonde et mettent du carbone en liberté.

Un fragment de *potassium* allumé continue à brûler

Fig. 98. — Réduction du gaz carbonique par le potassium.

dans le gaz carbonique : il se forme du carbonate de potassium et il y a dépôt de charbon :

$$3CO^2 + 4K = 2CO^3K^2 + C.$$

On peut encore faire l'expérience en chauffant légèrement un fragment de potassium dans un courant de gaz carbonique sec (*fig.* 98) ; le potassium s'enflamme et brûle avec une flamme rougeâtre très vive en produisant un dépôt de charbon entouré d'une couronne blanche de carbonate de potassium.

139. Acide carbonique. — L'acide carbonique CO^3H^2 correspondant à l'anhydride carbonique est inconnu, mais on admet qu'il existe dans la dissolution aqueuse de ce dernier. Quelques gouttes de tournesol bleu introduites dans du gaz carbonique se colorent en effet en rouge vineux. Si l'on remplace le tournesol par de l'eau de chaux, elle absorbe le gaz, se trouble, et il se forme un précipité blanc de carbonate de calcium. La potasse absorbe aussi très facilement le gaz carbonique.

L'acide carbonique serait bibasique ; on connaît en effet deux carbonates de potassium : le carbonate acide ou bicarbonate CO^3KH et le carbonate neutre CO^3K^2.

140. Caractères. — L'anhydride carbonique se distingue des autres gaz par l'ensemble des caractères suivants :

1° il n'est pas combustible et n'entretient pas la combustion ;

2° il trouble l'eau chaux et l'eau de baryte ;

3° il est absorbé par la potasse caustique.

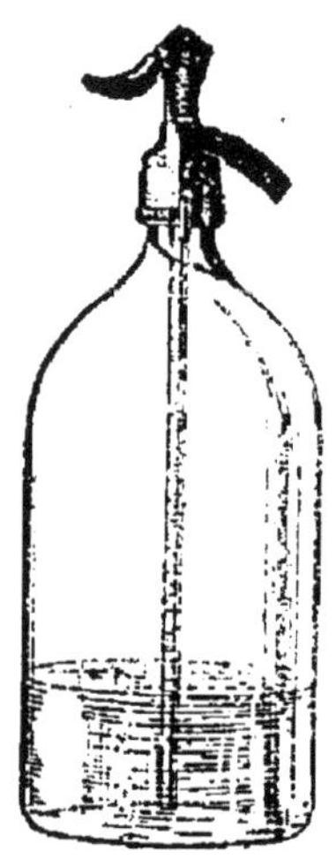

Fig. 99. — Siphon d'eau de Seltz.

141. Usages. — Outre le rôle considérable que le gaz carbonique joue dans la nutrition des plantes, il a des applications industrielles importantes. Il sert à préparer la céruse, le bicarbonate de sodium, l'acide salicylique. On en emploie de grandes quantités dans l'industrie du sucre, dans la fa-

brication des soudes à l'ammoniaque, des limonades et
eaux gazeuses artificielles comme l'eau de Seltz. Celle-ci
est livrée à la consommation dans des siphons, d'où, en
soulevant une soupape, elle s'échappe par la pression du
gaz quand on appuie sur un levier extérieur (*fig. 99*).

OXYDE DE CARBONE

Formule : CO.   M. moléculaire : 28.

142. Formation. — L'oxyde de carbone se produit quand
du carbone brûle en présence d'une quantité d'air insuffisante, ou quand du gaz carbonique se trouve en présence
de charbon incandescent, ou encore quand des oxydes
difficilement réductibles sont réduits par du carbone.

Les hauts-fourneaux et en général tous les fours dans lesquels on traite du minerai par le charbon, rejettent de grandes quantités d'oxyde de carbone. Ce gaz se dégage également des foyers dont la cheminée a un tirage insuffisant ;
c'est lui qui produit ces flammes bleues que l'on voit à la
surface des combustibles. Enfin il entre dans la composition
du gaz d'éclairage.

143. Préparation. — *On prépare l'oxyde de carbone en
décomposant l'acide oxalique* $C^2O^4H^2$ *par l'acide sulfurique
concentré.*

L'acide oxalique se dédouble en oxyde de carbone, gaz
carbonique et eau ; celle-ci est retenue par l'acide sulfurique et il se dégage un mélange d'oxyde de carbone et
de gaz carbonique :

$$C^2O^4H^2 = H^2O + CO + CO^2.$$

Le mélange des deux acides est chauffé dans un ballon
(*fig. 100*). Les gaz traversent un flacon contenant une dissolution de potasse qui retient le gaz carbonique : l'oxyde
de carbone est recueilli sur la cuve à eau.

144. Propriétés physiques. — L'oxyde de carbone est

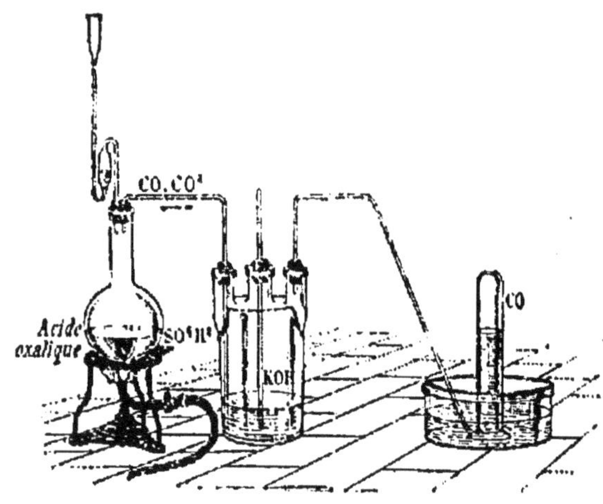

Fig. 100. — Préparation de l'oxyde de carbone.

un gaz incolore, inodore, très peu soluble dans l'eau. Sa densité est 0,967.

Action sur l'organisme. — L'oxyde de carbone est un gaz très délétère. Une très petite quantité dans une atmosphère suffit pour provoquer des maux de tête. C'est ce gaz qui produit les asphyxies par le charbon. L'empoisonnement est dû à ce que l'oxyde de carbone forme avec les globules du sang une combinaison assez stable, de telle sorte que ces globules sont désormais impropres à fixer l'oxygène. On combat un commencement d'asphyxie par l'oxyde de carbone en exposant le malade au grand air et en lui faisant respirer de l'oxygène pur.

145. Propriétés chimiques. — L'oxyde de carbone est *combustible* : il brûle avec une flamme bleue en produisant du gaz carbonique : $CO + O = CO^2$.

Il ne trouble pas l'eau de chaux et est sans action sur le tournesol.

Sa propriété chimique la plus importante est de *réduire* la plupart des composés oxygénés en passant à l'état de gaz carbonique. Il réduit notamment les oxydes métalliques ; aussi joue-t-il un rôle important dans le traitement des minerais par le carbone. C'est par ce gaz que sont réduits les oxydes de fer dans les hauts-fourneaux. Si l'on introduit du papier-filtre imprégné d'une dissolution de chlorure d'or dans un flacon contenant de l'oxyde de carbone, le papier devient violet par suite de la réduction du chlorure.

146. Caractères. — On reconnaît surtout ce gaz à ce qu'il brûle avec une flamme bleue en donnant du gaz carbonique, qui trouble l'eau de chaux. Il est absorbé par une dissolution de chlorure cuivreux dans l'ammoniaque.

147. Usages. — Outre l'action réductrice qu'il exerce sur les minerais, l'oxyde de carbone est employé comme combustible dans les fours à chaux, les verreries, les hauts-fourneaux. Pour cela, on le prépare économiquement dans de grands fourneaux appelés *gazogènes*, dans lesquels on

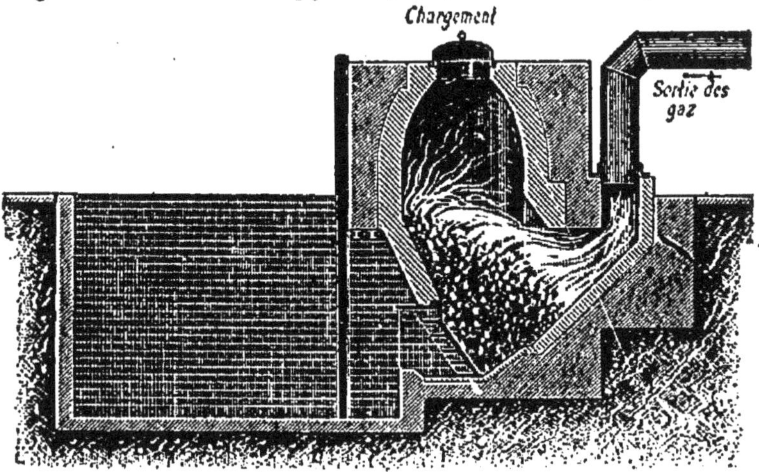

Fig. 101. — Gazogène pour la production d'oxyde de carbone.

fait passer de l'air sur une grille contenant du charbon ou du coke (*fig.* 101).

RÉSUMÉ DU CHAPITRE XVI

L'*anhydride carbonique* CO_2 naturel provient de la combustion des substances carbonées, de la respiration. On le prépare en décomposant le carbonate de calcium (craie ou marbre) par l'acide chlorhydrique dans un flacon à hydrogène.

C'est un gaz à saveur aigrelette, 1 fois 1/2 plus dense que l'air. Il n'entretient ni la respiration, ni la combustion. Le carbone, le potassium le réduisent au rouge.

L'eau de chaux est troublée par le gaz carbonique en formant du carbonate de calcium.

Le gaz carbonique s'emploie en grand dans les industries du sucre et des soudes. Sa dissolution sous pression constitue l'eau de Seltz.

L'*oxyde de carbone* CO se produit surtout dans la réduction du gaz carbonique par le charbon au rouge. On le prépare en chauffant l'acide oxalique avec l'acide sulfurique ; le mélange d'oxyde de carbone et de gaz carbonique qui se dégage traverse un flacon à potasse qui retient ce dernier gaz.

L'oxyde de carbone est peu soluble. Il brûle avec une flamme bleue en donnant du gaz carbonique. C'est un réducteur, jouant un rôle important en métallurgie dans la réduction des oxydes.

MÉTAUX

CHAPITRE XVII

PROPRIÉTÉS PRATIQUES DES MÉTAUX ET DES ALLIAGES

148. Définition des métaux. — Les métaux sont des corps simples qui, lorsqu'ils sont polis, sont doués d'un éclat particulier appelé *éclat métallique*. Ils sont opaques, conduisent bien la chaleur et l'électricité et se laissent pour la plupart étirer en fils ou réduire en lames.

Ces caractères physiques ne sont pas absolus et sont insuffisants pour distinguer nettement les métaux des métalloïdes. Ainsi l'iode, l'arsenic, qui sont des métalloïdes, possèdent l'éclat métallique ; le charbon de cornues, qui en est un aussi, est bon conducteur. Du côté des métaux, on peut remarquer que l'or et l'argent, réduits en feuilles minces, sont transparents, et que ces mêmes métaux, quand ils sont en poudre, n'ont pas l'éclat métallique.

Au point de vue chimique, les métaux sont mieux caractérisés : parmi les composés oxygénés d'un métal, il en est au moins un qui, en s'unissant à l'eau, donne un composé jouant le rôle de *base*, c'est-à-dire capable de réagir sur les acides pour former des sels. Comme exemples de ces bases, nous citerons la soude caustique $NaOH$ et la chaux éteinte $Ca(OH)^2$. Les métalloïdes, au contraire, ne fournissent jamais d'oxydes basiques ; leurs composés oxygénés sont, soit des oxydes neutres comme l'oxyde de carbone, soit le plus souvent des anhydrides (anhydride sulfureux SO^2, anhydride phosphorique P^2O^5) qui, sous l'influence de l'eau, se transforment en acides.

Tous les métalloïdes, à l'exception du bore, forment avec l'hydrogène des composés stables et bien définis ; les métaux, au contraire, ne se combinent que rarement à cet élément, et les combinaisons obtenues se détruisent à une température peu élevée.

Enfin si l'on décompose par un courant électrique une combinaison d'un métalloïde et d'un métal, ce dernier se porte toujours au pôle négatif et le métalloïde au pôle positif.

149. État naturel. — Minerais. — Peu de métaux se rencontrent à l'*état natif*, c'est-à-dire à l'état libre ; nous citerons cependant l'or, le cuivre. Le plus souvent les métaux sont combinés à l'oxygène, au chlore, au soufre, etc., formant des oxydes, des chlorures, des sulfures, etc., que l'on désigne sous le nom général de *minerais*. Les minerais se rencontrent rarement à l'état de pureté ; ils sont ordinairement mélangés à de la silice, de l'argile ou des calcaires. Toutes ces matières étrangères portent le nom de *gangue*.

150. Propriétés pratiques des métaux. — Tous les métaux sont solides à la température ordinaire, sauf le mercure, qui est liquide. La plupart sont blancs et présentent en même temps des nuances diverses: le fer est gris-bleuâtre, l'aluminium blanc-bleuâtre. Quelques métaux ont une couleur plus caractérisée : l'or est jaune, le cuivre est rouge.

Le point de fusion des métaux est très variable : celui des métaux usuels varie entre 228° (étain) et 1500° (fer).

Conductibilité. — Tous les métaux sont *bons conducteurs* de la chaleur et de l'électricité, mais cette conductibilité varie beaucoup d'un métal à l'autre. En représentant par 100 la conductibilité de l'argent pour la chaleur, celle du cuivre est exprimée par le nombre 73,5 et celle du fer par 11,9 ; aussi le cuivre est-il employé de préférence au fer pour fabriquer les appareils distillatoires.

Malléabilité. — La malléabilité est la propriété qu'ont les métaux de se laisser réduire soit en lames, soit en barres sous le choc du marteau ou par l'action du laminoir. Un laminoir est formé de deux cylindres horizontaux en acier tournant en sens inverse et dont on peut faire varier l'écartement à volonté (*fig.* 102) ; la barre métalli-

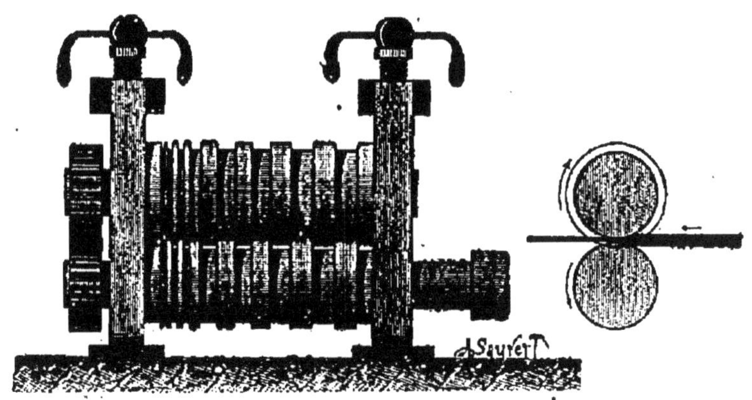

Fig. 102. — Laminoir.

que, amincie à une extrémité, est engagée entre ces deux cylindres, qui l'entraînent dans leur mouvement de rotation et l'aplatissent plus ou moins suivant leur écartement. Les métaux les plus malléables sont l'or et l'argent ; viennent ensuite, par ordre de malléabilité décroissante, l'aluminium, le cuivre, l'étain, le platine, le plomb, le zinc et le fer.

Ductilité. — Un métal est ductile quand il se laisse étirer en fils par le passage à travers la filière. Celle-ci est une plaque d'acier percée de trous de diamètre de plus en plus petit (*fig.* 103).

Fig. 103. — Filière.

En exerçant une traction convenable à l'extrémité d'un fil, on le force à passer successivement à travers tous ces trous. L'or et l'argent sont les métaux les plus ductiles; après eux viennent le platine, l'aluminium, le fer, le cuivre, le zinc et le plomb.

Ténacité. — La ténacité des métaux est la résistance qu'ils présentent à la rupture. Elle se détermine par la masse qu'il faut suspendre à un fil métallique d'un diamètre déterminé pour en amener la rupture. On trouve ainsi que le fer est un des métaux les plus tenaces. L'étain, le plomb sont au contraire très peu tenaces.

Action de l'oxygène ou de l'air secs sur les métaux. — L'oxygène ou l'air secs oxydent tous les métaux, à l'exception de l'or, de l'argent et du platine. Le potassium seul s'oxyde à la température ordinaire ; aussi conserve-t-on ce métal dans l'essence de pétrole pour le préserver du contact de l'air. Avec les autres métaux, l'oxydation ne se produit qu'à une température plus ou moins élevée : c'est ainsi que le plomb fondu se recouvre d'une couche d'oxyde de plomb ; que le mercure chauffé vers 350° se recouvre de pellicules rouges d'oxyde de mercure ; qu'un ruban de magnésium introduit dans une flamme brûle avec un grand éclat en donnant de la magnésie MgO. Nous avons vu, en étudiant l'oxygène, la combustion vive du magnésium et celle du fer dans ce gaz (*fig.* 104).

Fig. 104. — Combustion du fer dans l'oxygène.

Action de l'air humide. — L'air humide oxyde les métaux beaucoup plus facilement que l'air sec. A l'action de l'oxygène s'ajoutent alors l'action de l'eau et souvent même celle du gaz carbonique contenu dans l'atmosphère. Le fer, exposé à l'air humide, se transforme peu à peu en rouille, qui est du sesquioxyde de fer hydraté ; le zinc et le plomb, dans les mêmes conditions, se recouvrent de carbonate hydraté, mais ce dernier ne forme à la surface de ces métaux qu'une couche mince, qui les préserve contre une altération plus profonde.

Action de l'eau. — L'eau est décomposée par la plupart des métaux ; le métal s'empare de l'oxygène et met de l'hydrogène en liberté. Le sodium et le potassium réagissent à la température ordinaire en dégageant une grande quantité de chaleur (*fig.* 105) ; il se forme de la soude NaOH ou de la potasse KOH. Avec le zinc, le fer, la décomposition de l'eau ne se produit qu'au rouge vif. Enfin les métaux précieux comme l'or,

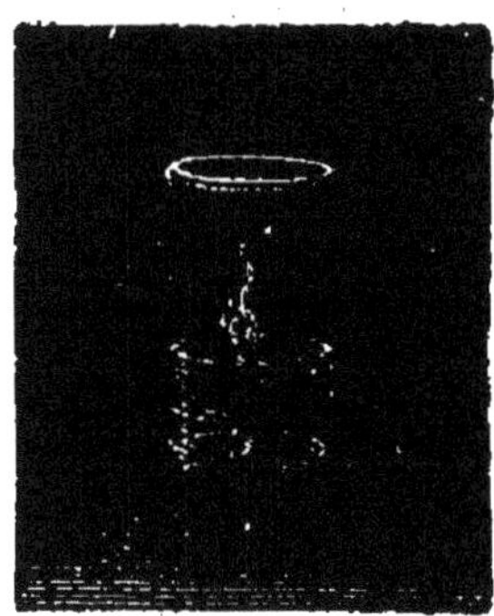

Fig. 105. — Décomposition de l'eau par le potassium.

l'argent, le platine, n'exercent d'action sur l'eau à aucune température.

ALLIAGES

151. Définition et utilité des alliages. — On donne le nom d'alliages aux composés d'apparence homogène résultant de l'union de deux ou plusieurs métaux qui ont été amenés ensemble à l'état de fusion. Quand l'un des métaux est le mercure, l'alliage porte le nom d'*amalgame.*

Beaucoup de métaux ne peuvent être employés à l'état de pureté ; les uns sont trop mous, comme l'or et l'argent ; les autres, trop durs ou trop cassants, comme le bismuth, l'antimoine. En associant convenablement les métaux, on modifie leurs propriétés et l'on obtient des alliages ayant des qualités spéciales propres aux usages industriels. C'est ainsi, par exemple, que le cuivre allié à l'or et à l'argent leur donne la dureté nécessaire pour supporter la frappe des monnaies, que l'antimoine associé au plomb forme l'alliage dur et résistant avec lequel on fait les caractères d'imprimerie.

152. Propriétés pratiques des alliages. — La plupart des alliages ont des propriétés spéciales, souvent très différentes de celles des métaux qui les constituent. Il en est ainsi particulièrement pour la dureté et la fusibilité.

Les alliages sont ordinairement plus durs que les métaux qui les constituent : le plomb, qui est un métal mou, ajouté en petite quantité à du laiton (alliage de cuivre et de zinc), communique à cet alliage une dureté suffisante pour permettre de le travailler à la lime.

Un alliage est toujours plus fusible que le moins fusible des métaux qu'il contient ; quelquefois même son point de fusion est inférieur à celui du métal le plus fusible ; ainsi l'*alliage de Darcet,* formé d'étain, de bismuth et de plomb, peut être fondu dans la vapeur d'eau bouillante (*fig.* 106). Son point de fusion est 93° tandis que le plus fusible des trois métaux, l'étain, ne fond qu'à 228°. En général, c'est le bismuth qui est employé pour augmenter la fusibilité des alliages.

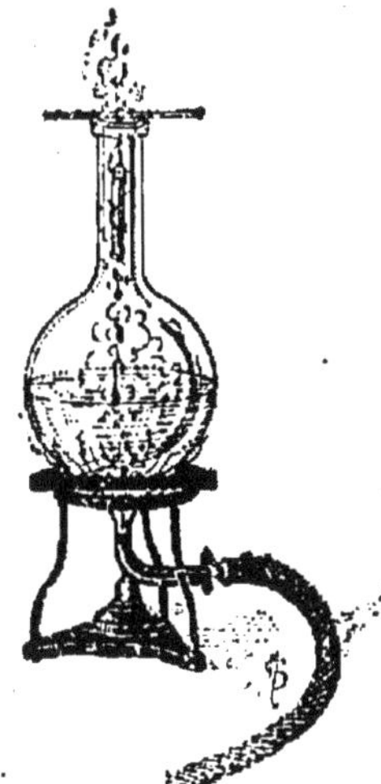

Fig. 106. — Fusion de l'alliage de Darcet.

153. Constitution des alliages. — Bien que, dans un même alliage, on puisse généralement faire entrer dans des proportions variables les métaux qui le constituent, on doit néanmoins considérer les alliages comme contenant des composés définis des métaux entre eux.

En effet, certains alliages se font avec dégagement de chaleur, ce qui indique la formation de combinaisons : si l'on projette avec précaution de petits fragments de sodium dans du mercure légèrement chauffé, il se produit une réaction très vive, et, en décantant l'excès de mercure après refroidissement, on obtient une masse cristalline brillante répondant à la composition Hg^6Na. D'un autre côté, si les alliages étaient de simples mélanges, leurs propriétés physiques devraient être la moyenne des propriétés de chaque métal constituant, ce qui n'a généralement pas lieu. Enfin, quand on laisse refroidir lentement un alliage fondu, on observe fréquemment la formation d'alliages cristallisés au sein de la masse encore liquide ; les alliages ainsi formés ont une composition définie différente de celle du liquide, et leur solidification correspond à un arrêt dans l'abaissement de température. Cette séparation, connue sous le nom de *liquation*, est évitée dans la préparation des alliages, soit en les refroidissant brusquement, soit, quand les alliages sont en grandes masses, en les comprimant pendant leur refroidissement.

En résumé, on admet aujourd'hui que les alliages sont constitués par des combinaisons définies de métaux, dissoutes dans un excès de l'un d'entre eux.

RÉSUMÉ DU CHAPITRE XVII

Les métaux ont un éclat particulier, appelé éclat métallique ; ils sont bons conducteurs, ductiles et malléables. Parmi les composés qu'ils forment avec l'oxygène, il en est un au moins qui peut jouer le rôle de base.

A l'exception du mercure, tous les métaux sont solides. La plupart sont d'un blanc grisâtre. Soumis au laminoir, ils se réduisent en lames ; la filière les étire en fils (l'or et l'argent sont les métaux les plus malléables et les plus ductiles).

L'air ou l'oxygène secs oxydent tous les métaux, à l'exception de l'or, de l'argent et du platine ; mais cette oxydation ne se produit généralement qu'à une température plus ou moins élevée. L'eau est décomposée par la plupart des métaux, à une température variable avec la nature du métal ; il y a mise en liberté d'hydrogène et formation d'un oxyde.

Les *alliages* résultent de l'union des métaux entre eux. Ils possèdent des propriétés spéciales qui les rendent propres à une foule d'usages industriels pour lesquels les métaux ordinaires seraient trop mous ou trop cassants.

Les propriétés qui varient le plus dans la formation des alliages sont la fusibilité et la dureté.

CHAPITRE XVIII

SODIUM. — PRINCIPAUX SELS DE SODIUM

---

154. Électrolyse du chlorure de sodium. — Lorsqu'un courant électrique traverse un sel fondu ou en dissolution, le sel est décomposé : le métal qu'il contient se porte sur le conducteur par lequel le courant retourne au générateur d'électricité (électrode négative ou *cathode*), le reste du sel se porte sur le conducteur qui amène le courant (électrode positive ou *anode*). D'après cela, si le sel soumis à l'électrolyse est du chlorure de sodium, on obtiendra du sodium à la cathode et du chlore à l'anode.

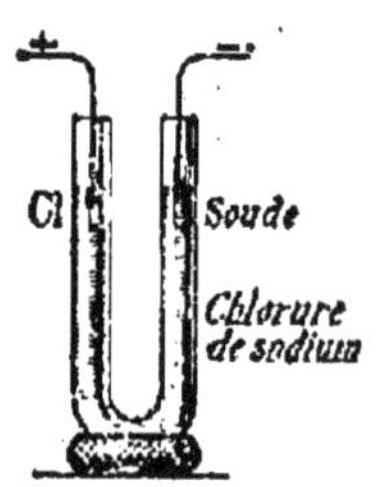

Fig. 107. — Électrolyse du chlorure de sodium dans les laboratoires.

Pour électrolyser le chlorure de sodium dans les laboratoires, on en met une dissolution dans un tube en U; le sodium se porte à l'électrode négative où il se combine à l'eau pour former de la soude caustique, le chlore se porte à l'électrode positive et y colore la dissolution en vert (*fig.* 107).

Dans l'industrie, la méthode la plus employée est l'*électrolyse avec cathode en mercure* (procédé Solvay, 1899). Ce système consiste à employer du mercure comme électrode négative. Il en résulte que le sodium mis en liberté par le courant se combine au mercure et forme de l'amalgame de sodium. Cet amalgame est alors distillé en dehors de la cuve à électrolyse, on en retire du sodium ou de la soude caustique et du mercure qui est ainsi régénéré.

La cuve à électrolyse contient au fond une couche de mercure reliée à la cathode d'une dynamo (*fig.* 107 *bis*). L'amalgame

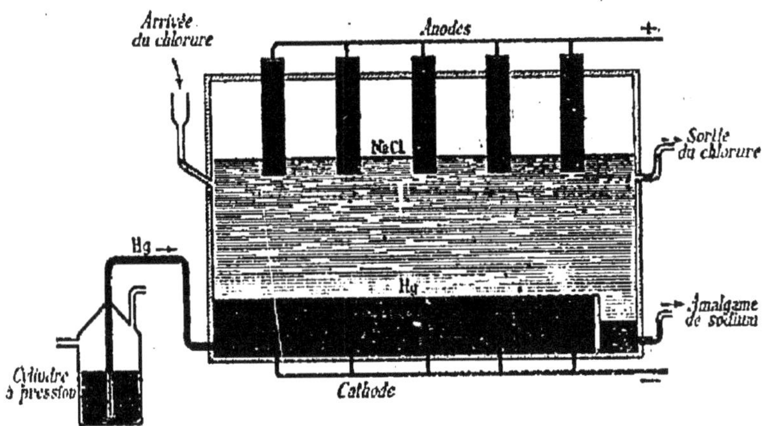

Fig. 107 *bis*. — Électrolyse du chlorure de sodium.

de sodium se forme à la surface même du mercure; il s'écoule par un trop-plein et un tube latéral. Le mercure régénéré rentre dans la cuve à l'extrémité opposée par un cylindre à pression et un tube plongeur. La dissolution du chlorure de sodium est amenée par un tube à entonnoir et évacuée par un tube latéral après avoir subi l'électrolyse. Une série d'anodes plongent dans la partie supérieure de la dissolution saline.

SODIUM

Symbole : Na.   M. atomique : 23

155. État naturel. — Le sodium ne se rencontre pas dans la nature à l'état libre ; mais ses sels sont très répandus, principalement le chlorure (*sel gemme, sel marin*) et l'azotate (*nitrates* du Pérou et du Chili).

Propriétés. — Le sodium est un métal mou, d'un blanc d'argent quand il est fraîchement coupé. A l'air humide, sa surface se ternit rapidement en se recouvrant d'une couche mince d'hydrate, qui préserve de toute altération le reste du métal. On évite cette oxydation en conservant le sodium dans l'huile de naphte. Chauffé à l'air, le sodium s'enflamme à une température élevée et brûle avec une flamme jaune caractéristique en formant du protoxyde Na^2O.

Le sodium décompose l'*eau* à froid ; il y a formation de soude et dégagement d'hydrogène :

$$Na + H^2O = NaOH + H^{\nearrow}.$$

Le métal se déplaçant rapidement à la surface de l'eau, la chaleur dégagée par la réaction n'est pas suffisante pour enflammer l'hydrogène ; mais si l'on emploie de l'eau gommeuse, qui maintient le sodium immobile, cette chaleur se trouve concentrée en un point et l'hydrogène brûle avec une flamme jaune.

Projeté dans du *mercure* légèrement chauffé, le sodium s'y dissout avec dégagement de chaleur. Cet amalgame, en présence de l'eau, dégage de l'hydrogène ; il est fréquemment employé comme réducteur dans les laboratoires.

Usages. — On utilise le pouvoir réducteur du sodium pour obtenir certains métaux comme le magnésium, en partant de leurs chlorures. On l'emploie aussi dans la préparation du bore, du silicium et pour la confection des amorces explosives.

156. Soude caustique. — La plus grande partie de la soude caustique s'extrait aujourd'hui du chlorure de sodium par électrolyse (154).

Dans les laboratoires on prépare la soude caustique en décomposant le carbonate de sodium par la chaux en présence de l'eau: $CO^3Na^2 + Ca(OH)^2 = 2NaOH + CO^3Ca$.

Dans une marmite en fonte contenant une lessive bouillante de cristaux purifiés de carbonate de sodium, on verse peu à peu de la chaux pure délayée dans l'eau, et on entretient l'ébullition en remplaçant au fur et à mesure l'eau qui s'évapore, afin d'éviter la réaction de la soude sur le carbonate de calcium, réaction qui se produirait en liqueur concentrée. Quand une prise du liquide ne fait plus effervescence avec un acide, on laisse reposer. Le liquide clair qui surnage est décanté, évaporé à consistance sirupeuse, puis coulé sur une plaque de cuivre : par refroidissement, on obtient des plaques blanches de soude.

Dans l'industrie, on obtient aussi de la soude caustique en traitant des eaux résiduaires obtenues dans la fabrication des soudes du commerce, et par l'action du sodium sur l'eau.

Propriétés. — La soude caustique se présente en plaques blanches, cassantes, solubles dans l'eau. Sa dissolution, appelée *lessive de soude*, est très caustique.

Exposée à l'air, la soude tombe en déliquescence ; mais comme elle absorbe en même temps le gaz carbonique de l'air, elle se recouvre de carbonate efflorescent.

La soude est indécomposable par la chaleur. C'est une base puissante, saturant les acides les plus énergiques. Elle rougit la phtaléine, brunit la teinture de curcuma, verdit le sirop de violettes et précipite les hydrates insolubles de leurs dissolutions salines.

Usages. — La soude caustique est surtout employée dans

la fabrication des savons durs. On l'utilise aussi pour épurer les pétroles. Dans les laboratoires elle sert comme réactif de certains métaux.

CHLORURE DE SODIUM, NaCl.

157. État naturel. — Extraction. — Le chlorure de sodium est très répandu dans la nature. Il existe en dissolution dans l'eau de la mer (*sel marin*) et dans quelques lacs et sources salées ; à l'état solide (*sel gemme*), il forme des dépôts considérables dans certains terrains.

I. Extraction du sel gemme. — Les gisements de sel gemme les plus importants que l'on rencontre en Europe sont ceux de Wieliczka, en Pologne. Le sel, situé à environ 300 mètres de profondeur, est exploité par galeries souterraines ; il est assez pur pour pouvoir être livré à la consommation après avoir été broyé à la meule.

A Cardona (Espagne), les couches de sel se trouvent à quelques mètres seulement de la surface du sol et sont exploitées à ciel ouvert. Enfin, dans l'Est de la France, à Dieuze, à Salins, etc., où le sel est plus ou moins mélangé à des matières terreuses, on établit ordinairement dans le gisement une série de galeries que l'on remplit d'eau ; quand cette eau est saturée de sel, on la remonte à l'aide de pompes aspirantes et on l'évapore.

II. Extraction du sel marin. — L'eau de mer est d'abord amenée dans un grand réservoir ou *vasière*, soit naturellement par les marées (Océan), soit par des pompes élévatoires (Méditerranée). Elle s'y clarifie, puis passe successivement dans plusieurs séries de bassins revêtus d'argile (*fig.* 108), où elle se concentre peu à peu grâce à la cha-

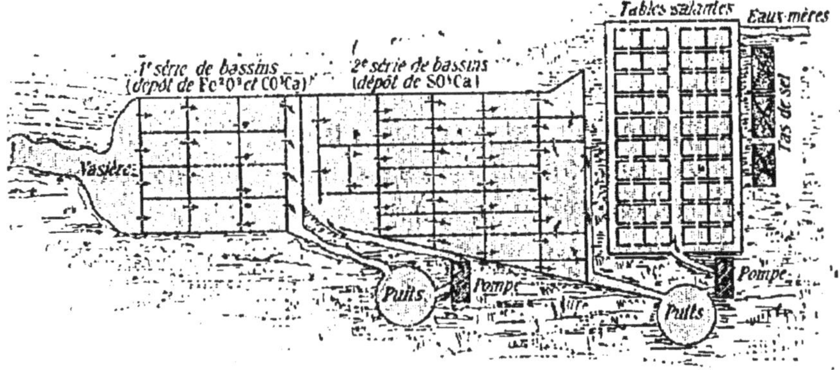

Fig. 108. — Marais salants.

leur solaire. Les cristaux de sel se déposent dans la dernière série de bassins (tables salantes); on les recueille en petits tas que l'on recouvre d'argile; les sels qui absorbent facilement la vapeur d'eau contenue dans l'air (chlorure et sulfate de magnésium) sont peu à peu éliminés par l'eau qui s'écoule. Le sel ainsi obtenu (sel gris) est ordinairement purifié par dissolution et évaporation avant d'être livré à la consommation.

158. Propriétés. — Le chlorure de sodium a une saveur salée caractéristique. Il cristallise en cubes généralement groupés en pyramides creuses appelées *trémies* (*fig* 109) Ces cristaux retiennent toujours un peu d'eau (eau d'interposition),

Fig. 109. — Trémie de sel marin.

ce qui les fait décrépiter quand on les projette sur des charbons incandescents; ils fondent au rouge et se volatilisent lentement au rouge blanc sans subir de décomposition.

La *solubilité* du sel augmente à peine avec la température : 100 p. d'eau en dissolvent environ 36 p. à 14°, et 40 à 109°, point d'ébullition de la dissolution saturée.

L'*acide sulfurique* décompose le chlorure de sodium avec dégagement d'acide chlorhydrique ; à une température peu élevée, il se forme du sulfate acide de sodium ; au rouge, on obtient du sulfate neutre :

$$NaCl + SO^4H^2 = SO^4NaH + HCl\nearrow,$$
$$2NaCl + SO^4H^2 = SO^4Na^2 + 2HCl\nearrow.$$

Le courant électrique décompose le chlorure de sodium fondu ou en dissolution ; le chlore se porte à l'électrode positive, le sodium au pôle négatif (154).

159. Usages. — Outre l'emploi considérable que l'on fait du sel dans l'alimentation, il est très usité comme antiseptique pour conserver les matières alimentaires (poissons, beurre, viandes, etc.).

C'est avec le chlorure de sodium que l'on prépare le sulfate de sodium et l'acide chlorhydrique. Il sert aussi dans la fabrication des savons et pour vernir les poteries. En agriculture, on emploie le sel dans l'alimentation des bestiaux et pour amender les terres.

La production du sel en France dépasse de beaucoup les besoins de la consommation. Le sel paie un droit de consommation de 100^{fr} par tonne (aussi n'a t-on pas le droit, en France, de puiser de l'eau à la mer pour l'emporter) ; mais le sel *dénaturé*, destiné à la pêche et à la fabrication du sulfate de sodium, ne paie qu'un droit de 0^{fr},30 par 1 000^{kg}. On dénature le sel en l'additionnant d'oxyde de fer ou de vieilles saumures.

CARBONATE DE SODIUM, CO³Na².

160. Soudes naturelles. — On appelle improprement *soudes*, dans le commerce, du carbonate de sodium mélangé à une quantité

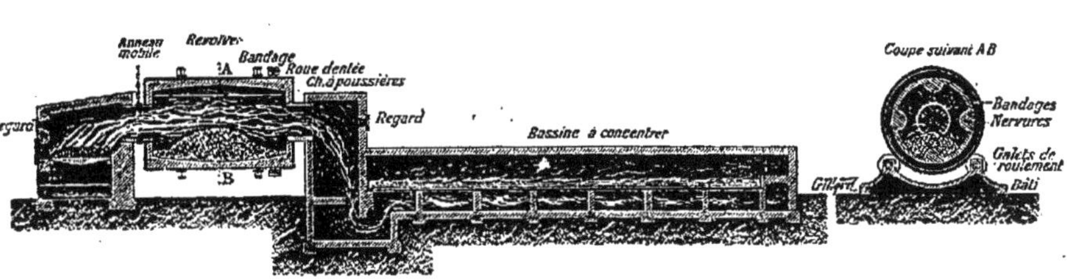

Fig. 110. — Four tournant à soude.

plus ou moins grande de matières étrangères. Les *soudes naturelles* sont celles qui se retirent des cendres de plantes marines.

Ces plantes, après avoir été séchées au soleil, sont brûlées dans des fosses à fond dallé ; le résidu est une masse brune, dure, demi-vitreuse, contenant au plus 25 °/₀ de carbonate de sodium (soudes d'Alicante). La production des soudes naturelles est aujourd'hui très restreinte.

161. Soudes artificielles. — Les soudes artificielles sont produites industriellement en partant du sulfate de sodium (procédé Leblanc), ou du chlorure de sodium (procédé Solvay).

I. **Procédé Leblanc.** — Il consiste à transformer le sulfate de sodium en carbonate par un mélange de carbonate de calcium et de charbon. Le charbon réduit d'abord le sul fate de sodium :

$$SO^4Na^2 + 2C = Na^2S + 2CO^2.$$

Puis le sulfure de sodium formé réagit sur le carbonate de calcium et se transforme en sulfure de calcium insoluble :

$$Na^2S + CO^3Ca = CaS + CO^3Na^2.$$

Ce procédé est appliqué généralement dans des fours tournants ou *revolvers* (*fig.* 110). Ce sont de grands cylindres en tôle, doublés intérieurement de briques réfractaires ; ils tournent autour d'un axe horizontal, ce qui produit un brassage des matières, et présentent deux ouvertures qui permettent à la flamme de les traverser.

La soude brute provenant des fours tournants forme une masse brune ou violacée, à texture légèrement poreuse. Elle renferme en moyenne 35 à 45 °/₀ de carbonate de sodium, avec une petite quantité d'autres sels de sodium solubles ; le reste est constitué par des matières insolubles (sulfure de calcium, chaux vive, charbon, etc.). On soumet cette soude brute à un lessivage méthodique pour en retirer tous les sels solubles ; le résidu, appelé *marcs* ou *charrées de soude*, est utilisé pour l'extraction du soufre. Quant aux lessives obtenues, elles sont concentrées de diverses manières et fournissent au commerce plusieurs variétés de soudes, dont la plus importante est connue sous le nom de *cristaux de soude* et correspond à la formule

$$CO^3Na^2 + 10H^2O.$$

II. Procédé Solvay. — Ce procédé tend de plus en plus à remplacer aujourd'hui le procédé Leblanc, comme étant plus économique que ce dernier et fournissant une soude plus pure.

Il repose sur la décomposition du carbonate acide d'ammonium par le chlorure de sodium :

$$CO^3H.AzH^4 + NaCl = AzH^4Cl + CO^3NaH.$$

Une légère calcination transforme ensuite le carbonate acide de sodium en carbonate neutre :

$$2CO^3NaH = CO^3Na^2 + H^2O + CO^2.$$

162. Propriétés. — Le carbonate de sodium est une poudre blanche, fusible au rouge et très soluble dans l'eau. Sa dissolution cristallise en gros prismes transparents (*cristaux de soude*), contenant 10 mol. d'eau ($CO^3Na^2 + 10H^2O$). Ces cristaux sont efflorescents ; exposés à l'air, ils perdent de l'eau et deviennent opaques. Chauffés, ils fondent vers 34° dans leur eau de cristallisation.

Le carbonate de sodium est indécomposable par la chaleur, mais il est réduit par le charbon au rouge. Sa réaction est très alcaline.

163. Usages. — Les soudes constituent en quelque sorte la base de tous les produits chimiques. On en consomme des quantités considérables dans la fabrication des verres et des savons durs. Les cristaux de soude sont particulièrement employés pour préparer l'hyposulfite de sodium, le borax, pour le blanchiment du fil et du coton, pour le blanchissage du linge, etc.

164. Carbonate acide de sodium, CO³NaH. — Ce sel, appelé aussi *sel de Vichy* et *bicarbonate de sodium*, se prépare en faisant passer un courant de gaz carbonique sur des cristaux de soude :

$$CO^3Na^2 + CO^2 + 10H^2O = 2CO^3NaH + 9H^2O.$$

On utilise généralement le gaz carbonique provenant d'une fermentation ou d'un four à chaux. A Vichy, on se sert du gaz carbonique qui se dégage des sources minérales.

Le carbonate acide de sodium a une saveur alcaline. Il est plus soluble à chaud qu'à froid. Si l'on fait bouillir sa dissolution, elle perd du gaz carbonique et devient une dissolution de carbonate neutre.

On emploie ce sel pour dégager du gaz carbonique en vue de la préparation des eaux gazeuses artificielles, pour préparer le pain sans fermentation. Il est très usité en médecine. C'est à lui que les eaux minérales alcalines doivent leurs propriétés efficaces.

RÉSUMÉ DU CHAPITRE XVIII

Lorsqu'un courant traverse une dissolution de chlorure de sodium, le sel est décomposé : le sodium se porte à l'électrode négative, le chlore à l'électrode positive.

Le *sodium* est un métal mou, très oxydable ; il décompose l'eau à froid en formant de la soude. On utilise son pouvoir réducteur pour obtenir certains métaux comme le magnésium.

La *soude caustique* s'obtient en décomposant le carbonate de sodium par la chaux, ou encore en électrolysant du chlorure de sodium. Elle forme des plaques blanches, solubles, déliquescentes. C'est une base puissante employée comme réactif dans les laboratoires. Elle est surtout employée dans la fabrication des savons.

Le *chlorure de sodium* NaCl existe à l'état solide (sel gemme) ou en dissolution dans l'eau de la mer (sel marin). Le sel marin est le résultat de l'évaporation naturelle de l'eau de mer dans des bassins peu profonds (marais salants).

Le chlorure de sodium cristallise en cubes généralement groupés en trémies et qui ne sont pas beaucoup plus solubles à chaud qu'à froid. Il est décomposé par l'acide sulfurique. Il sert dans l'alimentation et dans la fabrication du sulfate de sodium.

Le *carbonate de sodium* CO^3Na^2, mélangé à des matières étrangères, constitue les soudes du commerce. La plus grande partie s'extrait artificiellement, soit par l'action du carbonate de calcium et du charbon sur le sulfate de sodium (procédé Leblanc), soit en décomposant le carbonate acide d'ammonium par le chlorure de sodium et calcinant le carbonate acide de sodium obtenu.

Le carbonate anhydre est une poudre blanche, soluble, indécomposable par la chaleur et réductible par le charbon.

On emploie les soudes pour fabriquer les verres, les savons durs, etc.

CHAPITRE XIX

CHAUX. — PLATRE

PROTOXYDE DE CALCIUM, CaO.

165. Préparation. — *La chaux ou protoxyde de calcium résulte de la décomposition du carbonate de calcium par la chaleur.*

Pour avoir de la chaux pure, il faut se servir de marbre blanc ou de carbonate de calcium précipité. Dans l'industrie, on a recours aux calcaires grossiers (*pierre à chaux*), lesquels, étant toujours mélangés à des matières étrangères, donnent des chaux plus ou moins pures.

La calcination ou *cuisson* de la pierre à chaux s'effectue

Fig. 111. — Four continu à chaux.

très généralement aujourd'hui dans des fours qui marchent

sans arrêt et qui sont appelés pour cela *fours continus*; ils ont la forme d'une cuve (*fig.* 111) et portent une grille à la partie inférieure. Après avoir allumé de la houille sur la grille, on introduit par le haut des charges alternatives de calcaire et de charbon. Les cendres de la houille passent à travers la grille et se trouvent ainsi séparées des morceaux de chaux, que l'on retire par une ouverture pratiquée au-dessus de cette grille.

Les différentes variétés de chaux ainsi obtenues se divisent en chaux grasses, chaux maigres et chaux hydrauliques.

Les *chaux grasses* sont des chaux presque pures ; elles sont blanches, douces au toucher. Au contact de l'eau, elles s'échauffent considérablement, augmentent beaucoup de volume (foisonnent) et forment une pâte liante, c'est-à-dire qui durcit facilement.

Les *chaux maigres* contiennent environ 20 % de matières étrangères (argile, sable, oxyde de fer). Avec l'eau, elles forment une pâte peu liante, s'échauffent peu et augmentent à peine de volume.

Les chaux grasses et les chaux maigres servent dans les constructions aériennes ; aussi les appelle-t-on quelquefois chaux aériennes.

Les chaux *hydrauliques*, ainsi appelées parce qu'elles durcissent sous l'eau comme à l'air, contiennent une assez forte proportion d'argile (au moins 10 %).

Ciment. — Lorsque la proportion d'argile dépasse 25 %, on donne plus particulièrement aux chaux hydrauliques le nom de *ciments*. Mélangés à l'eau, ces derniers forment une pâte qui durcit ou, comme on dit, *fait prise* plus ou moins rapidement.

De là deux catégories de ciments : les ciments à *prise lente* (durée de la prise : 1 à 8 heures) et les ciments à *prise rapide* (durée de la prise : 5 à 10 minutes). Les premiers sont obtenus artificiellement en mélangeant soit du carbonate de calcium et de l'argile, soit de la chaux grasse et du laitier de haut-fourneau (174) ; les seconds, qui sont les plus riches en argile, sont fabriqués avec du calcaire naturel à Boulogne-sur-Mer, à Vassy, à Portland (Angleterre).

166. Propriétés. — La chaux vive pure est blanche, amorphe, caustique. Elle ne fond qu'à la haute température développée par l'arc voltaïque et est indécomposable par la chaleur.

La chaux vive est très avide d'eau : au contact de ce liquide, elle s'hydrate et se transforme en hydrate de calcium ou *chaux éteinte* $Ca(OH)^2$. Si l'on délaie dans l'eau de la chaux éteinte, on obtient une bouillie claire constituant le *lait de chaux*. Ce dernier, filtré, laisse passer une liqueur incolore appelée *eau de chaux*. L'eau de chaux contient environ $1^g,3$ de chaux par litre ; exposée à l'air, elle en absorbe le gaz carbonique et se recouvre d'une pellicule mince de carbonate de calcium.

167. Usages. — La chaux fait partie des mortiers et des ciments. Elle sert à préparer la soude caustique, le gaz ammoniac, le chlorure de chaux. On en consomme de grandes quantités dans la savonnerie, dans la fabrication des bougies stéariques et dans l'industrie des sucres. Les agriculteurs l'emploient comme amendement dans les terres argileuses. Enfin on utilise le lait de chaux pour badigeonner les murs.

168. Mortiers. — Les mortiers sont des mélanges à base de chaux qui durcissent avec le temps et peuvent par suite souder entre eux les matériaux de construction.

Les *mortiers aériens* durcissent à l'air. On les obtient en mélangeant du sable à de la chaux grasse ou maigre récemment éteinte. Appliqués entre les briques des constructions aériennes, ils commencent à durcir au bout de quelques jours ; la chaux, absorbant peu à peu le gaz carbonique de l'air, se transforme en carbonate de calcium dur et adhérant fortement aux matériaux. Le sable empêche le retrait que produirait la dessiccation si la chaux était employée seule ; il relie solidement entre elles les différentes particules de calcaire, et, en rendant les mortiers plus poreux, il favorise la pénétration du gaz carbonique de l'air.

Les *mortiers hydrauliques* ont la propriété de durcir, non seulement à l'air, mais encore dans l'eau. Ils sont constitués par des chaux hydrauliques ou des ciments auxquels on ajoute du sable.

Pendant leur fabrication, l'argile (silicate d'aluminium hydraté) est devenue anhydre. Quand le mortier est au contact de l'eau, ce silicate s'hydrate de nouveau et forme en même temps avec la chaux un silicate double de calcium et d'aluminium, très résistant et insoluble dans l'eau.

Le *béton* est un mélange de pierres cassées et de mortier hydraulique. Il est utilisé dans les fondations des ouvrages, surtout lorsqu'elles sont exécutées sous l'eau.

SULFATE DE CALCIUM, SO^4Ca.

169. Gypse. — *Le gypse est du sulfate de calcium hydraté* $SO^4Ca + 2H^2O$. On en trouve des amas considérables dans les terrains tertiaires du bassin de Paris ; il en existe plusieurs variétés, dont la plus importante est la *pierre à plâtre*.

Le gypse cristallise en prismes souvent groupés en masses aplaties ayant la forme d'un fer de lance (*fig.* 112).

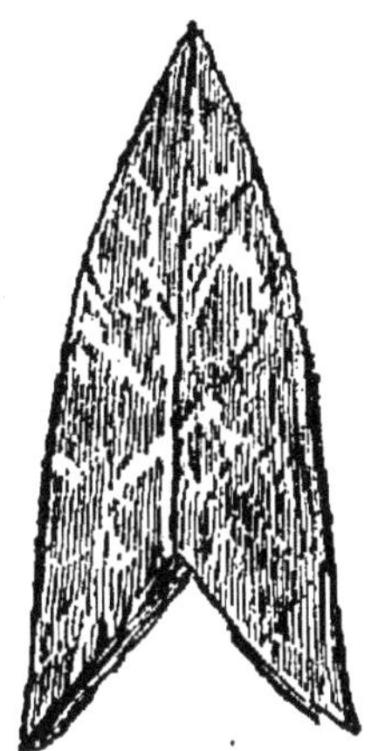
Fig. 112. — Gypse cristallisé en fer de lance.

Ces cristaux sont rayés par l'ongle et se laissent facilement diviser en lamelles minces et transparentes.

Le gypse est peu soluble dans l'eau : 1 litre de ce liquide en dissout un peu plus de 2ᵍ à la température ordinaire. Les eaux renfermant du sulfate de calcium sont impropres à la consommation ; on les appelle *eaux séléniteuses*.

Chauffé vers 120°, le gypse perd son eau de cristallisation et se transforme en une masse pulvérulente constituant le *plâtre*.

170. Plâtre. — *Le plâtre est du gypse débarrassé de son eau de cristallisation par la cuisson.* Gâché avec de l'eau, il forme une sorte de bouillie qui se prend rapidement en une masse dure, résultant de l'enchevêtrement de petits cristaux de sulfate de calcium hydraté. Cette solidification, appelée *prise du plâtre*, est accompagnée d'une augmentation de volume, ce qui permet au plâtre de pénétrer dans tous les replis d'un moule.

Le plâtre se distingue facilement des calcaires en ce qu'il ne fait pas effervescence avec les acides.

Cuisson du plâtre. — Cette cuisson s'effectue dans des hangars (*fig.* 113), avec une couverture à claire-voie divisée en plusieurs compartiments par des murs intermédiaires ; chacun de ces compartiments, dont le devant reste ouvert, constitue un four. On établit une série de voûtes en utilisant les gros blocs de gypse et on charge ensuite avec d'autres morceaux de pierre à plâtre ; sous ces voûtes, on place le combustible.

On règle le feu de manière que la température ne dépasse pas 120 à 130°, car, au delà, le plâtre obtenu, gâché

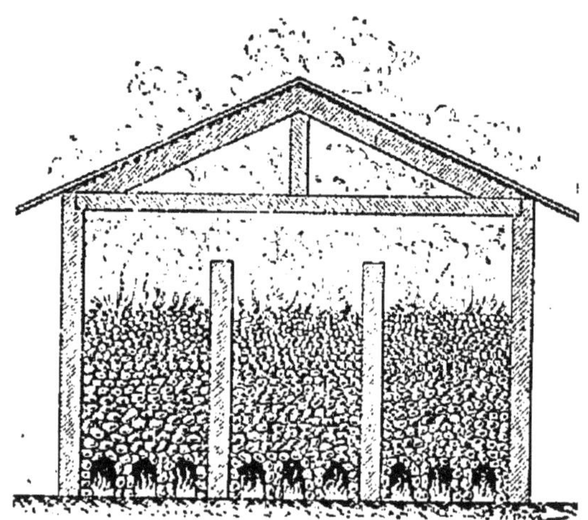

Fig. 113. — Hangar à cuisson du plâtre.

avec de l'eau, ne s'hydraterait plus que difficilement. Après la cuisson, le plâtre est broyé à la meule et mis en sacs que l'on conserve à l'abri de l'humidité.

Usages. — Le plâtre est employé pour la construction, l'ornementation, la fabrication des objets moulés, la reproduction des médailles, etc.

Il sert à plâtrer les vins et, en agriculture, à amender le sol des prairies artificielles.

Le *stuc* s'obtient en délayant du plâtre dans une dissolution faible de gélatine ; il est susceptible d'un beau poli après son durcissement. Souvent on mélange à la pâte des oxydes métalliques diversement colorés, de manière à former des stucs qui imitent les marbres.

RÉSUMÉ DU CHAPITRE XIX

La *chaux* est le résidu de la décomposition du carbonate de calcium par la chaleur. Dans l'industrie, on l'obtient en calcinant des calcaires grossiers (pierre à chaux) dans des fours à cuisson continue.

La chaux vive est blanche, indécomposable par la chaleur. Au contact de l'eau, elle s'échauffe, augmente de volume et se transforme en chaux éteinte ou hydrate de calcium $Ca(OH)^2$.

Le lait de chaux s'obtient en délayant dans l'eau la chaux éteinte ; filtré, il laisse passer une dissolution incolore (eau de chaux), qui absorbe rapidement le gaz carbonique de l'air.

La chaux est la base des mortiers et des ciments ; elle est utilisée dans beaucoup d'industries (soudes, savons, bougies, sucre, etc.)

Les mortiers sont des mélanges de chaux et de sable ; ils durcissent à l'air parce que la chaux absorbe le gaz carbonique. Les mortiers hydrauliques durcissent de plus sous l'eau.

Le *plâtre* est du sulfate de calcium SO^4Ca. On le prépare en calcinant du gypse (sulfate de calcium hydraté). Avec l'eau, il forme une sorte de bouillie qui se prend rapidement en une masse dure. Cette propriété fait employer le plâtre pour le moulage, l'ornementation, etc.

CHAPITRE XX

FER. — FONTES. — ACIERS.

---

171. Minerais de fer. — Le fer est le métal le plus répandu, et il n'existe pour ainsi dire aucun terrain qui en soit complètement dépourvu ; de là résulte sa présence dans les cendres des végétaux et dans la plupart des eaux minérales. On ne le rencontre guère à l'*état natif* que dans les pierres météoriques, où il existe allié à d'autres métaux.

Les principaux minerais de fer sont les oxydes, le carbonate et les sulfures de fer.

Parmi les oxydes, on distingue :

1° L'*oxyde magnétique de fer* Fe^3O^4, minerai très riche (il contient environ 72 °/ de fer) et qui donne du fer très pur. Il forme des montagnes en Suède et en Norvège. En Algérie, on l'extrait à Mokta-el-Hadid, près de Bône.

2° L'*oxyde ferrique* Fe^2O^3, qui se présente soit à l'état cristallisé (fer oligiste), soit à l'état amorphe. Dans ce dernier cas on lui donne les noms d'hématite rouge et d'ocre rouge, suivant qu'il est en masses dures ou sous forme terreuse.

L'hydrate ferrique est moins pur que l'oxyde, mais il est plus abondant ; on l'appelle hématite brune. Il présente de nombreuses variétés, dont les plus communes sont la limonite, en masses terreuses brunes, et le fer oolithique, formé de petits grains agglomérés.

Le *carbonate de fer* CO^3Fe, appelé aussi *sidérose* et *fer spathique*, est très répandu en Angleterre, et en France, dans l'Isère et les Pyrénées ; son traitement est d'autant plus facile qu'on le rencontre souvent près des mines de houille.

Enfin les *sulfures de fer* (pyrites FeS^2) ne sont pas utilisés directement comme minerais de fer, car ils ne fourniraient que du fer de qualité inférieure, difficile à purifier ; on les grille dans des fours spéciaux pour obtenir du gaz sulfureux et les oxydes résultant de ce grillage sont ajoutés aux minerais dans les hauts-fourneaux.

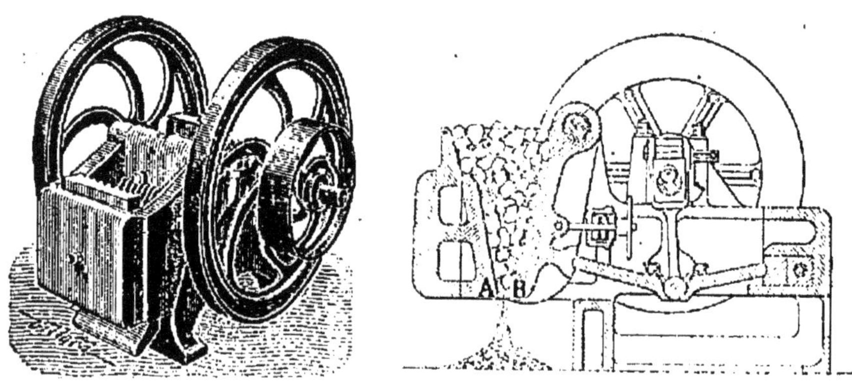

Fig. 114. — Concasseur pour minerais.

172. **Traitement préliminaire des minerais de fer.** — Les

minerais de fer, comme les minerais des autres métaux, sont presque toujours mélangés à des matières étrangères que l'on appelle

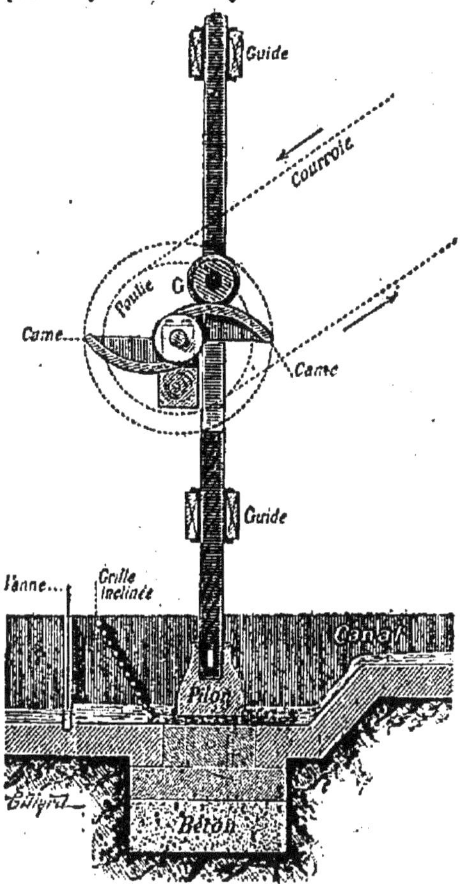

Fig. 115. — Bocardage des minerais.

gangue. Cette gangue peut être formée par de l'argile, du calcaire ou encore de la silice.

Dans tous les cas, les minerais sont d'abord soumis à un traitement mécanique, qui a pour but de les débarrasser de la plus grande partie de leur gangue.

Par un *triage* à la main, on divise le minerai en trois parties : minerai à peu près pur, gangue seulement qui est rejetée, mélange de gangue et de minerai. Cette dernière partie est broyée dans des *concasseurs* formés d'une mâchoire fixe A (*fig.* 114) et d'une mâchoire mobile B actionnée par une bielle et une manivelle. Les fragments ainsi obtenus sont *bocardés*, c'est-à-dire pulvérisés à l'aide de pilons ou bocards munis d'une tête en fonte (*fig.* 115), puis *lavés* par un courant d'eau.

FONTES

173. Principe de la fabrication des fontes. — La fabrication des fontes est basée sur la *réduction des oxydes de fer par l'oxyde de carbone* (145). Cette réduction se fait par la méthode des *hauts-fourneaux.*

Pour éviter la combinaison d'une partie du fer avec la gangue, on offre à la gangue un aliment de même valeur que l'on appelle *fondant* et qui est de la chaux (si la gangue est argileuse) ou de l'argile (si la gangue est calcaire). Dans les deux cas, il se forme une scorie (silicate d'aluminium et de calcium); cette scorie étant peu fusible, il est nécessaire d'élever considérablement la température, ce qui détermine la combinaison du fer mis en liberté avec le carbone. On obtient ainsi une fonte.

L'opération peut être résumée de la manière suivante :

$$
\text{Mineral} \begin{cases} \text{Oxyde de fer} \begin{cases} \text{Fer} \dots \dots \dots \dots \\ \text{Oxygène} \end{cases} \begin{cases} \\ \text{Gaz carbonique} \end{cases} \text{Fonte.} \\ \begin{cases} \text{Charbon.} \dots \\ \text{Charbon} \dots \dots \dots \dots \end{cases} \\ \text{Gangue.} \dots \\ \quad \text{Fondant} \begin{cases} \\ \dots \dots \dots \dots \end{cases} \text{Laitier.} \end{cases}
$$

Si les minerais sont carbonatés, on les calcine préalablement afin de les transformer en oxydes :

$$2CO^3Fe + O = Fe^2O^3 + 2CO^2.$$

174. Haut-fourneau. — Un haut-fourneau se compose généralement de deux troncs de cône réunis par leur grande base (*fig.* 116). Le tronc supérieur C, appelé *cuve*, est en briques réfractaires ; il est terminé par le *gueulard* G, ouverture fermée par un cône mobile et destinée au chargement. Le tronc inférieur ou *étalages*, E, est en pierres siliceuses infusibles. Le point de jonction des deux cônes, V, constitue le *ventre* du haut-fourneau.

Les étalages sont terminés par un cylindre O en briques.

réfractaires, appelé l'*ouvrage*, dans lequel débouchent des

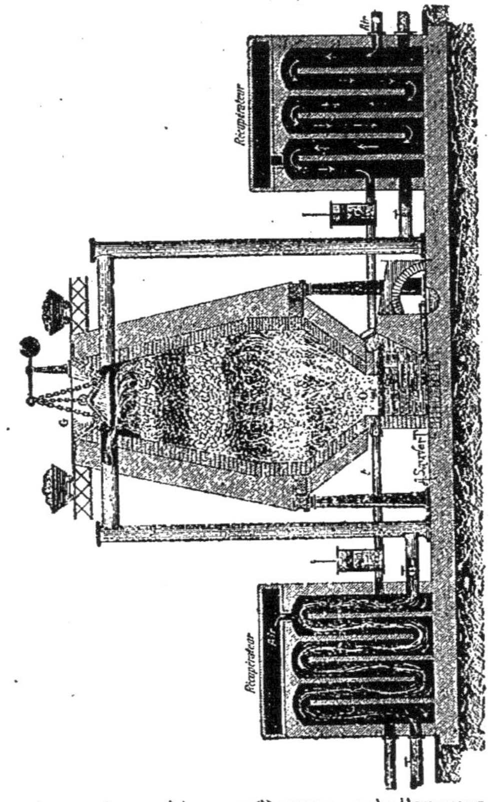

Fig. 116. — Haut-fourneau (Disposition schématique).

tuyères *t* de machines soufflantes ; près l'ouvrage vient

le *creuset c*, dont le trou de coulée est fermé par un tampon d'argile. Enfin, la paroi antérieure du creuset ou *dame d* présente une ouverture supérieure destinée au passage des scories fondues, qui coulent ensuite le long d'un plan incliné.

La hauteur totale d'un haut-fourneau varie entre 15 et 30^m, lorsqu'on emploie le coke comme combustible, ce qui est ordinairement le cas ; cependant, avec les minerais friables, comme ceux de la Haute-Marne, par exemple, il faut réduire cette hauteur à 12^m pour éviter le tassement du minerai, tassement qui obstruerait les interstices pour le passage des gaz.

On entretient la charge du haut-fourneau en y faisant tomber alternativement des proportions calculées à l'avance de minerai, de coke et de fondant. La marche est continue et n'est interrompue que quand le haut-fourneau a besoin de réparations.

Les réactions qui se passent dans un haut-fourneau se rattachent aux périodes successives suivantes : dessiccation du minerai, réduction de celui-ci par l'oxyde de carbone, formation de la fonte et du silicate d'aluminium et de calcium ou *laitier*, fusion de la fonte et du laitier.

Au voisinage des tuyères, le charbon donne du gaz carbonique qui s'élève, et, au contact du charbon incandescent, passe à l'état d'oxyde de carbone. Dans la cuve, l'oxyde de carbone rencontre le minerai chauffé au rouge sombre et le réduit en formant du gaz carbonique, auquel s'ajoute celui qui provient de la décomposition de la castine. Inversement, le minerai se dessèche dans la partie supérieure où la température ne dépasse pas 400° (*fig.* 117) ; sa réduction commence vers le bas de la cuve et devient très active au ventre, dont la température est voisine de 1 000°. Le mélange de fer, de gangue et de chaux descend lentement à mesure que le combustible qui est à la partie inférieure disparaît par la combustion. Dans les étalages, la chaux se combine à la gangue et forme le laitier, en même temps que le fer se carbure et se transforme en *fonte*. La fonte et le laitier entrent en fusion dans le voisinage des tuyères ; la fonte, plus dense, gagne le fond du creuset ; le laitier surnage, finit par déborder la dame et s'écoule par le plan incliné. Quand le niveau de la fonte arrive dans le voisinage de ce plan, on débouche le trou de coulée ; la fonte s'écoule dans des canaux en sab'e creusés dans le sol même de l'usine ; elle s'y solidifie en masses demi-cylindriques appelées *gueuses*.

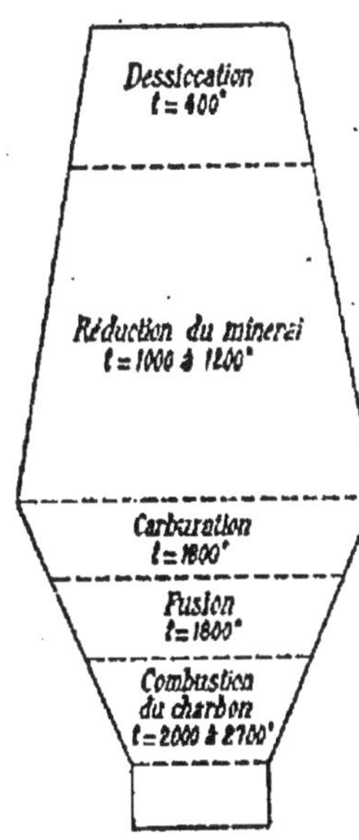

Fig. 117. — Différentes zones dans un haut-fourneau en activité.

Les gaz chauds provenant du haut-fourneau s'échappent par des ouvertures latérales ; il sont constitués par du gaz carbonique, de l'oxyde de carbone, de l'azote provenant de l'air injecté par les tuyères, et de l'hydrogène résultant de l'action du charbon rouge sur la vapeur d'eau de cet air. Ces gaz sont reçus alternativement dans deux chambresàcloisons incomplètes (*récupérateurs*), en même temps qu'une quantité d'air suffisante pour. les brûler complètement. Par suite de cette combustion, les cloisons se trouvent portées au rouge. On remplace alors le mélange de gaz et d'air par de l'air seul venant d'une machine soufflante ; cet air rencontre des parois de plus en plus chaudes et arrive aux tuyères à une température élevée. Pendant ce temps les gaz combustibles échauffent la chambre symétrique, et ainsi de suite.

175. Composition des fontes. — Les fontes sont constituées essentiellement de fer uni à du carbone (2 à 7 °/₀) et à du silicium ; on y rencontre en outre du manganèse et une petite quantité de soufre et de phosphore.

L'industrie distingue plusieurs variétés de fontes, que l'on peut ramener à deux types principaux : les fontes blanches et les fontes grises.

1° Les *fontes blanches* ou fontes froides sont d'un blanc

d'argent, dures, cassantes, difficiles à travailler. Leur masse spécifique varie entre 7ᵍ,44 et 7ᵍ,84 ; elles fondent vers 1100°, mais en restant pâteuses, et sont, par suite, impropres au moulage.

On les réserve pour la fabrication du fer et de l'acier.

2° Les *fontes grises* ou fontes graphitiques sont plus riches en carbone et en silicium que les fontes blanches ; elles sont moins cassantes, grises ou noirâtres, et se laissent travailler facilement ; leur masse spécifique varie de 6ᵍ,8 à 7ᵍ . Elles ne fondent que vers 1200°, mais deviennent alors très fluides, ce qui les fait employer exclusivement pour le moulage.

Ces deux sortes de fontes au point de vue de la composition, ne diffèrent entre ell que *par l'état sous lequel elles renferment le carbone.* Les fontes blanches se produisent quand la température a été relativement peu élevée dans le haut-fourneau ; la fonte s'est alors solidifiée brusquement et le carbone est resté combiné au fer, ainsi qu'un peu de silicium. Les fontes grises se produisent au contraire quand la température a été très élevée dans le haut-fourneau. Il en est résulté un refroidissement lent, pendant lequel la plus grande partie du carbone et du silicium s'est séparée du fer sous forme de paillettes qui restent disséminées dans la masse. Le même haut-fourneau peut, avec les mêmes éléments, donner l'une ou l'autre de ces fontes. Tout dépend de la température à laquelle s'est opérée la réduction.

Les *fontes truitées* et les *fontes rubanées* doivent leur nom à ce qu'elles présentent des taches ou des zones grisâtres sur un fond blanc. Elles forment tous les intermédiaires entre les fontes blanches et les fontes grises. On les utilise pour le moulage.

Fontes spéciales. — Les fontes spéciales renferment en proportion variable des métaux étrangers comme le manganèse, le chrome. On les utilise pour préparer des aciers spéciaux.

Les *fontes manganésifères* ont une teneur en manganèse pouvant aller jusqu'à 75 %. On appelle plus spécialement « spiegeleisen » les fontes manganésifères qui renferment de 12 à 20 % de manganèse et « ferromanganèses » celles dont la teneur en manganèse est supérieure à 20 %. On obtient les fontes manganésifères en mélangeant du minerai de manganèse au minerai de fer avant son introduction dans le haut-fourneau.

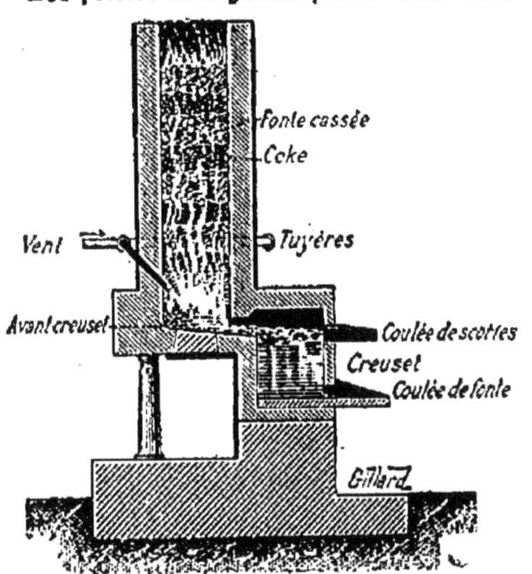

Fig. 118. — Cubilot pour la fusion de la fonte.

Le *ferro-silicium* est une fonte contenant de 5 à 12 % de silicium ; on l'emploie pour communiquer de la fluidité aux fontes de moulage.

Le *silico-spiegel*, contenant du manganèse et du silicium, est ajouté à l'acier fondu pour éviter les soufflures.

Moulage des fontes. — Les pièces grossières (bâtis, piliers pour constructions, barreaux de grilles, etc.) s'obtiennent en coulant directement la fonte du haut-fourneau dans les moules.

Mais pour les pièces mécaniques destinées à être travaillées, la fonte est soumise à une deuxième fusion dans des petits fours à cuve ou *cubilots* (*fig.* 118). Ces fours portent inférieurement deux trous de coulée, l'un pour les scories, l'autre pour la fonte, et sont traversés latéralement par des tuyères. On charge par le haut avec des gueuses auxquelles on ajoute 10 % de coke, 3 % de calcaire pour scorifier, et souvent même des fontes mécaniques cassées. De temps à autre on débouche le trou de coulée ; la fonte est reçue dans des poches en fer (*fig.* 119), d'où elle est versée dans des moules en sable.

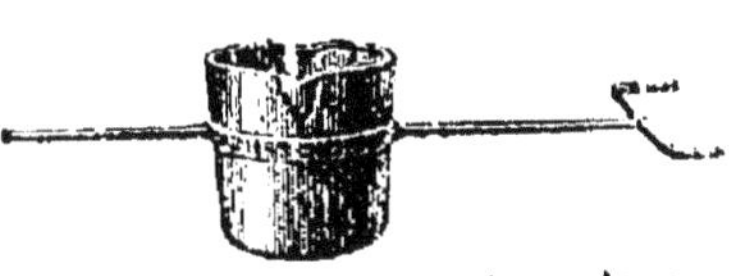

Fig. 119. — Poche pour le coulage de la fonte.

Ces moules sont obtenus en tassant fortement le sable sur des modèles en bois représentant l'objet à obtenir. Ils sont maintenus dans des châssis en fonte. On les exécute toujours un peu plus grands que la pièce achevée, pour tenir compte du retrait, qui est de 10^{mm} environ par mètre. Les objets démoulés sont ensuite *ébarbés*, puis livrés au commerce. On fabrique ainsi des statues, des vases, des objets d'ornementation, des pièces de machines et autres objets moulés.

FER

Symbole : Fe.   M. atomique : 56.

176. Fabrication du fer. — Le fer s'obtient par deux méthodes absolument distinctes : la méthode catalane et l'affinage des fontes.

I. Méthode catalane. — On opère à une température relativement peu élevée : une partie seulement de l'oxyde de fer est réduite par le charbon et donne du fer à peu près pur ; l'autre partie se combine à la silice de la gangue et forme une scorie très fusible et irréductible, d'où une perte de fer.

Cette méthode est surtout appliquée dans les contrées où le bois est abondant et le minerai riche (Pyrénées, Vosges, Catalogne).

Le fourneau catalan est un creuset quadrangulaire dont le fond est en pierre réfractaire (*fig.* 120). La paroi verticale est traversée obliquement par la tuyère T ; la paroi opposée est recourbée au dehors et aboutit à un plan incliné. Le creuset étant garni de charbon de bois bien allumé, on entasse du minerai du côté de la paroi recourbée et du charbon de bois en quantité double contre la paroi verticale, puis on fait arriver l'air par la tuyère. L'oxyde de fer est réduit ; une partie du

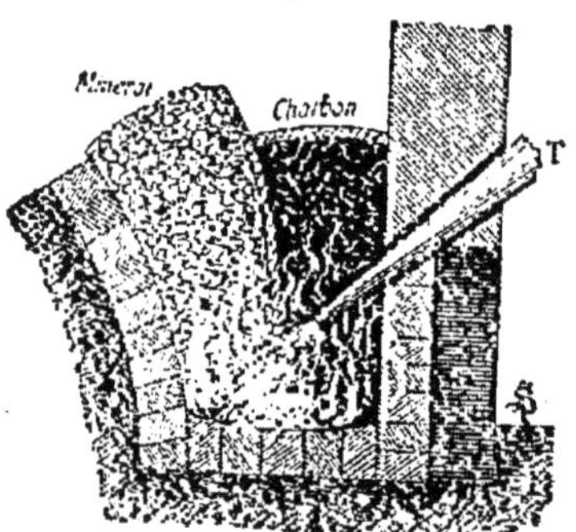

Fig. 120. — Fourneau catalan.

fer passe à l'état de silicate alumino-ferreux fusible ; le fer resté

libre se rassemble dans le creuset en une masse spongieuse qui
est portée sous le marteau-pilon (*fig*. 122) pour en expulser les
scories, puis qu'on étire en barres. La perte en fer est de 30 %
environ, mais le fer obtenu est très estimé à cause de sa pureté.

II. **Affinage des fontes.** — Il a pour but de les décarburer et de leur enlever en outre la plus grande partie du silicium, du soufre, etc. qu'elles contiennent, de manière à
obtenir le fer du commerce ou *fer doux*. Pour cela on
oxyde tous ces éléments par des oxydes de fer ou des scories ferrugineuses.

L'affinage des fontes se fait généralement par la méthode
anglaise ou *puddlage*.

Le *four à puddler* (*fig*. 121) est un four à réverbère dont la sole

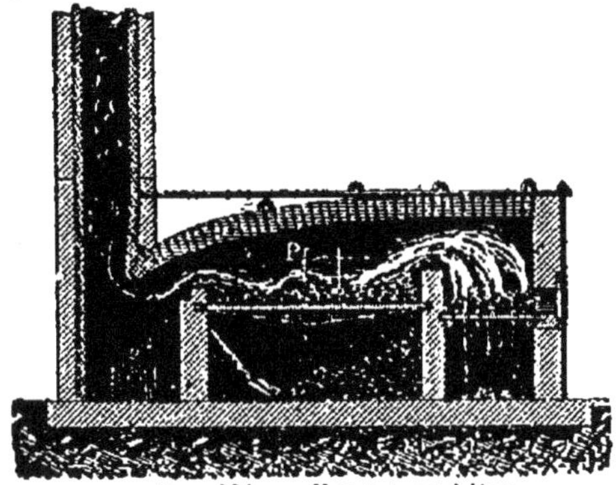

Fig. 121. — Four à puddler.

est une plaque de fonte portée au rouge blanc par la flamme de la
houille qui brûle sur une grille latérale. On y introduit par une
porte de travail P de la fonte avec des scories ferrugineuses riches
et des battitures produites par le martelage du fer rouge. Dès que
la fonte devient pâteuse, on la brasse vivement avec un ringard en
fer ; son carbone réduit partiellement les scories et forme de l'oxyde
de carbone qui se dégage en bouillonnant et brûle à la surface
avec une flamme bleue. Quand ce gaz cesse de se dégager, l'ouvrier
rassemble le fer et en forme des sortes de boules ou *loupes* de 25 à
30^{kg} qui sont soumises immédiatement à l'action du marteau-pilon
(*fig*. 122) afin d'en exprimer les scories. Après quoi le fer encore
rouge est conduit au laminoir et réduit en barres ou en tôles.

Ce puddlage à la main est très pénible ; aussi est-il généralement
remplacé aujourd'hui par un puddlage mécanique dans des fours
tournants, analogues aux fours à soude (161).

177. Propriétés du fer. — Le fer est gris-bleuâtre. Il est très tenace, ductile et malléable : la *tôle* est du fer qui

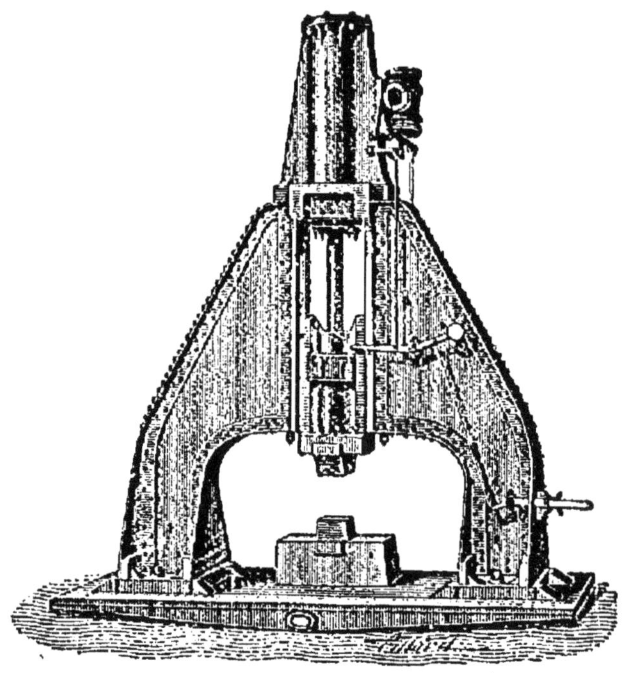

Fig. 122. — Marteau-pilon.

a été réduit en feuilles par le laminoir (en feuilles de toutes épaisseurs, depuis $1/2^{mm}$ jusqu'à 2^{cm} et plus). La masse spécifique du fer est d'environ 7^g,8.

Le fer fond entre 1 500° et 1 600° ; mais avant de fondre il prend l'état pâteux et possède alors la propriété de pouvoir se souder à lui-même par le martelage.

L'aimant attire le fer et l'aimante lui-même quand il est à son contact. Cette aimantation se produit également sous l'influence d'un courant électrique, mais elle n'est que temporaire ; on utilise cette propriété dans les électro-aimants.

Oxydation du fer. — Le fer est inaltérable dans l'air

sec à la température ordinaire, mais dans l'air humide il se recouvre d'une couche pulvérulente de rouille ou hydrate ferrique. Cette oxydation tend à gagner peu à peu toute la masse ; aussi préserve-t-on généralement le fer en le recouvrant de plusieurs couches de peinture (principalement celle au minium) ou bien d'un autre métal moins oxydable que lui comme l'étain (*fer-blanc*) ou le zinc (*fer galvanisé*).

Chauffé au rouge, le fer brûle dans l'air en formant de l'oxyde magnétique Fe^3O^4. Si on projette de la limaille de fer dans la flamme d'un brûleur, on observe de vives étincelles. Dans l'oxygène, le fer légèrement chauffé brûle et produit ce même oxyde en étincelles brillantes (30).

Action de l'eau et des acides. — Les acides chlorhydrique et sulfurique étendus dissolvent le fer avec dégagement d'hydrogène :

$$Fe + 2HCl = FeCl^2 + 2H,$$
$$Fe + SO^4H^2 = SO^4Fe + 2H.$$

L'acide azotique pur ne l'attaque pas et le rend *passif*, c'est-à-dire inattaquable par le même acide étendu.

178. Usages du fer. — Le fer le plus pur que l'on puisse obtenir sert à fabriquer les fils de clavecin, les électro-aimants.

Les tôles se fabriquent avec du fer corroyé (c'est-à-dire forgé, battu à chaud), que l'on passe au laminoir (150).

On donne aux tôles une épaisseur qui varie de $\frac{1}{2}$ mm à 20^{mm} suivant les usages auxquels elles sont destinées.

La tôle forte est employée pour les chaudières des machines à vapeur ; la tôle mince pour obtenir le fer-blanc (fer étamé), les tuyaux de poêle, etc. Enfin on fabrique des tôles perforées de toutes formes (*fig.* 123) pour des presses, des égouttoirs, des faux-fonds, etc.

Fig. 123. — Tôles perforées.

Le fil de fer est du fer passé à la filière (150). On en fait des grillages, des treillis.

ACIERS

179. Composition. — Les aciers sont, par leur teneur en carbone, intermédiaires entre le fer et les fontes. Ils ne contiennent que de 3 à 15 millièmes de carbone.

180. Fabrication des aciers. — On obtient de l'acier, soit en carburant le fer (acier de cémentation), soit en décarburant partiellement la fonte (acier puddlé), soit enfin par les procédés mixtes Bessemer et Martin.

I. Acier de cémentation. — Cet acier, appelé encore *acier poule*, se prépare en faisant agir directement du carbone sur le fer à l'abri de l'air et à une température élevée.

Le fer, sous forme de petites barres plates, est placé dans des caisses réfractaires (*fig.* 124), en couches alternatives avec du cément composé de charbon de bois, de cendres, de suie et de sel marin. Ces caisses sont fermées et placées sous une voûte, de chaque côté d'une grille sur laquelle on brûle de la houille. On maintient la température à 800° pendant une huitaine de jours, puis on laisse refroidir. L'acier ainsi obtenu

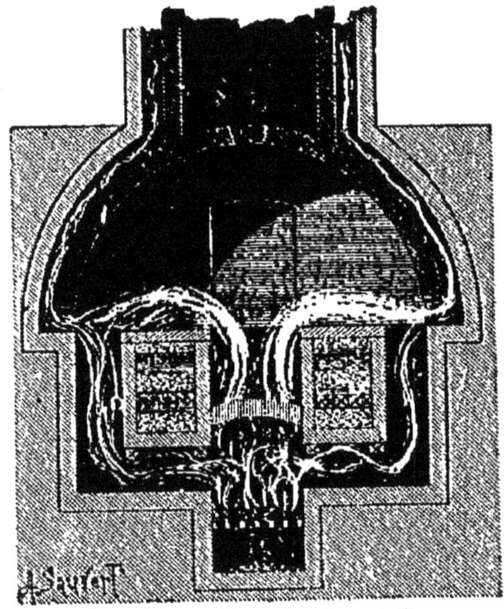

Fig. 124. — Four de cémentation.

est peu homogène, la surface des barres étant plus aciérée que le centre. Quelquefois on réunit ces barres par paquets et on les forge ensuite au rouge (acier corroyé); mais, pour les besoins de la coutellerie, on fond l'acier de cémentation et on le coule dans des lingotières avant de le marteler et de le porter au laminoir.

II. Décarburation de la fonte. — Cette décarburation se pratique comme pour la préparation du fer, mais on arrête l'opération avant que la décarburation soit complète. L'acier ainsi obtenu est moins pur que l'acier de cémentation, car

toutes les parties ne présentent pas le même degré d'affinage ; de plus, le puddlage est difficile à bien conduire.

III. Procédés mixtes. — Le procédé que nous venons
d'exposer ne fournit en une seule opération qu'une très
petite quantité d'acier insuffisante pour les besoins toujours croissants de l'industrie.

Le *procédé Bessemer* consiste en principe à décarburer
totalement de la fonte par l'insufflation d'un violent courant d'air, puis à recarburer partiellement le fer obtenu
par l'addition de fontes manganésifères **de composition
connue.**

L'appareil employé, appelé *convertisseur*, est une grande

cornue mobile sur un axe
horizontal *(fig. 125).* Le
fond de la cornue est une
boîte B dite *boîte à vent*
qui reçoit le vent d'une
soufflerie par des tuyères,
et cela, quelle que soit la
position du convertisseur,
le vent arrivant par le
tuyau *t.*

Le convertisseur étant
porté au rouge blanc, on le
remplit de fonte en fusion,
puis on fait marcher la
soufflerie. Le silicium, qui
est l'élément le plus oxy-

Fig. 125. — Convertisseur Bessemer.

dable, brûle d'abord en projetant des gerbes d'étincelles,
puis vient le tour du carbone ; l'oxyde de carbone formé
se dégage en produisant un fort bouillonnement, accompagné d'un bruit sourd et d'une flamme très vive. A un mo-

ment donné, la flamme cesse brusquement, ainsi que le bouillonnement ; la décarburation de la fonte est alors complète. On incline le convertisseur, on ajoute au fer une quantité déterminée de ferromanganèse (175), et on donne du vent pendant quelques secondes pour effectuer le mélange. Le manganèse réduit l'oxyde de fer qui avait pu se former pendant la décarburation et forme une scorie oxydée fusible avec le reste du silicium ; le carbone de la nouvelle fonte recarbure le fer. Après quelques minutes, le convertisseur est renversé et son contenu est versé dans une poche portée sur une grue pivotante qui dessert des lingotières en forme de tronc de pyramide. Les lingots sont portés ensuite aux pilons et aux laminoirs pour être transformés en rails, éclisses, bandages, blindages, projectiles, tôles, etc.

Le procédé Siemens-Martin consiste en principe à décarburer la fonte au moyen de vieux fers ou de fragments d'acier ; il fournit des aciers en grandes masses et très homogènes.

L'opération s'effectue dans de grands fours à réverbère dont la sole

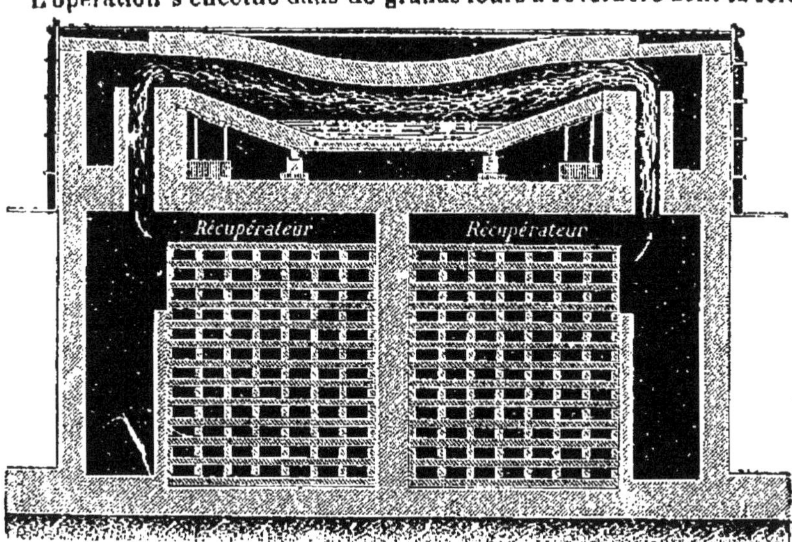

Fig. 126. — Four Siemens-Martin (Aciéries de Firminy).

est concave (*fig.* 126). La sole étant portée au rouge blanc, on la

charge avec de la fonte blanche et des déchets de fonte. Quand le
tout est en fusion, on y ajoute par portions des riblons de fer et
d'acier et on pousse l'affinage plus ou moins loin suivant la nature
de l'acier que l'on veut obtenir.

181. Propriétés des aciers. — Les aciers sont d'un gris
blanc clair. Ils sont plus malléables que le fer; ils sont
aussi plus durs et plus flexibles. Leur point de fusion est
intermédiaire entre ceux du fer et des fontes et varie de
1300 à 1400°. Ils s'aimantent plus difficilement que le
fer, mais, au contraire de celui-ci, ils conservent leur
aimantation après que la cause qui l'a produite a cessé
d'agir.

Les aciers ont une propriété caractéristique que ne possèdent ni les fontes ni le fer; ils deviennent cassants et
acquièrent une très grande dureté quand ils sont *trempés*,
c'est-à-dire quand on les a rougis au feu, puis refroidis
brusquement par immersion dans un liquide froid. La
dureté ainsi acquise par un acier est d'autant plus grande
que l'acier a été chauffé à une température plus élevée et
que son refroidissement a été plus brusque. On peut atté-
nuer à volonté cette dureté par le *recuit*; pour cela, on
porte l'acier trempé à une température plus ou moins
élevée suivant les usages auxquels il est destiné, puis on
le laisse refroidir lentement.

182. Usages généraux des aciers. — Les *aciers de cémentation* sont réservés à la coutellerie, aux objets de
quincaillerie, à la bijouterie d'acier. Les aciers Bessemer
et Martin fournissent principalement les objets lourds et
de grandes dimensions, tels que les rails, bandages de
roues, projectiles, pièces d'artillerie, etc.

Aciers spéciaux. — Depuis quelques années, on incorpore aux
aciers des métaux comme le nickel, le manganèse, le chrome, l'alu-

minium, le cuivre, en vue de leur donner des propriétés spéciales.

L'*acier au nickel* est très dur, très résistant, et, à cause de ses propriétés, convient pour les arbres d'hélice, les tôles de chaudières, les canons de fusil, etc.

L'*acier au manganèse* contient de 2 à 20 °/₀ de manganèse ; comme il résiste très bien à l'usure par frottement, on en fait des roues de wagons.

Enfin l'*acier chromé*, étant très résistant au choc, convient tout particulièrement pour la fabrication des obus de pénétration, des cuirassements, des tôles d'abri pour affûts, des coupoles blindées.

RÉSUMÉ DU CHAPITRE XX

Le fer (Fe = 56) est le métal le plus répandu. Il n'existe à l'état natif que dans les pierres météoriques, mais ses composés se rencontrent dans presque tous les terrains. On exploite comme minerais le carbonate de fer CO^3Fe, et principalement les oxydes : oxyde magnétique Fe^3O^4 ; oxyde ferrique Fe^2O^3 anhydre ou hydraté. Tous ces minerais sont mélangés à une gangue argileuse ou calcaire.

La fabrication des fontes est basée sur la réduction des oxydes de fer par l'oxyde de carbone. Cette réduction se fait dans les hauts-fourneaux : on y introduit des charges alternatives de coke, d'un minerai et d'un fondant convenable (ordinairement du carbonate de calcium ; la gangue forme avec la chaux un silicate d'aluminium et de calcium (laitier), qui fond et s'écoule en dehors, en même temps que le fer provenant de la réduction du minerai se combine au carbone et donne une fonte.

Les fontes renferment de 2 à 7 °/₀ de carbone ; on les classe principalement en fontes blanches et en fontes grises. Les fontes blanches sont cassantes et fondent en restant pâteuses ; aussi les réserve-t-on pour fabriquer le fer et l'acier. Les fontes grises deviennent très fluides par la fusion et sont très propres au moulage. Dans les fontes blanches, le carbone est combiné au fer ; dans les fontes grises, le carbone est en grande partie disséminé à l'état libre.

Le fer pur s'obtient soit par la méthode catalane soit par l'affinage de la fonte. Dans la méthode catalane, une partie seulement de l'oxyde de fer est réduite par le charbon ; l'autre partie s'unit à la gangue et forme une scorie irréductible, d'où une perte de fer. L'affinage de la fonte (puddlage) consiste à brûler ou oxyder le carbone et tous les éléments étrangers contenus dans les fontes blanches.

Le fer est gris-bleuâtre, très tenace, ductile, malléable ; il devient pâteux avant de fondre et peut alors se souder à lui-même. A l'air humide, il se recouvre de rouille (oxyde de fer hydraté).

Le fer se dissout dans les acides chlorhydrique et sulfurique avec dégagement d'hydrogène ; l'acide azotique pur ne l'attaque pas et le rend passif, c'est-à-dire inattaquable par l'acide ordinaire.

Principales applications du fer doux : construction des électro-aimants, tôle, fer galvanisé (fer recouvert de zinc), fer-blanc (fer recouvert d'étain), etc.

Les *aciers* sont intermédiaires entre le fer et les fontes : ils renferment de 3 à 15 millièmes de carbone ; on les obtient, soit par carburation du fer doux (acier de cémentation), soit en décarburant la fonte puis en recarburant partiellement le fer obtenu (aciers Bessemer).

La principale propriété des aciers est d'acquérir par la trempe une très grande dureté, dureté que l'on atténue à volonté par le recuit, suivant les usages auxquels l'acier est destiné.

CHAPITRE XXI

CUIVRE ET ALLIAGES

CUIVRE

Symbole : Cu.   M. atomique : 65.

183. État naturel. — Le cuivre est assez répandu à l'*état natif*; on en a trouvé des blocs considérables sur les bords du Lac Supérieur, aux États-Unis. Ses composés naturels les plus abondants sont la *chalkosine* ou sulfure cuivreux Cu^2S, la *chalkopyrite* ou pyrite cuivreuse (sulfure de fer et de cuivre, associé à du sulfure du zinc), le *cuivre gris* (sulfure de cuivre et d'antimoine mélangé à de l'arsenic).

On rencontre aussi le cuivre à l'état de carbonates (*azurite, malachite*), de silicates, etc.

184. Métallurgie. — Les minerais de cuivre les plus

exploités sont les chalkopyrites, qui renferment de 5 à 10 % de cuivre. Pour en éliminer les métaux autres que le cuivre, on se base sur ce fait qu'ils possèdent pour le soufre beaucoup moins d'affinité que n'en possède le cuivre lui-même.

Les pyrites cuivreuses accompagnées de leur gangue sont introduites par des trémies dans un grand four à réverbère (*fig*. 127) et soumises à un *grillage* modéré, qui brûle une

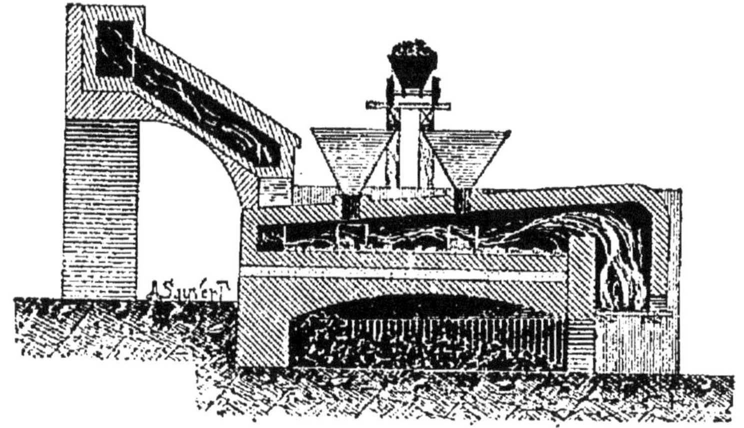

Fig. 127. — Grillage des pyrites cuivreuses.

partie du soufre et de l'arsenic et fait passer une partie des sulfures à l'état d'oxydes. Le produit du grillage, additionné d'un fondant approprié à la nature de la gangue, est ensuite fortement chauffé dans un autre four à réverbère dit *four de fusion* ; l'oxyde de cuivre formé par le grillage réagissant sur le sulfure de fer restant, donne du sulfure de cuivre et de l'oxyde de fer. Ce dernier s'unit à la silice en même temps que l'oxyde de fer déjà existant ; tous deux passent ainsi dans les scories, qui sont fusibles et que l'on enlève. Le minerai, ainsi débarrassé de la plus grande partie du fer, porte le nom de *matte bronzée.*

Les mattes bronzées sont introduites dans un convertisseur du genre Bessemer (180), mais auquel on donne une forme cylindrique (*fig*. 128). L'injection d'air se fait ici à la surface du bain afin de ne pas oxyder le cuivre. Le soufre et le fer s'oxydent ; l'oxyde de fer et les autres impuretés passent dans une scorie obtenue par addition de silice.

On obtient ainsi du cuivre à 99 °/₀ de pureté.

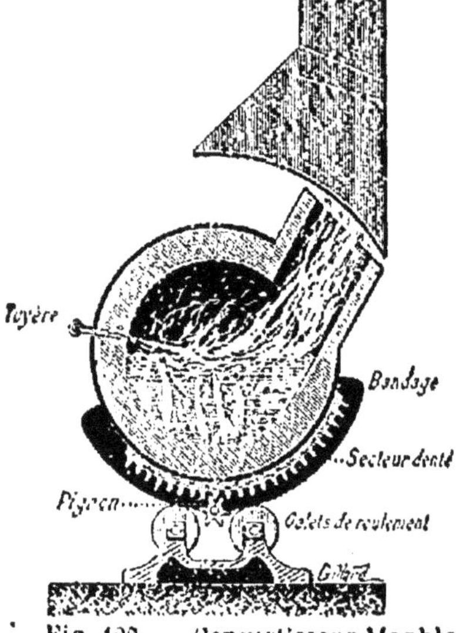

Fig. 128. — Convertisseur Manhès.

EXTRACTION DU CUIVRE PAR VOIE HUMIDE. — Elle est basée sur ce fait que le cuivre peut être facilement mis en dissolution et précipité ensuite de la dissolution par le fer.

On introduit des déchets de fer dans des cuves en bois contenant la solution cuivreuse ; le cuivre est précipité à l'état de boue que l'on recueille et que l'on fond. Le cuivre obtenu contient de 10 à 15 °/₀ de matières étrangères. On l'affine ensuite.

AFFINAGE DU CUIVRE PAR VOIE ÉLECTROLYTIQUE. — L'affinage du cuivre a pour but de le débarrasser des matières étrangères. Cet affinage se fait aujourd'hui couramment par l'électrolyse d'une dissolution de sulfate de cuivre. L'électrode positive (anode) est constituée par les plaques de cuivre brut à affiner. Dès que le courant passe, le sulfate est décomposé : le cuivre se rend sur l'électrode négative (cathode) ; l'acide sulfurique attaque l'anode, qui remplace dans le bain le cuivre déposé. Le cuivre étant seul déplacé, le fer et les autres métaux s'accumulent peu à peu dans le bain.

185. Propriétés du cuivre. — Le cuivre a une couleur rouge caractéristique ; frotté, il acquiert une odeur et une saveur désagréables. Sa masse spécifique est environ 8ᵍ,9. C'est un des métaux qui conduisent le mieux la chaleur et l'électricité. Il est très ductile et très malléable, mais il est un peu moins tenace que le fer.

Le cuivre fond vers 1050° ; à une température plus élevée, il émet des vapeurs qui brûlent à l'air avec une flamme verte.

Action de l'air. — Le cuivre ne s'altère pas à froid dans l'air sec ; à l'air humide il se recouvre, grâce à la présence du gaz carbonique, d'une couche superficielle de carbonate basique hydraté appelé communément vert-de-gris. L'oxydation du cuivre à l'air est singulièrement facilitée par le contact de l'ammoniaque : on obtient finalement une belle liqueur bleue, qui est une dissolution de l'oxyde formé dans l'ammoniaque.

Chauffé au rouge, le cuivre se recouvre d'une couche mince d'oxyde cuivrique noir CuO.

Action du soufre. — Un mélange de limaille de cuivre et de fleur de soufre chauffé dans un tube à essais devient incandescent et se transforme en sulfure noir.

Action du chlore. — Une spirale de cuivre chauffée au rouge et introduite dans un flacon de chlore devient incandescente ; il se produit en même temps des fumées jaunes, épaisses, de chlorure cuivrique.

Action des acides. — Le cuivre est attaqué difficilement par l'acide chlorhydrique, même à chaud. Il réduit l'acide sulfurique concentré avec l'aide de la chaleur et forme du sulfate de cuivre avec dégagement de gaz sulfureux : $Cu + 2SO^4H^2 = SO^4Cu + 2H^2O + SO^2$.

Enfin l'action de l'acide azotique étendu sert de base à la préparation de l'oxyde azotique AzO :

$$3Cu + 8AzO^3H = 3(AzO^3)^2Cu + 4H^2O + 2AzO.$$

186. Usages du cuivre. — Alliages. — On utilise le cuivre pour la construction d'une foule d'appareils industriels : alambics, chaudières, bassines, doubles-fonds, ustensiles de cuisine, appareils de chauffage, tuyauteries pour fluides divers, câbles et conducteurs électriques, cordes musicales, fils de passementerie, foyers de chaudières locomotives et de chaudières marines ; toitures de luxe (comme celle de l'Opéra de Paris). Il sert au doublage des navires. Enfin il entre dans la composition d'un grand nombre d'alliages importants, comme les laitons, le maillechort, les bronzes, etc.

Les *laitons* ou cuivres jaunes sont des alliages de cuivre et de zinc, ayant une composition variable suivant l'usage auquel on les destine. Ils sont d'autant plus jaunes qu'ils contiennent plus de cuivre. Quand ils doivent être travaillés au tour, on leur ajoute un peu de plomb et d'étain, afin qu'ils ne graissent pas les outils.

On fait avec les laitons des instruments de physique, de faux bijoux, des ustensiles de ménage, des boutons de portes, des épingles, etc. Ces dernières sont étamées pour éviter qu'elles ne se recouvrent de vert-de-gris.

Le *maillechort* est formé de cuivre, de zinc et de nickel; il est blanc, peu altérable. On en fabrique des objets pour l'horlogerie, la sellerie, des compas, etc.

Les *bronzes* sont des alliages de cuivre et d'étain. Pour les préparer, on fait d'abord fondre le cuivre, puis on ajoute l'étain qui est plus fusible que le cuivre, et on agite vivement. Lorsque l'alliage a acquis une fluidité suffisante, on le coule dans des moules. Le bronze des monnaies de billon renferme aussi un peu de zinc (1 %).

Le *bronze d'aluminium*, avec lequel on fait des montres, des objets ciselés, etc., est formé généralement de 90 p. de cuivre et 10 p. d'aluminium. Cet alliage est d'un beau jaune. Enfin le *bronze siliceux* renferme un peu de silicium ; il est très bon conducteur de l'électricité, ce qui le fait employer pour la fabrication des fils téléphoniques.

RÉSUMÉ DU CHAPITRE XXI

Le *cuivre* ($Cu = 65$) existe à l'état natif ; ses composés les plus abondants sont les pyrites cuivreuses (sulfures de cuivre, de fer et de zinc). Leur traitement repose sur l'affinité plus grande du soufre pour le cuivre que pour les autres métaux.

Le cuivre est rouge, bon conducteur, très malléable. A l'air humide, il se recouvre de carbonate hydraté (vert-de-gris). Il est attaqué à chaud par l'acide sulfurique concentré, à froid par l'acide azotique étendu.

On emploie le cuivre pour construire des chaudières, des tuyaux, etc. Les laitons sont des alliages de cuivre et de zinc ; les bronzes, des alliages de cuivre et d'étain.

CHAPITRE XXII

ARGENT ET OR. —ALLIAGES MONÉTAIRES

ARGENT

Symbole : Ag.   M. atomique ; 108.

187. État naturel. — L'argent se rencontre à l'*état natif* ; on en a trouvé des blocs assez considérables à Kongsberg (Norvège) et au Pérou. Ses principaux minerais sont le sulfure d'argent Ag^2S (*argyrose*), qui se rencontre pur ou associé à des sulfures de cuivre, d'antimoine, etc. ; et le chlorure d'argent $AgCl$ (*argent corné*), souvent disséminé dans une gangue terreuse et ferrugineuse (terres rouges de Bretagne).

Enfin un certain nombre de minerais de cuivre et de plomb, notamment la galène ou sulfure de plomb, sont fréquemment argentifères.

188. Extraction. — Les minerais d'argent sont généralement très pauvres ; aussi leur traitement direct est-il peu rémunérateur. La majeure partie de l'argent s'extrait des minerais de plomb argentifères.

I. Extraction de l'argent de ses minerais. — Cette extraction se fait par deux méthodes principales : la méthode par amalgamation et la méthode par dissolution et précipitation.

La méthode par amalgamation, en usage au Mexique, au Pérou, au Chili, comprend les opérations suivantes : transformation de tout l'argent contenu dans les minerais en chlorure d'argent ; déplacement de l'argent de ce chlorure par le mercure ; combinaison de l'argent déplacé avec l'excès de mercure ; enfin, distillation de l'amalgame ainsi obtenu.

Le minéral est d'abord pulvérisé sous des meules avec un peu d'eau. Après avoir étalé la boue épaisse ainsi obtenue dans une grande cour dallée ou « patio », on répand à sa surface 2 °/₀ de sel marin, puis on fait piétiner le tout par des mules ou des chevaux. Quand le mélange est devenu bien homogène, on lui ajoute 1 °/₀ de magistral (pyrites de cuivre grillées et partiellement transformées en sulfate) et l'on fait encore piétiner. Le sulfate de cuivre et le chlorure de sodium donnent du sulfate de sodium et du chlorure cuivrique :

$$SO^4Cu + 2NaCl = SO^4Na^2 + CuCl^2.$$

Ce dernier réagit sur le sulfure d'argent du minerai :

$$2CuCl^2 + Ag^2S = 2AgCl + Cu^2Cl^2 + S.$$

On ajoute alors du mercure en faisant piétiner de nouveau. L'argent est déplacé par le mercure du chlorure d'argent formé ou préexistant, et l'excès de mercure le transforme en amalgame.

Quand l'amalgamation est terminée, on lave la masse pour en séparer les boues, et l'amalgame recueilli, filtré à travers une toile pour enlever le mercure en excès, est moulé en briques et soumis à la distillation.

Cette distillation s'effectue dans des cylindres en fonte chauffés par un foyer latéral (*fig.* 129) ; les briques d'amalgame sont empilées sur la grille qui forme le fond de chaque cylindre. Les vapeurs de mercure passent à travers cette grille et vont se condenser dans un réservoir rempli d'eau.

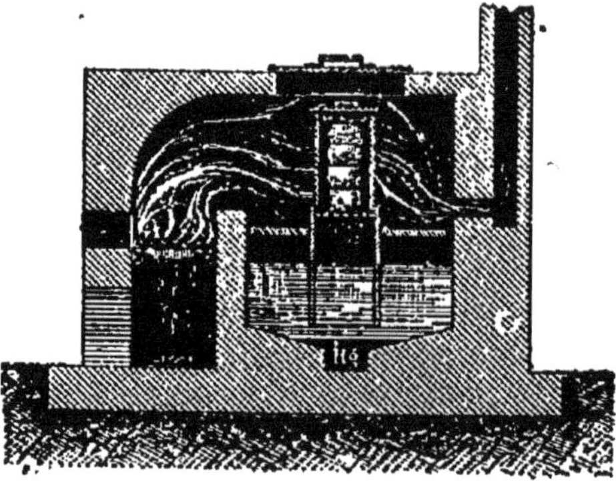

Fig. 129. — Distillation de l'amalgame d'argent.

L'argent restant est fondu dans des creusets, puis coulé en lingots.

Dans la *méthode par dissolution et précipitation*, on transforme l'argent contenu dans ses minerais en chlorure d'argent, puis on dissout le chlorure d'argent dans du chlorure de sodium, et on précipite l'argent par un autre métal ayant plus de tendance à se combiner au chlore.

En Saxe, par exemple, on grille le minerai, qui est très pauvre, avec du sel marin, afin de transformer le sulfure d'argent en chlorure. Le produit du grillage est pulvérisé, puis lessivé avec une dissolution bouillante de chlorure de sodium qui dissout le chlorure d'argent. On extrait l'argent contenu dans le liquide à l'aide du cuivre.

II. **Extraction de l'argent des minerais de plomb argentifères.** — Lorsque le plomb extrait de ses minerais renferme moins de $\dfrac{1}{5000}$ d'argent, on le livre ainsi au commerce ; dans le cas contraire, on l'appelle *plomb d'œuvre* et on le traite pour en extraire l'argent. Cette opération, appelée *coupellation*, repose sur le principe suivant : Quand du plomb est maintenu en fusion au contact

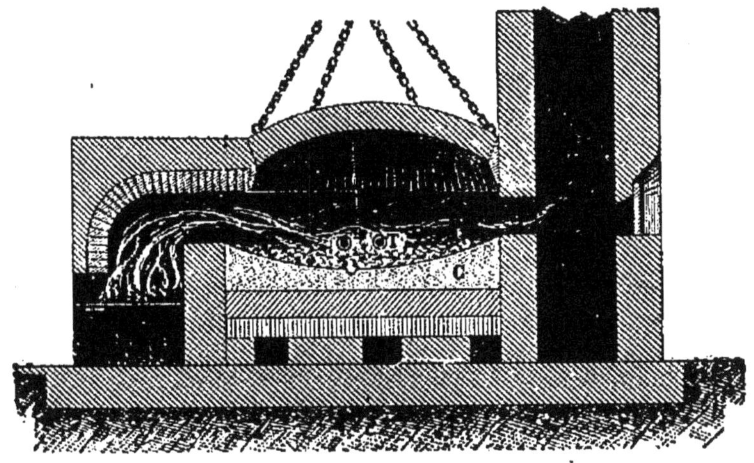

Fig. 130. — Four de coupellation.

vant : Quand du plomb est maintenu en fusion au contact

de l'air, il se transforme en oxydes fusibles que l'on fait écouler ; l'argent étant inoxydable reste comme résidu.

Le four employé pour la coupellation est une sorte de four à réverbère (*fig.* 130) dont la sole ou coupelle C est concave et formée par un mélange durci de marne et d'os calcinés. Deux tuyères T amènent l'air nécessaire à la production des oxydes de plomb ; ceux-ci s'écoulent par une rigole. Vers la fin de l'opération, l'argent n'est plus recouvert que par une pellicule mince d'oxyde de plomb qui se déchire brusquement en mettant à nu la surface brillante du métal.

Généralement, la coupellation est précédée d'un enrichissement, c'est-à-dire d'une accumulation de l'argent dans une quantité de plomb relativement faible. Cet enrichissement repose sur la propriété que possède l'alliage de plomb et d'argent d'être plus fusible que le plomb. Il en résulte que si on laisse refroidir lentement du plomb argentifère fondu, il abandonne des cristaux de plomb pauvres en argent, tandis que ce dernier métal s'accumule dans le plomb resté liquide.

189. Propriétés. — L'argent est blanc, très bon conducteur de la chaleur et de l'électricité. Quand il est poli, il possède un éclat remarquable ; à l'état divisé, il forme une poudre grisâtre, pouvant être rendue brillante par le frottement. Sa masse spécifique est $10^g,5$. Il fond à 954°.

L'argent est, après l'or, le métal le plus malléable et le plus ductile ; on peut le réduire en feuilles qui ont à peine $\frac{1}{400}$ de millimètre d'épaisseur, et en fils d'une ténuité telle qu'il en faut près de 2 kilomètres pour faire le poids d'un gramme.

L'argent ne s'oxyde *à l'air* à aucune température. Il ne décompose pas l'eau, mais il réduit l'acide sulfhydrique en se recouvrant, même à la température ordinaire, d'une couche mince de sulfure d'argent noir.

Action des acides. — L'acide chlorhydrique, même en dissolution concentrée, n'attaque l'argent que très superficiellement, à cause de la formation de chlorure d'argent insoluble. L'acide sulfurique concentré et chaud convertit l'argent en sulfate avec dégagement de gaz sulfureux. Enfin l'acide azotique dissout très facilement ce métal, même à la température ordinaire; il se forme de l'azotate d'argent et il se dégage des vapeurs nitreuses.

190. Usages. — Alliages. — L'argent est rarement employé pur à cause de son peu de dureté; on l'allie ordinairement au cuivre et on emploie ces alliages pour les monnaies, la bijouterie, etc.

Voici la composition de ces alliages pour la France :

		ARGENT	CUIVRE
Monnaies	Pièces de 5^{fr}	900	100
	Pièces divisionnaires . .	835	165
Ouvrages	Au 1er titre.	950	50
d'argent	Au 2e titre	800	200

La tolérance accordée par la loi est de 2 millièmes d'argent pour les pièces de 5^{fr}, de 3 millièmes pour les autres pièces et de 5 millièmes pour l'argenterie et la bijouterie.

OR

Symbole : Au.   M. atomique : 196.

191. État naturel. — Extraction. — L'or se présente presque toujours à l'*état natif*. Il forme de petits cristaux, des paillettes ou des grains irréguliers, disséminés dans des filons de quartz ou dans les terrains d'alluvion provenant de la désagrégation par l'eau de terrains anciens.

La métallurgie de l'or reposait autrefois sur sa grande masse spécifique : de simples lavages permettaient d'enlever la plus grande partie du sable et des particules terreuses qui accompagnent l'or; on ajoutait ensuite du mercure, qui

formait un amalgame solide dont on séparait l'or par distillation.

Aujourd'hui la plus grande partie de l'or s'extrait par le *procédé
Mac-Arthur et Forrest*, qui est basé sur la grande affinité du cyanure de potassium pour l'or.

Le minerai est d'abord broyé et la boue qui sort du bocard est
mêlée, dans d'immenses cuves dont le fond est un filtre, à une solution de cyanure de potassium. L'or seul est dissous. On recueille
la liqueur dans des caisses dont le fond est un treillis mobile qui
supporte des rognures de zinc. L'action électrolytique produite par
la présence des deux métaux a pour effet de précipiter l'or, qui se
dépose, en poudre, sur le zinc. A certains jours on secoue vigoureusement le treillis ; l'or se détache, est recueilli, et fondu en
lingots.

192. Propriétés. — L'or pur est d'un beau jaune brillant. Sa masse spécifique est 19ᵍ,3. C'est le plus malléable
et le plus ductile de tous les métaux ; il peut être battu
en feuilles qui ont moins de $\dfrac{1}{10000}$ de millimètre d'épaisseur et laissent passer une lumière verte ; on peut le
réduire également en fils extrêmement ténus.

L'or fond vers 1100° et émet des vapeurs vertes à une
température beaucoup plus élevée.

L'or est inaltérable à l'air à toutes les températures. Le
chlore et le *brome* sont les seuls métalloïdes qui aient de
l'action sur lui à la température ordinaire : une feuille
d'or introduite dans de l'eau de chlore disparaît rapidement.

L'or est insoluble dans les acides chlorhydrique, sulfurique et azotique isolés ; mais l'*eau régale* (mélange d'a-
cides chlorhydrique et azotique), donnant naissance à
du chlore, le dissout et le transforme en chlorure d'or
$AuCl^3$.

193. Usages. — L'or n'est jamais employé pur parce

qu'il ne présente pas une dureté suffisante; on lui allie, soit de l'argent qui lui communique une teinte jaune pâle, soit le plus souvent du cuivre, qui rehausse sa couleur et la fait virer au rouge.

Les alliages d'or et d'argent sont employés dans l'orfèvrerie sous les noms d'*or jaune*, *or pâle*, *or vert*, etc., suivant leur teneur en argent. L'or vert en renferme 30 %.

Les alliages d'or et de cuivre servent pour les monnaies et les bijoux. Presque toutes les monnaies d'or sont au titre de 900 millièmes (les monnaies anglaises cependant sont à 0,917). En France, les bijoux d'or aux 1er, 2e et 3e titres sont respectivement à 920, 840 et 750 millièmes.

RÉSUMÉ DU CHAPITRE XXII

L'argent (Ag = 108) existe à l'état natif. Ses principaux minerais sont le sulfure et le chlorure. Pour l'extraire de ses minerais, on transforme ceux-ci complètement en chlorure d'argent par l'intermédiaire du sel marin, puis on déplace l'argent du chlorure par un autre métal (mercure) et enfin on ajoute du mercure qui s'empare de l'argent mis en liberté. L'amalgame obtenu est distillé pour isoler l'argent. D'autres fois, après avoir transformé l'argent contenu dans ses minerais en chlorure d'argent, on dissout ce chlorure dans du chlorure de sodium, puis on précipite l'argent par un autre métal ayant plus de tendance à se combiner au chlore.

On extrait surtout l'argent des minerais de plomb argentifères, ou plutôt du plomb d'œuvre obtenu par le traitement de ces minerais. Cette extraction se fait par coupellation : du plomb maintenu en fusion à l'air s'oxyde facilement tandis que l'argent inoxydable reste comme résidu.

L'argent est blanc brillant, très bon conducteur, très malléable, et très ductile. Il ne s'oxyde à aucune température; mais il réduit l'acide sulfhydrique. L'acide sulfurique l'attaque à chaud avec dégagement de gaz sulfureux ; l'acide azotique le dissout, même à la température ordinaire.

Pour ses usages, on l'allie ordinairement au cuivre, afin de lui donner plus de dureté (monnaies, argenterie, bijouterie).

L'or (Au = 196) se rencontre à l'état natif disséminé dans des filons de quartz ou dans des terrains d'alluvion. En soumettant ces derniers,

ou le quartz broyé, à des lavages, on sépare l'or, plus dense ; celui-
ci est ensuite uni au mercure et on extrait l'or de l'amalgame formé
par distillation.

L'or est jaune brillant ; il est très dense, très malléable et très
ductile, il ne s'altère à l'air à aucune température. Le chlore l'attaque à froid ; il en est de même de l'eau régale. On emploie l'or
allié à l'argent ou au cuivre (orfèvrerie, monnaies).

CHIMIE ORGANIQUE

CHAPITRE XXIII
NOTIONS PRÉLIMINAIRES

194. Considérations générales. — Suivant leur origine, on distingue deux sortes de composés organiques : 1° les *composés organiques naturels*, qui existent dans les êtres vivants, animaux et végétaux. On peut citer comme exemples le sucre, l'amidon, la quinine, l'urée ; 2° les *composés organiques artificiels*, qui sont les nombreux composés obtenus dans les laboratoires en faisant réagir des éléments et composés minéraux comme le chlore, l'iode, les acides, etc., sur les composés organiques naturels, ou ceux-ci sur eux-mêmes. Ex. : chloroforme, aniline.

195. Éléments des composés organiques — *Tous les composés organiques, naturels ou artificiels, renferment du carbone :* si l'on enflamme de la benzine ou de l'essence de térébenthine dans une soucoupe, une assiette placée au-dessus s'enduira de

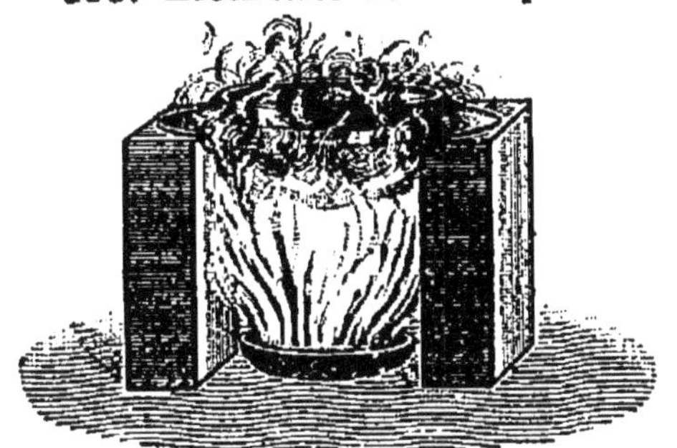

Fig. 131.— Production de noir de fumée par combustion de l'essence de térébenthine.

noir de fumée (*fig.* 131) ; du sucre, de l'amidon calcinés laissent comme résidu un morceau de charbon très léger.

Étant donnée une matière organique quelconque. on reconnaît qu'elle contient du carbone en la chauffant dans un tube à essais avec de l'oxyde de cuivre si elle est solide (*fig.* 132); en la faisant passer sur de l'oxyde de cuivre

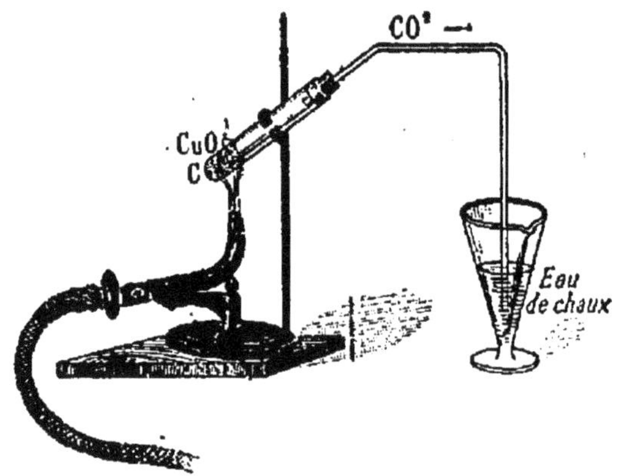

Fig. 132. — Action de l'oxyde de cuivre sur une matière organique.

chauffé si elle est gazeuse ou volatile. L'oxyde est réduit par le carbone de la matière organique et l'anhydride carbonique formé trouble l'eau de chaux dans laquelle on le fait arriver par un tube recourbé.

Dans les carbures d'hydrogène, le carbone est associé à l'hydrogène seul ; mais beaucoup de matières organiques, comme les alcools, les sucres, sont formés de carbone, d'oxygène et d'hydrogène ; d'autres renferment aussi de l'azote (urée, aniline). Dans les composés artificiels, un de ces éléments peut se trouver remplacé par un élément minéral.

Pour faire l'analyse d'un composé organique naturel non azoté, par exemple, on chauffe une masse déterminée m de ce composé avec de l'oxyde de cuivre, qui cède son oxygène. Le carbone forme de l'anhydride carbonique, l'hydrogène de la vapeur d'eau ; ces deux produits sont recueillis : de leur masse on déduit facilement la masse du carbone $(CO^2 = C + 2O;$

les $\frac{12}{44}$ ou $\frac{3}{11}$ de la masse de l'anhydride carbonique) et celle de l'hydrogène $(\underset{18}{H^2O} = \underset{2}{2H} + O$; les $\frac{2}{18}$ ou $\frac{1}{9}$ de la masse d'eau recueillie). L'oxygène est la différence entre la somme de ces deux dernières masses et la masse m. En multipliant les résultats obtenus par $\frac{100}{m}$, on obtient la composition *centésimale* du composé organique.

Établissement de la formule. — En divisant les résultats que donne la composition centésimale par les masses atomiques correspondant à chaque élément, on obtient le nombre relatif des atomes de chacun de ces éléments contenus dans une molécule. Voyons-en un exemple :

L'analyse donne pour 100 parties de *méthane* CH^4 : 75 de carbone et 25 d'hydrogène ; d'où $\frac{75}{12} = 6,25$ pour le carbone ; $\frac{25}{1} = 25$ pour l'hydrogène. Or $25 = 6,25 \times 4$; donc il y a 4 fois plus d'atomes d'hydrogène que d'atomes de carbone dans une molécule de méthane. Sa formule correspondra à C^nH^{4n}.

On doit maintenant chercher à représenter une molécule ; nous avons vu que la masse moléculaire des composés volatils s'obtient en multipliant la densité du gaz ou de la vapeur par 28,8. En appliquant cette règle au méthane, on a $0,555 \times 28,8 = 16$; donc sa molécule sera représentée par $CH^4 (C = 12, H = 1)$.

196. Classification des composés organiques. — Les composés organiques peuvent être classés par groupes, chaque groupe contenant un certain nombre de corps ayant une ou plusieurs propriétés chimiques analogues. Il existe huit groupes principaux :

1° *Carbures d'hydrogène.* — Ce sont des composés contenant seulement du carbone et de l'hydrogène ; ils sont combustibles. Ex. : méthane, CH^4 ; éthylène, C^2H^4 ; acétylène C^2H^2 ; benzine C^6H^6.

2° *Alcools.* — Les alcools sont formés de carbone, d'hydrogène et d'oxygène. Ils se combinent aux acides avec élimination d'eau et forment ainsi des composés appelés éthers. Ex.: alcool ordinaire, C^2H^6O ; glycérine, $C^3H^8O^3$.

3° *Éthers.* — Les éthers résultent de l'action des acides sur les alcools. Ce sont de véritables sels, facilement décomposés par les alcalis ; chlorure de méthyle, CH^3Cl ; stéarine, etc.

4° *Phénols.* — Ce sont des composés qui produisent avec l'acide azotique des dérivés nitrés ; le phénol ordinaire ou acide phénique, par exemple, donne avec l'acide azotique la nitrobenzine.

5° *Acides.* — Les acides proviennent de l'oxydation complète des alcools. Ils se combinent aux alcools pour former des éthers et aux bases pour former des sels : acide formique CO^2H^2 ; acétique $C^2H^4O^2$; oxalique $C^4H^2O^4$.

6° *Aldéhydes.* — Ils proviennent d'une oxydation incomplète des alcools et les reproduisent par hydrogénation : aldéhyde ordinaire C^2H^4O ; essence d'amandes amères C^7H^6O.

7° *Amines.* — Ce sont des composés azotés résultant de l'action de l'ammoniaque sur les alcools et les phénols : aniline C^6H^7Az ; méthylamine, CH^5Az. Elles ont des propriétés basiques plus ou moins prononcées.

On peut y rattacher les alcaloïdes, extraits des végétaux : quinine $C^{20}H^{24}Az^2O^2$

8° *Amides.* — Ce sont aussi des composés azotés, mais qui dérivent des sels ammoniacaux par élimination d'eau : urée $COAz^2H^4$.

REMARQUES. — I. — Un certain nombre de composés organiques peuvent être doués à la fois de plusieurs des fonctions précédentes : l'*acide glycolique* $C^2H^4O^3$ possède une fois la fonction alcool et une fois la fonction acide : il donne un éther avec chaque acide monobasique et une série de sels avec les bases. Il en est de même de l'*acide lactique*. L'*acide tartrique* possède deux fois la fonction acide et deux fois la fonction alcoolique. On voit qu'un même composé peut avoir plusieurs fois la même fonction ; la *glycérine* peut jouer trois fois le rôle d'alcool, en donnant trois éthers avec le même acide monobasique : l'*acide citrique* donne trois séries de sels avec la même base, etc.

II. — La plupart des groupes précédents se subdivisent facilement en *séries* de composés ayant même formule générale et un ensemble de propriétés analogues. Les composés de chaque série s'appellent des *termes homologues* ; ainsi les carbures CH^4, C^2H^6, C^3H^8, C^4H^{10}, etc. ont même formule générale C^nH^{2n+2} et ne diffèrent guère que par quelques propriétés physiques ; ils forment une série de termes homologues. De même pour les alcools CH^4O, C^2H^6O, C^3H^8O, etc. ou $C^nH^{2n+2}O$, etc.

RÉSUMÉ DU CHAPITRE XXIII

Les composés qu'étudie la chimie organique sont naturels ou artificiels. Les premiers existent dans les êtres vivants (amidon, quinine).

Tous les composés organiques renferment du carbone ; on le démontre en chauffant le composé avec de l'oxyde de cuivre : l'oxyde est réduit et il se dégage du gaz carbonique. Au carbone peut s'associer de l'hydrogène seul (carbures d'hydrogène), ou de l'hydrogène et l'oxygène (alcools,...) ; certains composés organiques renferment de l'azote (aniline,...).

Les composés organiques peuvent être classés par groupes. On distingue principalement : les *carbures*, formés de carbone et d'hydrogène (méthane) ; les *alcools*, se combinant aux acides pour former les éthers (alcool ordinaire) ; les *éthers*, véritables sels résultant de l'action des acides (stéarine) ; les *phénols*, produisant avec l'acide azotique des dérivés nitrés (phénol ou acide phénique) ; les *acides*, provenant de l'oxydation complète des alcools (acide formique) : les *aldéhydes*, provenant d'une oxydation incomplète des alcools (aldéhyde ordinaire), les *amines*, composés azotés basiques (aniline) ; enfin, les *amides*, composés azotés dérivant des sels ammoniacaux (urée).

CHAPITRE XXIV

CARBURES D'HYDROGÈNE NATURELS

MÉTHANE

Formule: CH^4.

197. État naturel. — Le méthane se produit par la décomposition lente des végétaux enfouis sous l'eau (vase des marais, eaux stagnantes) et par leur distillation ; aussi le gaz d'éclairage en renferme-t-il quelquefois jusqu'à 50 °/₀. Il se dégage dans les mines de houille grasse, où on lui donne le nom de *grisou* ; dans certaines régions (Java, Dauphiné), il sort de terre d'une manière continue et brûle souvent à la surface du sol.

Le méthane est l'élément principal du *gaz naturel*. Il s'y trouve mélangé à d'autres gaz, qui diffèrent suivant les régions (éthane, hydrogène, oxygène, azote, anhydride carbonique, etc.). Le gaz naturel est extrêmement abondant aux États-Unis dans les régions pétrolifères. On le capte, on le canalise et on l'emploie à mille usages pour lesquels il a détrôné la houille. On a ainsi une source de chaleur qui semble inépuisable et qui, une fois les travaux de premier établissement payés, est presque gratuite.

En 1880 pour la première fois on fit connaissance aux États-Unis avec ces sources de gaz naturel, en forant un puits de pétrole aux environs de Pittsburg (Pensylvanie). Arrivée à 400ᵐ. la sonde fut refoulée, projetée, la chèvre et tout le matériel démolis par un formidable jet de gaz. C'est en 1884 seulement qu'on commença à exploiter ces immenses richesses naturelles. Un seul puits fournissait 800 000 mètres cubes de gaz par jour. La ville de Pittsburg fut transformée, elle augmenta de 150 000 habitants et devint la plus grande aciérie du monde entier. Elle compte aujourd'hui 7 000 habi-

tations et 400 usines éclairées et chauffées au gaz naturel. La valeur
du gaz naturel consommé en 1901 aux États-Unis est de 140 mil-
lions de francs.

En 1897, on a découvert le gaz naturel au sud de l'Angleterre, à
Heathfield, en forant un puits pour trouver de l'eau à la station du
chemin de fer. Ce gaz-là renferme 93 °/₀ de méthane , il sort à
une pression de 15^{kg} qui permettrait de le transporter loin ; le
puits peut en fournir 500 000 mètres cubes par jour.

198. Préparation. — *Le méthane s'extrait* en principe
de l'acide acétique $C^2H^4O^2$, *qui peut être considéré comme
formé de méthane* CH^4 *et de gaz carbonique* CO^2. En traitant cet acide par la soude, on obtient du carbonate de
sodium et le méthane est mis en liberté :

$$C^2H^3O^2Na + NaOH = CH^4 \nearrow + CO^3Na^2.$$

On introduit dans une petite cornue de verre vert
(*fig.* 133) un mélange d'acétate de sodium fondu et de

Fig. 133. — Préparation du méthane.

chaux sodée (la soude employée seule fondrait et attaque-
rait le verre) ; on chauffe au rouge naissant. Le gaz est
recueilli par un tube à dégagement sur l'eau.

199 Propriétés. — Le méthane est un gaz incolore, inodore, sans saveur ; sa densité est 0,558. Il est très peu

soluble dans l'eau qui n'en dissout que 1/20 de son volume. Il a été obtenu par Cailletet en un liquide incolore qui bout vers −160°.

Combustion. — Le méthane brûle au contact de l'air et d'un corps enflammé, avec une flamme bleue peu éclairante. La combustion complète est exprimée par l'équation

$$CH^4 + 4O = CO^2 + 2H^2O,$$

c'est-à-dire qu'elle exige un volume double d'oxygène.

Un mélange de 1 vol. de méthane et 2 vol. d'oxygène s'enflamme au contact d'un corps en ignition et détone avec une violence extrême ; aussi prend-t-on toujours la précaution d'ajouter un excès d'oxygène ou d'air pour éviter la rupture des flacons. C'est ce mélange qui produit les explosions des mines (*grisou*).

Action du chlore. — Le chlore agit énergiquement sur le méthane en s'emparant de son hydrogène ; si l'on enflamme un mélange de 1 vol. du carbure et de 2 vol. de chlore, on obtient de l'acide chlorhydrique et un dépôt de charbon :

$$CH^4 + 2Cl^2 = 4HCl + C.$$

La lumière solaire, même réfléchie préalablement sur un mur, donne des produits de substitution : avec un mélange à volumes égaux, on a

$$CH^4 + 2Cl = HCl + CH^3Cl \text{ (chlorure de méthyle).}$$

Le chloroforme $CHCl^3$ est un produit de substitution du méthane.

200. Pétroles. — **Définition et extraction.** — *Les pétroles sont des liquides huileux, combustibles, qui, souvent, sortent naturellement du sol avec des gaz combustibles ; ce sont des mélanges de carbures analogues au méthane.* Parmi ces carbures, les premiers termes sont gazeux (méthane, etc.) et s'échappent des réservoirs naturels ; d'autres sont liquides et peuvent s'en extraire par distillations fractionnées ; enfin, les derniers termes, solides, constituent la paraffine.

La plus grande partie du pétrole livré à la consommation provient de l'Amérique du Nord (États-Unis et Canada), et de la Russie (surtout des environs de Bakou).

Quelquefois le pétrole jaillit naturellement par la pression des gaz ; mais généralement on fore des puits souvent très profonds (de 200 à 600ᵐ) : le pétrole est pompé dans des réservoirs par une machine à vapeur. On a ainsi le *pétrole brut*, liquide brun foncé.

On distille le pétrole brut dans de grands cylindres en tôle, et les produits distillés sont condensés dans des récipients refroidis, où ils se fractionnent suivant leur densité.

1° Au-dessous de 70° passent des carbures très inflammables ; ils constituent l'*éther du pétrole*, liquide odorant, employé comme anesthésique.

2° Entre 75° et 120°, on recueille l'*essence de pétrole* ou huile de naphte, inflammable à la température ordinaire. Ce liquide est employé dans des lampes à éponge, pour dissoudre les corps gras ou résines (vernis), pour conserver les métaux alcalins.

3° De 120° à 280° distille le *pétrole commercial*. Avant d'employer ce liquide, on le soumet à un premier lavage avec de l'acide sulfurique, puis à un second lavage avec de la lessive de soude. Le pétrole est enfin lavé à l'eau.

C'est alors un liquide légèrement jaunâtre ; on l'éprouve en promenant une flamme à sa surface ; il ne prend feu que s'il a été porté préalablement vers 40°. Il brûle en donnant une lumière éclatante, dans des lampes spéciales, à réservoir très rapproché du brûleur (car le pétrole monte lentement par capillarité). Un litre de pétrole équivaut à 2ᵏᵍ,3 de bougies et est 4 fois moins coûteux. Il est utilisé aussi pour le chauffage.

4° Les *huiles lourdes* passent vers 400°. On en extrait la paraffine, avec laquelle on fabrique des bougies, des allumettes paraffinées.

La *vaseline* est un mélange de paraffine et de carbures à point d'ébullition élevé ; elle est blanche ou rougeâtre, onctueuse. Elle sert en pharmacie pour remplacer l'axonge.

Les résidus de la distillation du pétrole sont des *goudrons* ; par la chaleur, ils donnent des carbures volatils et du *coke* qui est utilisé pour le chauffage.

RÉSUMÉ DU CHAPITRE XXIV

Le méthane CH^4 se dégage naturellement de la vase des marais, des houilles grasses, et dans certains pays des entrailles de la terre ; on le prépare en chauffant de l'acétate de sodium avec de la chaux sodée. C'est un gaz léger, difficilement liquéfiable ; il brûle avec une flamme bleue peu éclairante et forme avec l'oxygène des mélanges très détonants (grisou). Le chlore donne avec lui, à chaud, de l'acide chlorhydrique et, sous l'influence de la lumière solaire, des produits de substitution (chlorure de méthyle).

CHAPITRE XXV

CARBURES D'HYDROGÈNE ARTIFICIELS

ÉTHYLÈNE

Formule : C^2H^4

201. Production. — L'éthylène prend naissance dans la distillation des matières organiques, principalement des graisses et des matières bitumineuses. Il existe dans le gaz d'éclairage.

202. Préparation. — L'éthylène *se retire de l'alcool ordinaire* C^2H^6O, qui peut être considéré comme formé

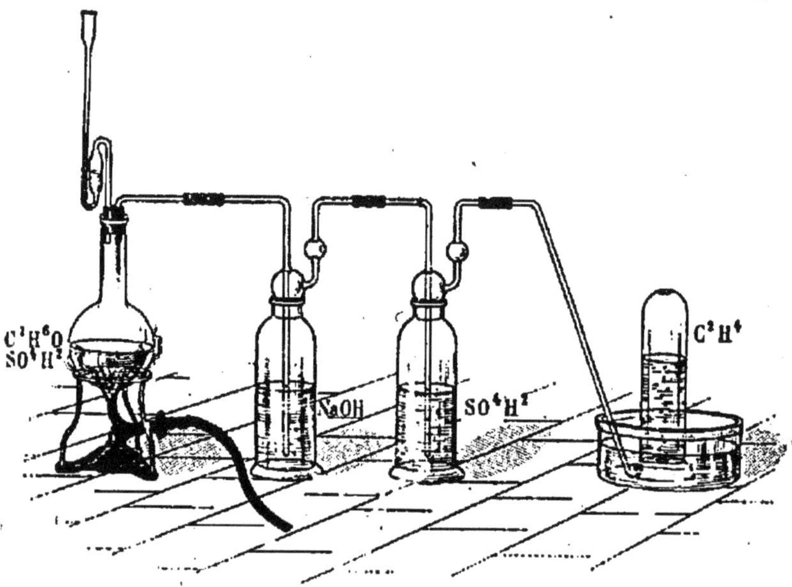

Fig. 134. — Préparation de l'éthylène.

d'éthylène C^2H^4 et d'eau H^2O. On déshydrate l'alcool par l'acide sulfurique :

$$C^4H^6O = C^2H^4 + H^2O.$$

Dans un ballon (*fig.* 134) on introduit un mélange fait d'avance d'alcool et d'acide sulfurique concentré ; on chauffe modérément ; le gaz qui se dégage est lavé d'abord à la soude pour absorber le gaz sulfureux et le gaz carbonique qui se produisent toujours à la fin de l'opération, puis à l'acide sulfurique, qui s'empare des vapeurs d'alcool entraînées. On le recueille sur l'eau.

203. Propriétés. — C'est un gaz incolore, d'une légère odeur éthérée. Sa densité est 0,07 ; il est très peu soluble dans l'eau (environ 1/6 à 15°). On peut le liquéfier à 0° sous une pression de 44^{at}.

Combustion. — L'éthylène brûle avec une flamme très éclairante :

$$C^2H^4 + 6O = 2CO^2 + 2H^2O.$$

Si on l'enflamme dans une éprouvette, la combustion est incomplète, et il y a dépôt de noir de fumée.

Action du chlore. — L'action du chlore sur l'éthylène dépend des proportions des deux gaz et des circonstances dans lesquelles elle s'exerce :

1° Si l'on enflamme dans une grande éprouvette à pied un mélange récent de 1 vol. du carbure et de 2 vol. de chlore, il se produit une flamme rougeâtre qui descend lentement et un nuage de noir de fumée (*fig.* 135) :

$$C^2H^4 + 2Cl^2 = 2C + 4HCl ;$$

2° Un mélange à volumes égaux des deux gaz abandonné dans une cloche reposant sur l'eau à la lumière diffuse, donne une combinaison directe : l'eau monte peu à peu et sa surface se recouvre de gouttelettes huileuses qui finissent par tomber au fond du cristallisoir (*fig.* 136) :

Fig. 135. — Action du chlore
sur l'éthylène à chaud.

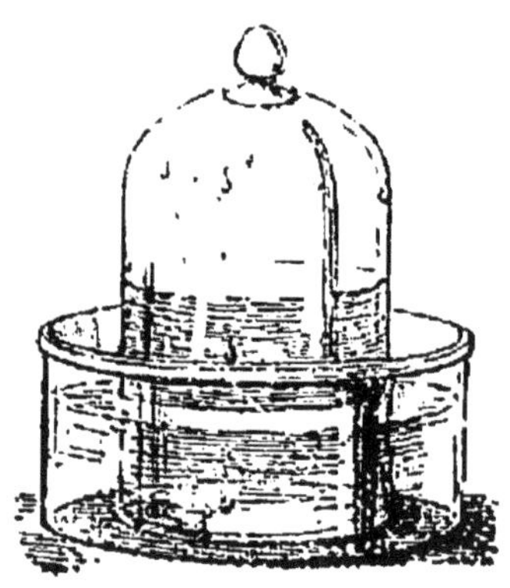

Fig. 136. — Action du chlore
sur l'éthylène à froid.

ce liquide huileux, à odeur éthérée, est du bichlorure
d'éthylène ou liqueur des Hollandais :

$$C^2H^4 + Cl^2 = C^2H^4Cl^2.$$

ACÉTYLÈNE

Formule : C^2H^2.

204. Production. — L'acétylène est le seul carbure qui
ait été obtenu par union directe du carbone et de l'hydrogène. Ce gaz se forme toutes les fois qu'on décompose par
la chaleur une matière organique volatile. Il s'en produit
aussi quand un composé organique brûle en présence d'un
volume d'oxygène insuffisant ; ainsi, mettons dans une
éprouvette un peu d'éther avec du chlorure de cuivre ammoniacal et enflammons ; nous verrons sur les parois un
précipité rouge d'acétylure de cuivre.

205. Préparation. — *L'acétylène s'obtient en décomposant le carbure de calcium par l'eau : le carbone du carbure*

s'unit à l'hydrogène de l'eau pour former l'acétylène, et le calcium devenu libre se combine avec l'oxygène de l'eau pour former de la chaux :

$$C^2Ca + 2H^2O = C^2H^2 + Ca(OH)^2.$$

Le carbure de calcium est une matière dure, grisâtre, que l'on obtient en fondant dans un four électrique (*fig.* 137) un mélange de charbon et de chaux :

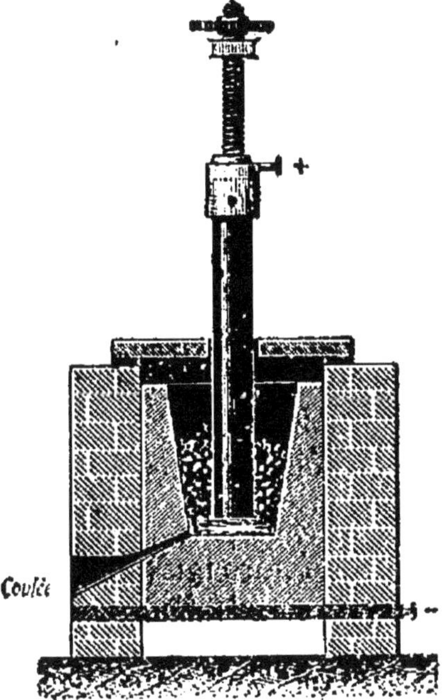

Fig. 137. — Four électrique.

$$CaO + 3C = C^2Ca + CO.$$

Le creuset est en graphite ; il repose sur une plaque de charbon en communication avec le pôle négatif d'une machine électrique ; le pôle positif communique avec une plaque de charbon que l'on peut abaisser ou relever à volonté dans l'intérieur du creuset. Enfin celui-ci porte un trou de coulée bouché par un tampon d'argile et est isolé par une enveloppe en briques.

206. Propriétés. — L'acétylène est un gaz incolore, d'une odeur éthérée agréable quand il est pur, mais d'une odeur alliacée désagréable lorsqu'il est impur ; sa densité est 0,91. Il est soluble dans son volume d'eau. Il est toxique. On le liquéfie facilement en le soumettant à une pression de 48^{kg} à 0°.

Combustion. — L'acétylène brûle avec une flamme blanche éclairante, un peu fuligineuse. Si l'oxygène est insuffisant (combustion dans une éprouvette étroite), il y a dépôt de charbon. Avec 5 vol. d'oxygène pour 2 vol. du carbure, la combustion est complète :

$$C^4H^2 + 5O = 2CO^2 + H^2O ;$$

aussi un mélange des deux gaz dans cette proportion détone-t-il avec violence. C'est un corps endothermique, c'est-à-dire un corps qui dégage de la chaleur en se décom-posant ; aussi les explosions produites par les mélanges d'air et d'acétylène sont-elles plus foites et plus dange-reuses que celles qui sont produites par les mélanges d'air et de méthane ou de gaz d'éclairage.

Action du chlore. — Quand on expose à la lumière un mélange de chlore et d'acétylène, il se forme, quoique assez difficilement, deux combinaisons : le protochlorure, $C^2H^2Cl^2$, et le perchlorure, $C^2H^2Cl^4$, tous deux liquides, à odeur de chloroforme. Si l'on enflamme un mélange à volumes égaux des deux gaz, il y a détonation, formation d'acide chlorhydrique et dépôt de noir de fumée :

$$C^4H^2 + 2Cl = 2HCl + 2C.$$

Cn fait l'expérience sans danger en introduisant un peu d'eau dans un flacon de chlore ; on ferme le flacon et on agite pour avoir de l'eau de chlore concentrée, puis on y projette quelques fragments de carbure de calcium. L'acéty-lène produit s'enflamme seul ; le flacon devient noir et, en y versant quelques gouttes d'ammoniaque après l'opération, il se forme des fumées blanches de chlorure d'ammonium.

Réactifs de l'acétylène. — L'acétylène est absorbé rapi-dement par les solutions ammoniacales de *chlorure cuivreux* et d'*azotate d'argent* ; avec le premier il se produit de l'acé-tylure cuivreux $C^2H^2Cu^2O$ rouge marron, détonant à 100° ou par le choc ; avec le second, de l'acétylure d'argent, pré-cipité blanc, détonant, ne devant, comme le précédent, être manié qu'humide.

207. Usages. — L'acétylène contient relativement plus

de carbone que tous les autres carbures d'hydrogène, ce qui explique la grande intensité de son pouvoir éclairant. Ce gaz, brûlé dans des becs disposés de manière à obtenir une combustion presque complète, donne une flamme 10 à 15 fois plus éclairante que celle du gaz d'éclairage.

208. Synthèse de l'acétylène. — M. Berthelot a fait la synthèse de l'acétylène en combinant directement le carbone

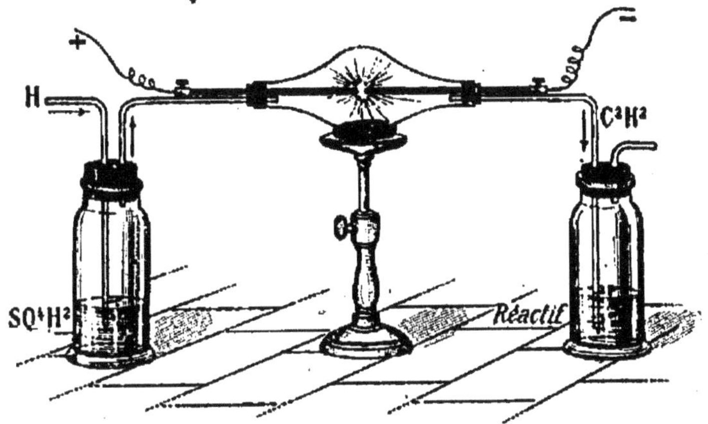

Fig. 138. — Synthèse de l'acétylène.

et l'hydrogène sec par l'arc voltaïque (*fig.* 138); l'acétylène produit est absorbé par du chlorure cuivreux ammoniacal.

BENZINE
Formule : C⁶H⁶

209 Extraction. — La benzine se rencontre dans les produits de la distillation des huiles, de la houille, des matières grasses. On la retire des *goudrons de houille*. Ces goudrons, soumis à la distillation, laissent dégager successivement : 1° des *huiles légères*, dont on retire la benzine et un carbure voisin, le toluène, C⁷H⁸, en utilisant la différence de leur point de volatilisation ; 2° des *huiles moyennes*, qui fournissent surtout du phénol ; 3° des *huiles lourdes*, utilisées pour obtenir des carbures lourds, comme la naphtaline.

210. Propriétés. — La benzine est un liquide incolore, d'une odeur forte assez agréable ; sa masse spécifique est $0^g,9$; elle se solidifie à $4°,5$ et bout vers $80°$. La benzine est insoluble dans l'eau, soluble dans l'alcool ; elle dissout elle-même les huiles grasses et les essences, le caoutchouc, la cire.

La benzine s'enflamme facilement et brûle avec une flamme éclairante, fuligineuse :

$$C^6H^6 + 15\,O = 6CO^2 + 3H^2O.$$

Traitée par l'acide azotique, elle donne la *nitrobenzine* $C^6H^5.AzO^4$, qui sert surtout à la fabrication de l'aniline.

Action du chlore. — Sous l'influence de la lumière solaire, le chlore et la benzine donnent un produit d'addition ; pour faire l'expérience, on verse un peu de benzine dans un flacon plein de chlore et on expose le tout au soleil ; après quelques minutes, le chlore a disparu et le flacon est tapissé de cristaux d'hexachlorure de benzine, $C^6H^6Cl^6$, transparents et insolubles dans l'eau. La flamme du magnésium produirait le même résultat.

211. Usages. — La benzine sert comme dissolvant ; elle est employée pour le dégraissage ; elle sert à faire des vernis. La plus grande partie des *benzols* (mélange de benzine et de toluène) que l'on retire des goudrons de houille est transformée en nitrobenzine, puis en aniline pour la fabrication des couleurs d'aniline.

212. Nitrobenzine, $C^6H^5.AzO^4$. — La nitrobenzine est le produit de l'action de l'acide azotique sur la benzine. On la prépare *dans les laboratoires* en versant goutte à goutte 1 p. de benzine dans un mélange de 1 p. d'acide azotique fumant et de 1/2 p. d'acide sulfurique : on agite après chaque addition de benzine et on verse le liquide jaune obtenu dans un verre plein d'eau ; la nitrobenzine se sépare en gouttelettes huileuses au fond du verre.

La nitrobénzine est un liquide huileux, d'une odeur d'amandes amères ; elle est toxique.

Par les agents réducteurs, comme le zinc et l'acide chlorhydrique, les sels ferreux, elle fixe de l'hydrogène et se transforme en aniline :

$$C^6H^5.AzO^2 + 6H = C^6H^5.AzH^2 + 2H^2O.$$

Usages. — La plus grande partie de la nitrobenzine est employée à la fabrication de l'aniline ; son odeur la fait employer dans la parfumerie grossière sous le nom d'*essence de mirbane*, pour remplacer ou pour frauder l'essence d'amandes amères.

RÉSUMÉ DU CHAPITRE XXV

L'*éthylène* C^2H^4 existe dans le gaz d'éclairage. On l'obtient en chauffant un mélange d'alcool et d'acide sulfurique. Son odeur est éthérée ; il brûle avec une flamme très éclairante. Un mélange de chlore et d'éthylène donne, à chaud, de l'acide chlorhydrique et un dépôt de noir de fumée ; à froid, on obtient de l'huile des Hollandais $C^2H^4Cl^2$.

L'*acétylène* s'obtient en décomposant le carbure de calcium par l'eau. Il est soluble dans l'eau et brûle avec une flamme éclairante

Un mélange de chlore et d'acétylène enflammé détone : il se forme de l'acide chlorhydrique et du noir de fumée. On utilise ce gaz pour l'éclairage.

La *benzine* C^6H^6 s'extrait des goudrons de houille. C'est un liquide à odeur forte, ayant un grand pouvoir dissolvant et brûlant avec une flamme fuligineuse. Avec le chlore, elle donne l'hexachlorure de benzine $C^6H^6Cl^6$. On l'emploie comme dissolvant et pour fabriquer la nitrobenzine.

CHAPITRE XXVI

GAZ D'ÉCLAIRAGE. — SÉRIES HOMOLOGUES

---

213. Définition et composition. — Le gaz d'éclairage est un mélange de produits gazeux combustibles provenant de la distillation de la houille.

Quand la houille grasse est chauffée en vase clos, elle laisse un résidu de coke et de charbon de cornues (132) et dégage des produits volatils que l'on peut ranger en trois groupes : 1° produits solides ou liquides à la température ordinaire, se condensant par simple refroidissement et constituant les *goudrons*; 2° produits gazeux incombustibles ou diminuant le produit éclairant du gaz (gaz ammoniac, gaz carboniquе, acide sulfhydrique); 3° produits gazeux combustibles, formant, par leur réunion, le gaz d'éclairage

Le gaz d'éclairage est formé principalement d'*hydrogène* et de *méthane*. Le reste (20 °/₀ en moyenne) est constitué par de l'*oxyde de carbone*, des gaz riches en carbone et très éclairants (*éthylène*, *acétylène*), des vapeurs de *benzine*, de l'*azote*, et une très faible quantité de *gaz carbonique* et d'*acide sulfhydrique*.

214. Fabrication. — Dans les laboratoires, on peut montrer la production du gaz d'éclairage en distillant de la houille dans une cornue de grès communiquant avec un flacon muni d'un tube effilé (*fig.* 139). Quand la cornue

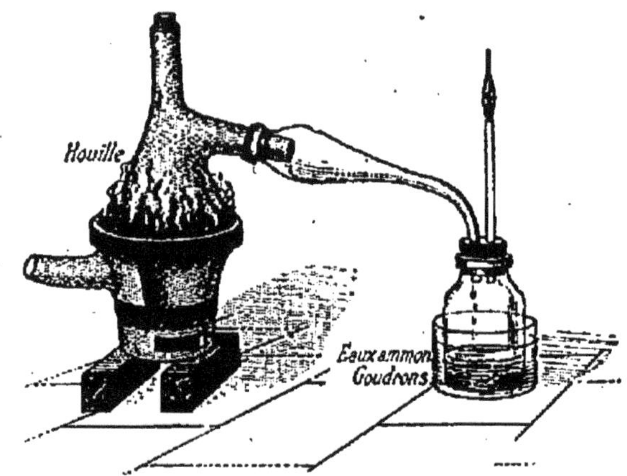

Fig. 139. — Production du gaz d'éclairage dans les laboratoires.

se trouve portée au rouge, on enflamme le gaz à l'extrémité de ce tube ; il brûle avec une flamme claire, deve

, nant peu à peu fuligineuse. Les goudrons se condensent dans le flacon sous forme d'un liquide brun visqueux ; ils ont une forte odeur ammoniacale.

La fabrication industrielle du gaz se fait dans de vastes appareils dont le nombre et les dimensions varient avec la production.

Distillation de la houille. — La houille est distillée dans de grandes cornues en terre réfractaire, réunies en nombre variable de 2 à 8 dans un fourneau chauffé par un foyer (*fig.* 110). Quand la distillation est terminée, on retire le coke et on introduit une nouvelle charge de houille. Les produits dégagés par la distillation doivent subir d'abord une *épuration physique* qui permet de condenser les produits goudronneux. Les tuyaux de dégagement des cornues plongent tous dans un cylindre horizontal (barillet), à moitié rempli d'eau. Les produits sortant du barillet traversent ensuite de longs tuyaux en forme d'U, où ils abandonnent encore de l'eau, des sels ammoniacaux, des matières goudronneuses, puis ils achèvent de s'épurer physiquement en traversant des cylindres à coke à la partie supérieure desquels on fait couler de l'eau. Les gaz déposent sur le coke les fines gouttelettes goudronneuses qu'ils contiennent encore, et abandonnent à l'eau la plus grande partie de leur ammoniaque.

L'*épuration chimique* a pour objet d'enlever au gaz d'éclairage le gaz carbonique, l'acide sulfhydrique, etc., qui ne sont pas combustibles ou qui lui communiqueraient une odeur infecte. Les épurateurs chimiques sont de grandes caisses fixes dont le double fond est amovible et supporte la substance épuratrice. Celle-ci est préparée à l'avance en mélangeant de la chaux et de la sciure de bois à une dissolution de sulfate ferreux et exposant le tout à l'air : il se forme du sulfate de calcium et de l'oxyde ferrique. Les gaz ayant subi l'épuration physique arrivent à la partie supérieure des caisses et traversent le mélange de haut en bas ; le gaz carbonique est retenu par la chaux, et l'acide sulfhydrique par l'oxyde ferrique. Ce dernier passe à l'état de sulfure ; en même temps le sulfate de calcium absorbe les sels ammoniacaux (carbonate, sulfure), en donnant du carbonate et du sulfure de calcium.

Le gaz d'éclairage ainsi épuré passe d'abord dans un compteur de fabrication, puis va se rassembler dans les *gazomètres*, d'où il est envoyé dans les tuyaux de distribution après avoir traversé un compteur d'émission. Les gazomètres sont de grandes cloches cylindriques en tôle, plongeant dans une cuve en maçonnerie remplie d'eau, et dont la partie supérieure porte les tubes d'arrivée et de sortie du gaz. Ces tubes sont munis d'articulations qui leur permettent de suivre tous les déplacements du gazomètre auquel ils sont fixés.

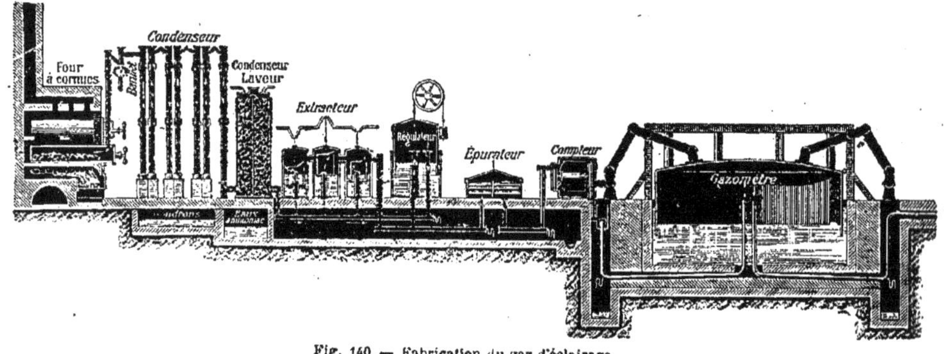

Fig. 140. — Fabrication du gaz d'éclairage.

Chaque cloche est guidée verticalement par des galets fixés à la cloche elle-même et s'appuyant sur des colonnes en fonte. La pression dans le gazomètre est 12 à 15^{cm} d'eau ; elle n'est que 2 à 3^{cm} aux brûleurs, car, à la suite du compteur d'émission, on fait passer le gaz par un régulateur de pression. Les fuites par la canalisation sont estimées à 12 °/₀ de la production totale.

215. Propriétés. — La densité du gaz d'éclairage est d'environ 0,4. On met cette légèreté en évidence avec une éprouvette pleine de gaz maintenue l'orifice en haut ; au bout de très peu de temps, il n'y a plus d'inflammation. Le gaz d'éclairage est très diffusible. Pour le démontrer, on se sert d'un vase poreux auquel est adapté un tube recourbé (*fig.* 141) qui pénètre dans un flacon contenant de l'eau colorée. Le flacon porte un tube droit qui plonge dans le liquide. Si l'on recouvre le vase poreux d'une cloche pleine de gaz d'éclairage, ce gaz pénètre dans le vase poreux plus vite que l'air n'en sort et on voit immédiatement l'eau colorée s'élever dans le tube droit.

Mélangé à l'air, le gaz d'éclairage forme des mélanges détonants dangereux : si l'on présente à une flamme l'ouverture d'un flacon contenant 1 vol. de gaz et 6 vol. d'air, il se produit une détonation très forte.

L'expérience peut être réalisée sans danger avec un flacon à hydrogène dont la tubulure centrale porte un gros tube

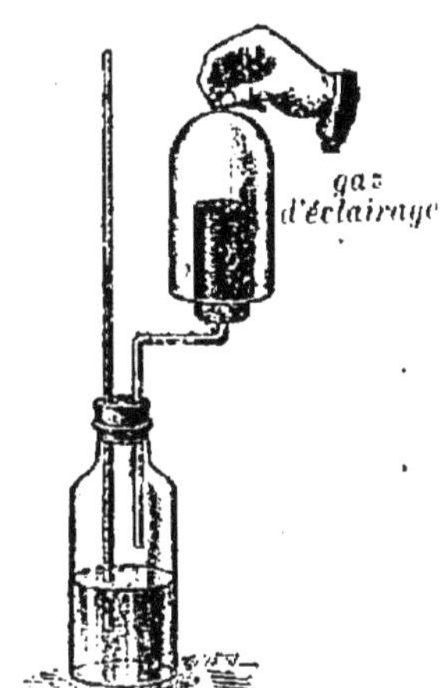

Fig. 141.— Expérience montrant la diffusion du gaz d'éclairage.

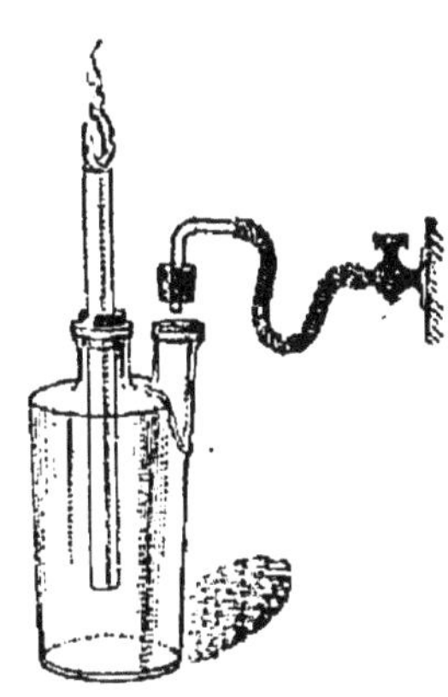

Fig. 142. — Mélange détonant de gaz et d'air.

de verre vertical, et dans lequel on fait arriver du gaz d'éclairage (*fig.* 142). Quand l'appareil est bien purgé d'air, on enflamme le gaz à l'extrémité du tube central, puis on enlève le tube d'arrivée avec le bouchon qui le supporte : le gaz continue à brûler pendant que l'air rentre dans le flacon par la tubulure latérale. Après quelques instants, la flamme descend dans le tube et vient enflammer le mélange de gaz et d'air en produisant une détonation.

Quand une fuite de gaz se produit dans l'obscurité, il faut bien se garder de la chercher avec une lumière. On doit ouvrir toutes grandes les portes et les fenêtres pour laisser échapper le gaz, fermer le *compteur* et prévenir les employés du gaz.

Action sur l'organisme. — Le gaz d'éclairage est vénéneux; une atmosphère qui en renferme une assez forte proportion détermine rapidement l'asphyxie. Cette propriété doit surtout être attribuée à l'oxyde de carbone qu'il contient. Son odeur particulière et désagréable, due à l'acétylène et aux produits sulfurés, avertit heureusement de sa présence Comme il consomme environ 6 fois son vol. d'air pour sa combustion, il est bon d'aérer les salles où brûlent plusieurs becs de gaz : on a calculé en effet qu'un bec ordinaire consommait dans le même temps presque autant d'oxygène que 10 personnes adultes.

216. Usages. — Le gaz d'éclairage a des usages multiples, si bien qu'on a une tendance à lui faire perdre son nom primitif pour lui donner celui de *gaz de ville*. On s'en sert de plus en plus pour le chauffage (cheminées et poêles d'appartements, fourneaux de cuisine et de laboratoire) et comme force motrice. Il est employé aussi pour le gonflement des aérostats. Mais sa grande consommation reste toujours l'éclairage.

Éclairage à incandescence. — Les flammes sont rendues éclairantes par les particules solides qu'elles tiennent en suspension. Partant de là, un autrichien, M. le professeur Auer, a eu l'idée de coiffer la flamme du gaz d'un léger manchon conique tissé et imprégné d'oxydes métalliques ; le coton servant de support à ces oxydes est préalablement détruit par le feu et il ne reste plus que la partie minérale, qui constitue le manchon du *bec Auer*. Le pouvoir éclairant a été considérablement augmenté, en même temps que la consommation du gaz se trouvait réduite. On applique maintenant ces *becs à incandescence* aux lampes à pétrole, à alcool, etc.

Brûleur Bunsen. — Le pouvoir éclairant de la flamme du gaz d'éclairage étant dû au charbon qu'elle tient en suspension, si l'on mélange au gaz un volume d'air suffisant pour que le charbon soit brûlé complètement, la flamme perd son pouvoir éclairant, mais en revanche sa température devient plus élevée. C'est là le principe des brûleurs Bunsen qui sont employés dans les laboratoires pour chauffer les appareils. Dans ces brûleurs (*fig.* 143) le gaz arrive au centre de la base d'un tube qui porte à ce niveau-là deux ouvertures par lesquelles pénètre l'air extérieur : le gaz ainsi mélangé à l'air vient brûler à l'orifice supérieur avec une flamme pâle et très chaude. En tournant une virole convenablement disposée, on peut ouvrir ou fermer les deux ouvertures de manière à obtenir à volonté la flamme pâle ou la flamme éclairante ordinaire.

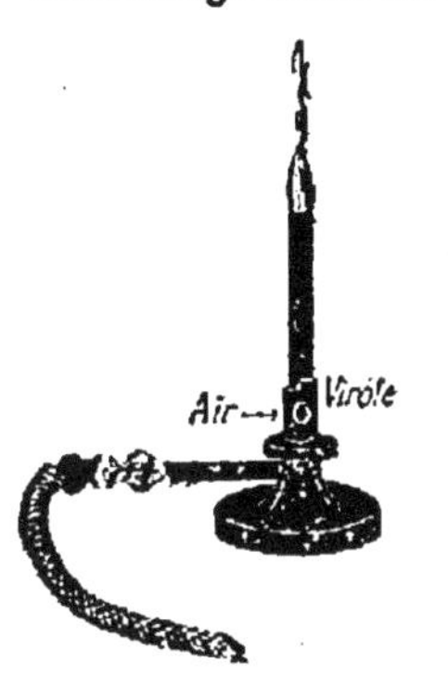

Fig. 143. — Brûleur Bunsen.

Chalumeau à gaz. — On obtient une température encore plus élevée en substituant l'oxygène à l'air. On emploie à cet effet le *chalumeau à gaz* (*fig.* 144), composé de deux tubes concentriques ; l'oxygène arrive par le tube central et le gaz d'éclairage par la partie annulaire. Cet appareil permet de volatiliser le zinc, de fondre le cuivre, la fonte et même le fer. Si l'on dirige la flamme de ce chalumeau sur un prisme de chaux vive, elle devient très éclatante ; de là l'emploi de cette flamme dans les lanternes de projection.

Fig. 144. — Chalumeau à gaz.

A défaut d'oxygène on peut alimenter le chalumeau à gaz par de l'air comprimé provenant d'une soufflerie. La température produite, quoique moins élevée, est encore très suffisante pour permettre le travail du verre.

217. Séries homologues des carbures. — On peut diviser les carbures en *séries* de composés ayant même formule générale et un ensemble de propriétés analogues. Les composés de chaque série s'appellent des *termes homologues* ; ainsi les carbures CH^4, C^2H^6, C^3H^8, C^4H^{10}, etc., ont même formule générale C^nH^{2n+2} et ne diffèrent guère que par quelques propriétés physiques ; ils forment une série de termes homologues. Voici les séries les plus importantes de carbures homologues :

1° *Série méthanique,* série de carbures dont la formule générale est C^nH^{2n+2}, $n = 1, 2, 3, \ldots$ Ex. : méthane, CH^4 ; éthane, C^2H^6 ; propane, C^3H^8 ; butanes, C^4H^{10} (deux butanes ayant la même formule ou, comme on dit, isomères), etc.

2° *Série éthylénique* ou des carbures éthyléniques, C^nH^{2n}.

Le premier terme est l'éthylène, C^2H^4 ; puis viennent deux propylènes isomères, C^3H^6 ; trois butylènes, C^4H^8 ; cinq amylènes ; etc.

3° *Série acétylénique* ou des carbures acétyléniques C^nH^{2n-2} : acétylène, C^2H^2 ; allylène, C^3H^4, etc.

4° *Série aromatique* ou des carbures aromatiques. On les subdivise en plusieurs groupes dont les principaux sont : celui des carbures benzéniques C^nH^{2n-6} (benzine C^6H^6 ; toluène, C^7H^8 ; xylènes, C^8H^{10}, etc.) ; celui de l'anthracène, $C^{14}H^{10}$, et celui de la naphtaline, $C^{10}H^8$.

5° *Série térébénique* ou des carbures térébéniques C^nH^{2n-4}, comprenant l'essence de térébenthine $C^{10}H^{16}$, et une foule de carbures isomères qu'on rencontre dans la plupart des essences naturelles végétales.

RÉSUMÉ DU CHAPITRE XXVI

Le *gaz d'éclairage* est un mélange de produits gazeux combustibles provenant de la distillation de la houille en vase clos et à haute température. Il est composé en grande partie d'hydrogène et de méthane, mélangés à de l'oxyde de carbone, des carbures d'hydrogène riches en carbone, de l'azote, etc. Outre le gaz d'éclairage, la distillation de la houille fournit des goudrons, des eaux ammoniacales et un résidu de coke.

Le gaz d'éclairage est très léger et traverse facilement les corps poreux. Il forme avec l'air des mélanges détonants dangereux.

Ses usages sont nombreux. On l'emploie pour l'éclairage et pour le chauffage, pour gonfler les aérostats, pour actionner les moteurs à gaz, etc.

CHAPITRE XXVII

ALCOOL ÉTHYLIQUE. — ÉTHERS-SELS

ALCOOL ÉTHYLIQUE

Formule : C^2H^6O ou $C^2H^5.OH$

218. Importance de l'alcool ordinaire. — L'alcool éthylique ou *alcool ordinaire* est un des composés les plus importants de la chimie organique, non seulement à cause de ses applications et de ses dérivés, mais parce qu'il peut être considéré comme le type des composés doués de la fonction alcoolique.

Il existe dans toutes les boissons fermentées (vin, cidre, bière, etc.), et on connaît depuis le moyen âge la manière de l'obtenir par la distillation du vin, d'où le nom d'*esprit-de-vin* qu'on lui donne encore.

219. Synthèse. — Extraction. — La synthèse de l'alcool a été réalisée par Berthelot en partant de l'éthylène : celui-ci est agité longtemps avec de l'acide sulfurique : il se forme du sulfate acide d'éthyle $SO^4H.C^2H^5$ qui, distillé avec de l'eau, donne de l'alcool :

$$SO^4H.C^2H^5 + H^2O = C^2H^5.OH + SO^4H^2.$$

Dans l'industrie, l'alcool s'extrait des liquides ayant subi la fermentation alcoolique (224) ; le plus concentré marque 97° à l'alcoomètre de Gay-Lussac.

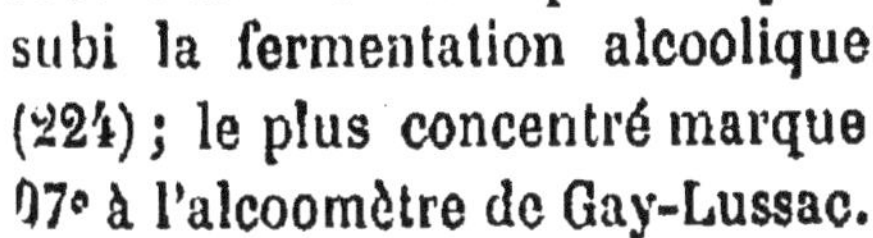

220. Propriétés physiques. — L'alcool pur est un liquide incolore, très mobile, d'une odeur agréable, d'une saveur brûlante ; sa masse spécifique est $0^g,8$. Il bout à 78°. Injecté dans la circulation, il coagule l'albumine du sang et peut déterminer rapidement la mort.

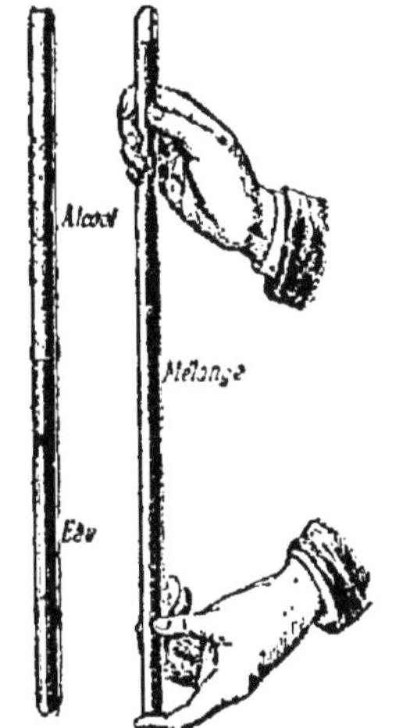

Fig. 145. — Mélange d'eau et d'alcool

L'alcool se mélange à l'eau en toutes proportions ; mais ce mélange est accompagné d'une contraction de volume (*fig.* 145), contraction maxima pour $47^{vol},7$ d'eau et $52^{vol},3$ d'alcool : il en résulte $96^{vol},35$, correspondant à la combinaison $C^2H^6.OH + 3H^2O$.

Un grand nombre de corps sont plus ou moins solubles dans l'alcool, tels sont le brome, l'iode, les essences, les résines, le camphre, l'acide borique, la potasse et la soude caustiques, la plupart des chlorures et des azotates.

221. Propriétés chimiques. — L'alcool brûle avec une flamme bleuâtre, pâle, très chaude :

$$C^2H^5.OH + 6O = 2CO^2 + 3H^2O.$$

Les deux produits réguliers de l'oxydation de l'alcool sont l'*aldéhyde ordinaire* C^2H^4O et l'*acide acétique* $C^2H^4O^2$. L'aldéhyde s'obtient par une oxydation ménagée avec l'acide azotique faible et un mélange d'acide sulfurique et de bichromate de potassium :

$$C^2H^6.OH + O = CH^3.COH + H^2O\,;$$

si cette oxydation est plus énergique, il se forme de l'acide acétique :

$$C^2H^5.OH + 2O = CH^3.CO^2H + H^2O.$$

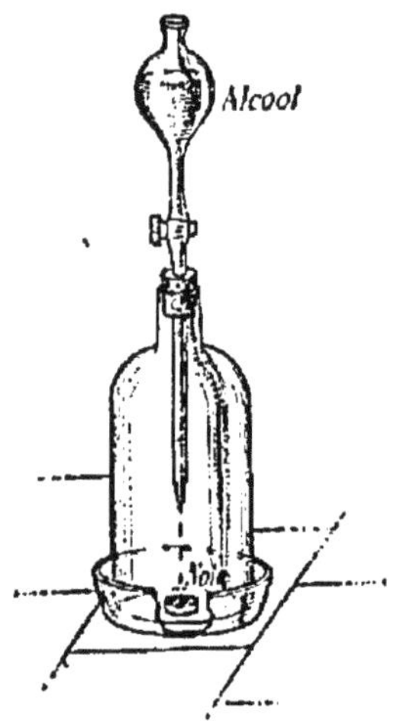

Fig. 146. — Oxydation de l'alcool par le noir de platine.

On produit des traces de ces composés en laissant couler goutte à goutte de l'alcool soit sur du noir de platine placé dans un ballon ou sous une cloche tubulée (*fig.* 146), soit sur de l'anhydride chromique ; ce dernier peut même déterminer son inflammation.

Le *potassium* et le *sodium* se dissolvent dans l'alcool en donnant un composé appelé éthylate avec dégagement d'hydrogène :

$$C^2H^5.OH + Na = C^2H^5.ONa + H^2.$$

Les *acides* réagissant sur l'alcool donnent ses différents éthers.

222. Usages. — Indépendamment de sa consommation à l'état de boissons fermentées (vin, bière, cidre), d'eaux-de-vie, de liqueurs, etc., l'alcool a de nombreuses applications. Il est utilisé pour obtenir les éthers, le collodion, le chloroforme ; on l'emploie en parfumerie comme dissolvant des essences, en pharmacie (teinture d'iode).

L'alcool incomplètement rectifié, c'est-à-dire mélangé à des éthers, des alcools, lui donnant une odeur désagréable (*alcool mauvais goût*), sert comme combustible, comme dissolvant, et pour préparer les vernis à l'alcool.

L'alcool *dénaturé* est de l'alcool auquel on a mélangé diverses impuretés (acétone, alcool méthylique impur, etc.) pour éviter les droits élevés qui frappent l'alcool ordinaire. La présence de ces impuretés rend l'alcool impropre à la consommation ; il ne saurait non plus être utilisé en parfumerie. On consomme aujourd'hui de l'alcool dénaturé comme combustible, pour produire de la force motrice (moteurs à alcool) et pour l'éclairage. Comme la flamme de l'alcool est peu éclairante, on emploie un manchon analogue à celui du bec Auer. Ce manchon est rendu incandescent par le mélange de vapeurs d'alcool et d'air.

223. Fermentation alcoolique. — La fermentation alcoolique est la transformation en alcool et gaz carbonique que subissent la plupart des glucoses sous l'influence des levûres, végétaux microscopiques appartenant à la classe des champignons :

$$C^6H^{12}O^6 = 2C^2H^5.OH + 2CO^2.$$

Pour faire une fermentation alcoolique, on introduit une dissolution de glucose avec un peu de levûre humide dans un flacon communiquant avec une éprouvette reposant sur l'eau (*fig.* 147), et on abandonne le tout à une température d'environ 25°. Il se forme une mousse abondante due au gaz carbonique ; au bout de quelques jours, le liquide a perdu sa saveur sucrée et on peut en retirer de l'alcool par distillation, tandis que le gaz carbonique s'est rassemblé dans l'éprouvette.

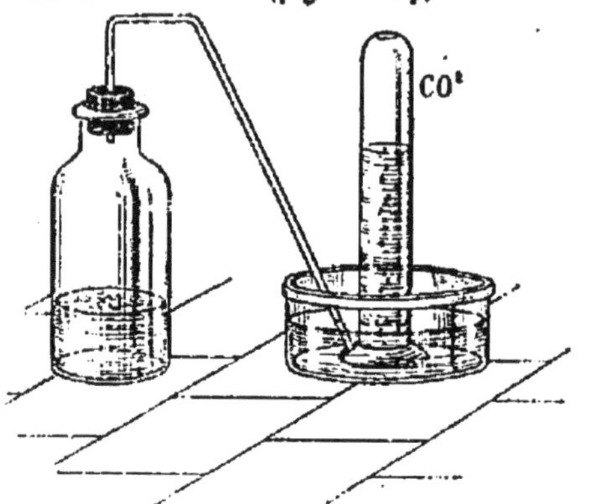

Fig. 147. — Fermentation alcoolique.

Le sucre ordinaire mis en contact avec la levûre de bière, ne fermente pas de suite comme le glucose : il fixe d'abord de l'eau et se transforme en sucre interverti, mélange de glucose et de lévulose :

$$C^{12}H^{22}O^{11} + H^2O = C^6H^{12}O^6 + C^6H^{12}O^6.$$

Sucre ordinaire.   Glucose.   Lévulose.

Cette transformation est produite par un ferment (*invertine*) que contient la levûre de bière. Le sucre interverti, une fois formé, subit la fermentation alcoolique sous l'influence de la levûre.

224. Extraction de l'alcool. — *L'alcool s'extrait des liquides ayant subi la fermentation alcoolique.* On l'obtenait autrefois par simple distillation, soit des boissons fermentées, soit des fruits ayant subi la fermentation (pommes, cerises, etc.) ; ces sources d'alcool sont devenues peu à peu insuffisantes et aujourd'hui on extrait l'alcool des mélasses, de la betterave, des pommes de terre, des grains (orge, seigle, maïs). Pour toutes ces substances, il faut d'abord préparer une liqueur sucrée fermentescible, puis faire fer-

menter cette liqueur par la levûre, avant de pouvoir extraire l'alcool par distillation.

Distillation des liquides fermentés. — Principe. — Considérons un vin ou liquide fermenté marquant 10° à l'alcoomètre de Gay-Lussac, contenu dans un alambic chauffé
et en communication avec un serpentin refroidi. L'ébullition de ce vin commence vers 93° et le premier liquide
coulant à la sortie du réfrigérant marque 51° à l'alcoomètre
de Gay-Lussac. Mais l'alcool se vaporisant plus vite que
l'eau, le degré alcoolique du liquide condensé diminuera
régulièrement jusqu'à zéro au fur et à mesure de l'épuisement du vin, en même temps que la température d'ébullition du vin croîtra de 92°,6 à 100°. Comme il faut distiller
1/3 de ce vin pour l'épuiser complètement, le liquide alcoolique obtenu n'aura qu'un faible degré, 30° environ. Il
n'en sera pas de même si nous forçons les vapeurs qui
s'échappent de l'alambic à traverser un certain nombre de
flacons laveurs contenant un liquide alcoolique avant de
gagner le serpentin. Ces vapeurs, en barbotant dans le liquide, s'enrichiront de plus en plus, et le produit recueilli
au réfrigérant marquera un degré plus élevé que précédemment, 60° par exemple. Pour que ce degré soit constant pendant toute la durée de la distillation, il suffira de
maintenir dans chaque flacon du liquide alcoolique à
degré constant, le plus riche étant dans le dernier flacon,
le plus pauvre dans le premier. A cet effet, nous dispose-
rons les flacons en cascade, de façon que leur contenu se
vide méthodiquement de l'un dans l'autre, le premier flacon se vidant dans l'alambic devenu générateur de vapeur
du système.

L'appareil représenté par la figure 148 réalise les conditions pré-
citées. Il comprend : une chaudière génératrice de la vapeur alcoo-

lique (elle est chauffée par un barboteur ou un serpentin amenant
de la vapeur d'eau), des plateaux pour l'épuisement méthodique des

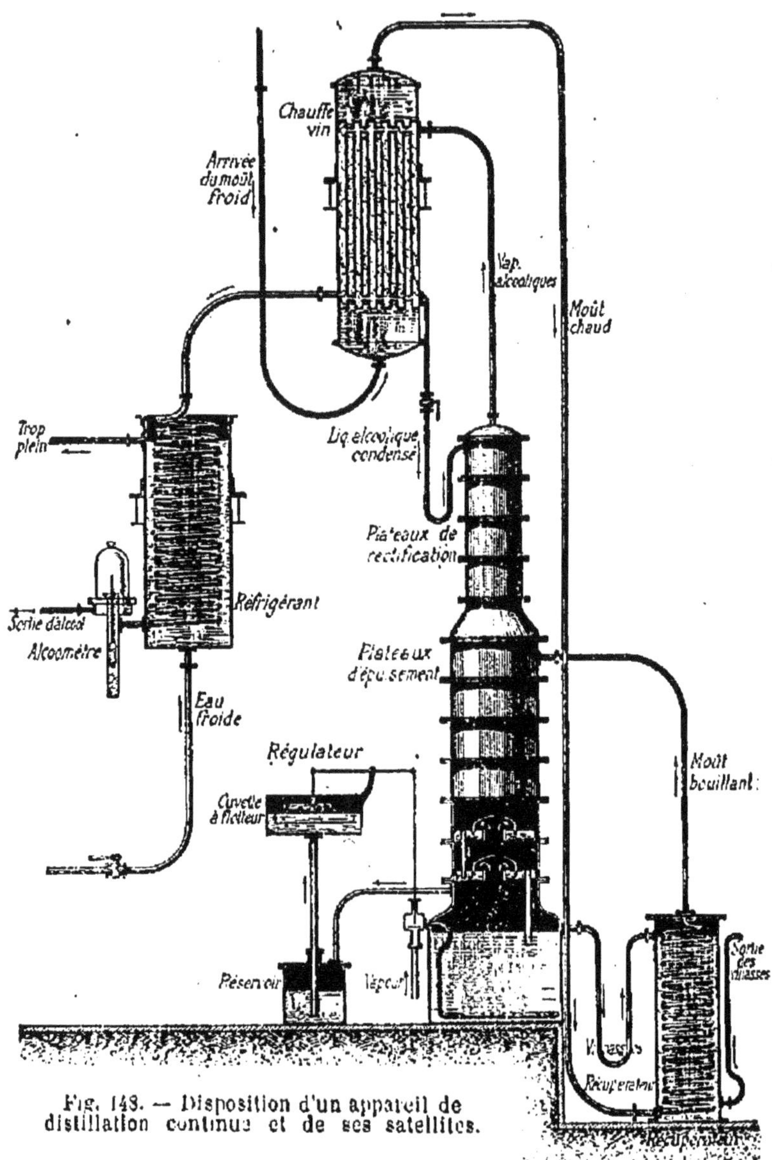

Fig. 143. — Disposition d'un appareil de
distillation continue et de ses satellites.

vins (plateaux d'épuisement) ; des plateaux pour l'enrichissement

des vapeurs alcooliques (plateaux de rectification) ; un chauffe-vin
tubulaire, dans lequel le liquide à distiller est chauffé par les vapeurs alcooliques, qui s'y condensent partiellement ; et enfin, un
réfrigérant à eau qui achève la condensation et refroidit l'alcool
produit.

Le *vin* ou moût alcoolique froid arrive dans le chauffe-vin, où il
parcourt une série de tubes verticaux entourés par les vapeurs alcooliques ; il en sort par un tuyau supérieur, qui le conduit dans
un serpentin plongé dans un récipient de fonte (récupérateur). Ce
dernier est traversé de haut en bas par les vinasses bouillantes,
qui sortent épuisées de la chaudière par un syphon. Le moût, encore
échauffé dans le récupérateur, arrive presque bouillant sur les plateaux d'épuisement et descend de plateau en plateau jusque dans
la chaudière par des tubes de trop-plein. Les vapeurs émises par
la chaudière circulent en sens contraire ; chaque plateau est percé
d'une ouverture centrale garnie d'un ajutage recouvert lui-même
d'une calotte hémisphérique qui, plongeant légèrement dans la couche de liquide à niveau constant restée sur les plateaux d'épuisement, force les vapeurs à barboter dans ce liquide avant de s'élever d'un plateau au suivant. Les vapeurs ascendantes deviennent
ainsi de plus en plus alcooliques et volatiles ; elles traversent ensuite les plateaux de rectification, sur lesquels arrive par un siphon
une certaine quantité d'alcool condensé dans le chauffe-vin, quantité réglée par un robinet. Ce nouveau barbotage dans un liquide
fortement alcoolique augmente encore la richesse des vapeurs qui,
à la sortie du réfrigérant, donnent un alcool pouvant marquer de
60 à 92° suivant l'importance de la rétrogradation et le nombre des
plateaux. L'alcool brut ainsi obtenu est appelé *flegme*.

R ECTIFICATION . — Les flegmes ainsi obtenus contiennent, outre
l'alcool ordinaire, de l'eau, des aldéhydes, des éthers, des homologues supérieurs de l'alcool ordinaire (alcools butylique, amylique,
etc.) ; tous ces produits leur communiquent une odeur et un goût
désagréables ; aussi soumet-on les flegmes à une rectification dans
des appareils à marche discontinue permettant de fractionner. Les
premières portions (*alcools de tête*) ont entraîné les aldéhydes et les
éthers ; les dernières renferment au contraire les produits les
moins volatils, comme les alcools butylique, amylique ; ce sont les
alcools de queue dits alcools *mauvais goût* ; entre ces deux sortes
d'alcools on recueille l'alcool *bon goût*.

Les esprits ou alcools bon goût fournis au commerce par cette
rectification marquent 97° à l'alcoomètre centésimal. Les *eaux-de-
vie* marquent moins de 50° ; on les colore soit à l'aide du caramel,
soit en les laissant séjourner dans des tonneaux en bois de chêne
dont elles dissolvent les matières colorantes et le tanin. Ces eaux-
de-vie peuvent être aromatisées par digestion ou par distillation
avec des plantes, des racines, des essences, etc. (fabrication des liqueurs).

225. Fonction alcool. — Nous avons dit que les alcools ont la propriété caractéristique *de s'unir aux acides pour former des éthers avec élimination d'eau.*

Tout alcool correspond à un carbure déterminé dans lequel ou aurait remplacé 1 ou plusieurs atomes d'hydrogène par un même nombre de groupes (OH) : méthane CH^4, alcool méthylique ou esprit de bois $CH^3.OH$; éthane C^2H^6, alcool éthylique $C^2H^5.OH$; propane C^3H^8, glycérine $C^3H^5(OH)^3$.

Un alcool *possède la fonction alcoolique autant de fois qu'il y a de groupes OH dans sa molécule;* ainsi, la glycérine $C^3H^5(OH)^3$ peut s'unir à 1, 2, 3 molécules d'un acide monobasique avec élimination de 1, 2, 3 molécules d'eau, et elle donne trois éthers successifs. On exprime ce fait en disant que la glycérine est un *trialcool.* L'alcool ordinaire est un *monalcool.*

ÉTHERS-SELS

226. Propriétés générales. — Nous avons dit que les éthers résultent de l'union des alcools et des acides avec élimination d'eau. Ce sont de véritables sels organiques dans lesquels le groupe hydrocarboné uni au groupe OH de l'alcool joue le même rôle que le sodium dans les sels minéraux. Ex. : NaCl. C^2H^5Cl (chlorure d'éthyle) ; SO^4NaH. $SO^4(C^2H^5)H$ (sulfate acide d'éthyle) ; SO^4Na^2. $SO^4(C^2H^5)^2$ (sulfate neutre d'éthyle).

Les *hydrates alcalins* (NaOH, KOH) décomposent les éthers et s'emparent de l'acide qui a formé l'éther au fur et à mesure de sa mise en liberté. On obtient donc finalement l'alcool qui a donné l'éther et le sel alcalin de l'acide qui a produit l'éther :

$$C^2H^5Cl + KOH = KCl + C^2H^5.OH.$$

Cette action des alcalis sur les éthers est appelée *saponification*, par analogie avec la formation des savons dans la décomposition des corps gras.

227. Principaux éthers de l'alcool éthylique. — Le *chlorure d'éthyle* C^2H^5Cl s'obtient en saturant d'acide chlorhydrique de l'alcool, puis en distillant ce mélange liquide dans un ballon chauffé au bain-marie ; les vapeurs de chlorure d'éthyle traversent un flacon laveur à eau qui retient l'acide chlorhydrique entraîné ; elles sont séchées sur du chlorure de calcium et condensées dans un matras

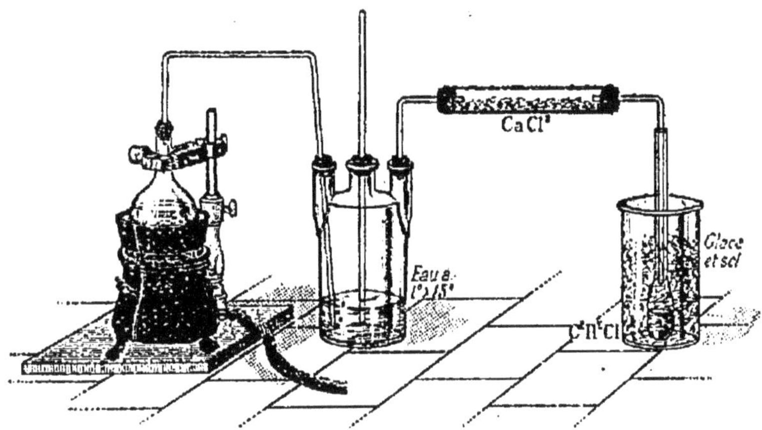

Fig. 149. — Préparation du chlorure d'éthyle.

entouré d'un mélange réfrigérant (*fig.* 149). On conserve cet éther en tubes scellés.

C'est un liquide incolore, très mobile, à odeur éthérée pénétrante ; il bout à 11° ; il peut être enflammé et brûle avec une flamme verdâtre :

$$C^2H^5Cl + 6O = 2CO^2 + 2H^2O + HCl.$$

Le chlore l'attaque et donne des produits de substitution jusqu'au sesquichlorure de carbone C^2Cl^6, solide.

L'iodure d'éthyle C^4H^5I se prépare en introduisant dans un ballon (fig. 150) un mélange de 50ᵍ d'alcool et 10ᵍ de phosphore rouge ;

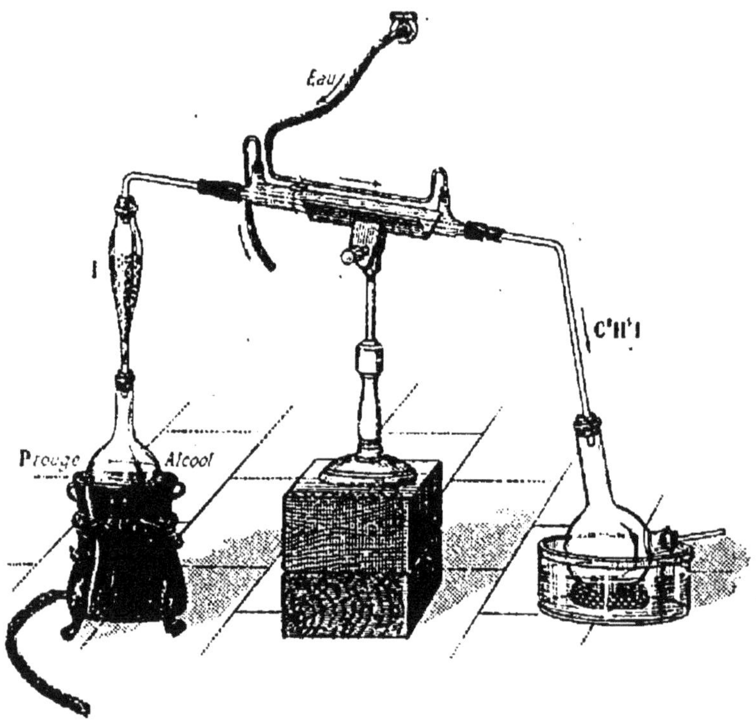

Fig. 150. — Préparation de l'iodure d'éthyle.

on surmonte le ballon d'une allonge contenant 50ᵍ d'iode et communiquant avec un réfrigérant ascendant, puis on chauffe jusqu'à disparition complète de l'iode. On incline alors le réfrigérant en sens inverse et on distille en condensant les vapeurs dans un ballon refroidi. L'iodure ainsi obtenu est lavé à l'eau alcaline, mis à digérer avec du chlorure de calcium, et enfin redistillé.

L'iodure d'éthyle est un liquide incolore, d'une odeur légèrement alliacée ; sa masse spécifique est 1ᵍ,98. Il se prête facilement aux doubles décompositions ; ainsi il décompose, même à froid, une dissolution d'azotate d'argent, en donnant un précipité jaune d'iodure d'argent et un éther, l'azotate d'éthyle :

$$C^4H^5I + AzO^6Ag = AgI + AzO^5 . C^4H^5 ;$$

chauffé avec l'éthylate de sodium, il produit une réaction analogue :

$$C^4H^5I + C^4H^5 . ONa = NaI + (C^4H^5)^2O \text{ (éther ordinaire).}$$

Chauffé avec certains métaux, l'iodure d'éthyle donne des composés dits *organo-métalliques,* formés par l'union de ces métaux avec les radicaux alcooliques C^4H^5, etc.; ex.:

$$2C^2H^5I + 2Zn = ZnI^2 + Zn(C^2H^5)^2;$$

ce dernier, ou *zinc-éthyle*, est un liquide très inflammable, à odeur désagréable.

L'iodure d'éthyle, outre son emploi dans les laboratoires, est utilisé dans la fabrication de certaines couleurs d'aniline (violets Hofmann).

L'*acétate d'éthyle* $C^2H^3.C^2H^5O^2$ ou éther acétique existe dans le vinaigre de vin; on le prépare en distillant dans une cornue munie d'une allonge et d'un ballon refroidi (*fig.* 151) un mélange fait d'avance d'alcool, d'acide sul-

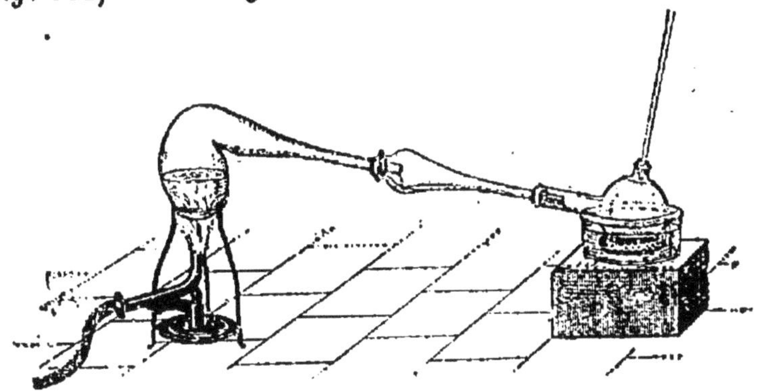

Fig. 151. — Préparation de l'acétate d'éthyle.

furique et d'acétate de sodium fondu. Le produit distillé est mélangé d'abord avec un peu de chaux en poudre, puis avec du chlorure de calcium, et redistillé.

C'est un liquide incolore, d'une odeur agréable; il brûle avec une flamme jaunâtre et est saponifié par les alcalis. On l'emploie en médecine comme calmant des voies respiratoires.

Enfin le *formiate d'éthyle* $C^2H^5.CO^2H$ a une odeur forte et pénétrante; il communique aux alcools la saveur du rhum.

228. Éther ordinaire, $C^4H^{10}O$ ou $O(C^2H^5)^2$. — L'éther ordinaire est un oxyde alcoolique correspondant à l'alcool éthylique.

Préparation. — *On prépare l'éther en faisant agir de l'acide sulfurique sur de l'alcool vers 140°.* Un mélange fait d'avance d'alcool et d'acide sulfurique est introduit dans un ballon chauffé au bain de sable (*fig. 152*); on y laisse

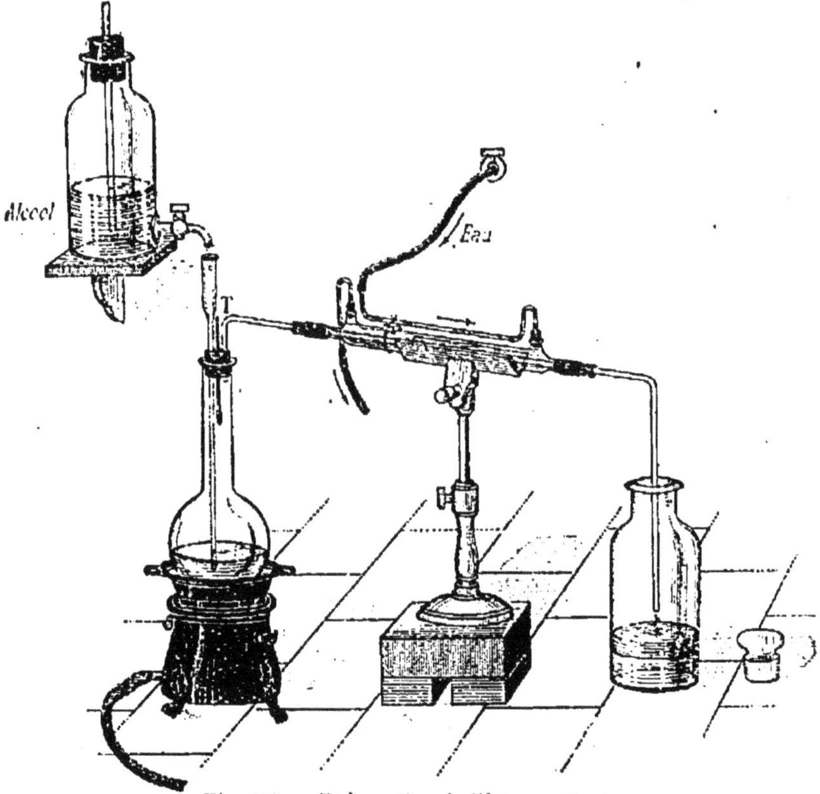

Fig. 152. — Préparation de l'éther ordinaire.

tomber de l'alcool goutte à goutte, de manière à maintenir la température aux environs de 140°; on recueille un mélange d'alcool, d'éther et d'eau. L'éther surnage, on le distille avec de la chaux et du chlorure de calcium pour le déshydrater.

L'acide sulfurique introduit dans le ballon peut éthérifier jusqu'à 20 fois sa masse d'alcool. Cette éthérification se produit en deux phases : 1° production d'acide éthylsulfurique :

$$C^2H^5.OH + SO^4H^2 = SO^4H.C^2H^5 + H^2O ;$$

2° formation de l'éther et régénération de l'acide sulfurique :

$$SO^4H.C^2H^5 + C^2H^5.OH = O(C^2H^5)^2 + SO^4H^2.$$

Théoriquement, l'acide sulfurique devrait donc servir indéfiniment ; mais en pratique il y a toujours des pertes dues à la réduction de cet acide par le carbone contenu dans l'alcool.

Propriétés. — L'éther est un liquide incolore, d'une odeur forte caractéristique, sa masse spécifique est 0ᵍ,74. Il est peu soluble dans l'eau, soluble dans l'alcool ; il dissout lui-même le brome, l'iode, les graisses, les résines, des alcaloïdes et un grand nombre de sels : chlorures, bromures, etc.

L'éther est très volatil ; il bout à 35°, et sa vapeur, mélangée à l'oxygène, détone. Pour faire l'expérience, on agite quelques gouttes d'éther dans un flacon plein d'oxygène et on enflamme : il se produit une détonation très forte. Il faut donc manier l'éther loin de toute flamme. Il brûle facilement avec une belle flamme blanche.

Par oxydation, l'éther donne surtout de l'aldéhyde ordinaire. On peu constater la présence de l'aldéhyde en suspendant une spirale de platine portée au rouge au-dessus d'une couche d'é-

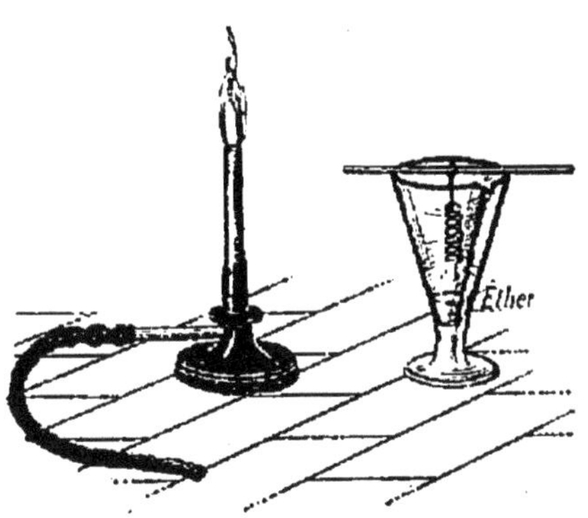

Fig. 153. — Expérience de la lampe sans flamme.

ther contenue dans un verre (*fig.* 153) ; la spirale reste

incandescente par la combustion des vapeurs qu'elle provoque, et cette combustion est accompagnée d'une odeur suffocante due à l'aldéhyde formé.

Usages. — L'éther sert à préparer le collodion, la mélinite; on l'utilise comme dissolvant d'alcaloïdes et de matières grasses. C'est un anesthésique puissant souvent employé en chirurgie; à l'intérieur on l'administre comme calmant.

RÉSUMÉ DU CHAPITRE XXVII

L'alcool éthylique ou alcool ordinaire $C^2H^5.OH$ se forme dans diverses circonstances : fermentation du glucose par la levûre; absorption de l'éthylène par l'acide sulfurique et distillation avec de l'eau du sulfate acide d'éthyle obtenu. L'alcool a une saveur brûlante; il bout à 78° et se mélange à l'eau en produisant une contraction de volume; il dissout un grand nombre de corps, particulièrement l'iode, le camphre, les résines, la potasse.

Par oxydation, l'alcool se transforme d'abord en aldéhyde, puis en acide acétique. Les métaux alcalins s'y dissolvent avec dégagement d'hydrogène. Outre sa consommation à l'état de boissons fermentées, l'alcool bon goût sert à préparer ses éthers, le collodion, etc.; on l'emploie en pharmacie et en parfumerie. L'alcool mauvais goût est utilisé comme combustible et comme dissolvant.

La *fermentation alcoolique* est la transformation des glucoses en alcool et en gaz carbonique sous l'influence des levûres.

L'alcool a une foule d'origines : boissons fermentées, mélasses, betteraves, pommes de terre, céréales. Sauf dans le cas des boissons fermentées, il faut d'abord préparer une liqueur sucrée fermentescible, puis faire fermenter cette liqueur par la levûre, avant de pouvoir extraire l'alcool par distillation. La distillation des liquides fermentés repose sur l'inégale volatilité de l'eau et de l'alcool. Ce n'est pas une distillation simple, car il faudrait dans ce cas distiller un tiers du liquide pour en retirer tout l'alcool, et le liquide obtenu serait à bas degré. Les vapeurs qui s'échappent de l'alambic traversent des liquides alcooliques et s'enrichissent de plus en plus avant de gagner le réfrigérant.

Les alcools s'unissent aux acides pour former des éthers. Tout alcool possède la fonction alcoolique autant de fois qu'il contient de groupes OH.

Les éthers sont décomposés par les hydrates alcalins; il y a régénération de l'alcool et formation d'un sel alcalin (saponification.)

Le *chlorure d'éthyle* C²H⁵Cl s'obtient en distillant de l'alcool saturé d'acide chlorhydrique. C'est un liquide volatil, brûlant avec une flamme verte.

L'*acétate d'éthyle* C²H³.C²H⁵O² s'obtient en distillant un mélange d'alcool, d'acide sulfurique et d'acétate de sodium ; il a une odeur agréable.

L'*éther ordinaire* C⁴H¹⁰O est un oxyde alcoolique. On le prépare par l'action de l'acide sulfurique sur l'alcool. C'est un liquide à odeur forte, très volatil, dissolvant énergique. Par oxydation, il donne de l'aldéhyde ordinaire. Il sert comme dissolvant et comme calmant.

CHAPITRE XXVIII

GLYCÉRINE. — CORPS GRAS.

GLYCÉRINE.

Formule: C³H⁸O³ ou C³H⁵(OH)³.

229. Préparation. — La glycérine est un alcool dont les éthers constituent les corps gras naturels.

Il se produit une petite quantité de glycérine dans toute fermentation alcoolique (224), mais on la retire exclusivement des corps gras.

Dans les laboratoires, *on traite un mélange d'huile d'olive et de graisse de porc par l'oxyde de plomb en présence de l'eau :* les acides gras mis en liberté se combinent à l'oxyde de plomb et forment des sels ou savons de plomb insolubles: la glycérine reste en dissolution dans l'eau.

Dans une bassine de cuivre, on met 50ᵍ d'huile d'olive, 50ᵍ d'axonge (graisse de porc) et 100ᵍ d'eau ; on porte peu à peu le mélange à l'ébullition tout en y projetant en plusieurs fois 150ᵍ de litharge et en agitant constamment ; on remplace de temps à autre l'eau qui s'évapore. L'opération est terminée quand la masse est devenue blanchâtre, homogène, demi-solide; après refroidissement, on malaxe la pâte formée par les sels de plomb; la partie aqueuse qui en est extraite est soumise à un courant d'acide sulfhydrique qui la débarrasse de la litharge dissoute; elle est filtrée sur du noir animal et évaporée dans une capsule chauffée au bainmarie; le sirop épais obtenu est la glycérine.

Dans l'industrie, la *glycérine s'obtient en grand comme produit accessoire de la saponification des corps gras* (233).

230. Propriétés. — La glycérine est sirupeuse, incolore, inodore, à saveur sucrée; sa masse spécifique est 1^g,26; elle se solidifie un peu au-dessous de 0°; elle est soluble dans l'eau et l'alcool, bout vers 275°, mais se décompose partiellement pendant la distillation; on la distille facilement dans le vide.

Au delà de 300°, sa décomposition est plus complète; il se dégage de la vapeur d'eau, divers gaz inflammables et de l'aldéhyde allylique ou acroléine, à odeur irritante. Les vapeurs de glycérine, peuvent être enflammées; elles brûlent en donnant de l'eau et de l'anhydride carbonique.

Traitée par l'acide azotique, la glycérine donne la *nitroglycérine*, $C^3H^5(AzO^3)^3$. La nitroglycérine est un liquide huileux, détonant violemment par le choc ou par une brusque élévation de température; en la faisant absorber par des terres siliceuses très fines, on obtient la *dynamite* plus maniable que la nitroglycérine.

231. Usages. — La glycérine conservant l'eau facilement, sert à maintenir humides l'argile à modeler, les cuirs non tannés; c'est un calmant employé pour les plaies, dartres, etc.

Elle sert enfin à préparer la nitroglycérine, les savons à la glycérine (250), et à extraire divers parfums.

CORPS GRAS

232. Constitution. — Les corps gras sont des mélanges en proportions variables d'éthers de la glycérine, éthers résultant de la combinaison d'une molécule de glycérine et de 3 molécules d'acides gras avec élimination de 3 molécules d'eau. Parmi ces éthers, ceux qu'on rencontre le plus souvent dans les corps gras naturels sont la trimargarine, la tristéarine et la trioléine.

La *trimargarine* $C^3H^5(C^{16}H^{31}O^2)^3$, appelée aussi tripalmitine et vulgairement margarine, existe dans presque tous les corps gras. On la retire de l'huile de palme en la comprimant et en épuisant le résidu solide par l'alcool bouillant. Elle est en petits cristaux d'aspect nacré.

La *tristéarine* $C^3H^5(C^{18}H^{35}O^2)^3$, domine dans les corps gras solides, comme la graisse des herbivores. On peut l'extraire du suif de mouton en le traitant par l'éther chaud et en faisant cristalliser; on obtient des paillettes micacées, insolubles dans l'eau, très solubles dans l'éther bouillant, fusibles à 71°.

La *trioléine* $C^3H^5(C^{18}H^{33}O^2)^3$ constitue la partie liquide de la plupart des corps gras. On la retire de l'huile d'olive en la refroidissant à 0°; la margarine se solidifie et se sépare ainsi de l'oléine, qui reste liquide. La trioléine est un liquide huileux, soluble dans l'éther et le sulfure de carbone. Elle s'oxyde rapidement à l'air en donnant des acides gras, de l'acide acrylique, etc.; c'est à ces acides qu'est dû le rancissement des huiles contenant de l'oléine.

La synthèse des corps gras a été réalisée par M. Berthelot de la manière suivante. En chauffant à 200° pendant 30 heures une mol. de glycérine successivement avec 1, 2, 3 mol. d'acide stéarique, par exemple, dans des tubes de verre scellés à la lampe, il obtint ainsi la monostéarine, la distéarine et la tristéarine; cette dernière est identique à la stéarine naturelle.

233. État naturel et propriétés des corps gras. — Les corps gras sont très répandus, tant dans le règne végétal : graines de lin, de ricin, etc. ; parties charnues des fruits (olives), etc., que dans le règne animal (cellules du tissu adipeux).

Les corps gras ont une saveur fade ; ils sont doux au toucher, font sur le papier une tache translucide persistant par la chaleur. Ils sont tous moins denses que l'eau (leur masse spécifique varie de 0ᵍ,88 à 0ᵍ,94), solubles dans l'éther, la benzine, le sulfure de carbone.

Exposés à l'air, les corps gras s'oxydent plus ou moins rapidement et rancissent en donnant des produits acides. Chauffés vers 300°, ils se décomposent, dégagent des carbures d'hydrogène, du gaz carbonique, de l'acroléine, et s'enflamment.

Étant formés d'éthers, les corps gras peuvent fixer de l'eau et régénérer leur alcool, c'est-à-dire la glycérine, ainsi que les acides gras ; c'est la *saponification* des corps gras. Cette saponification se fait soit par un alcali, qui se combine aux acides gras pour former des sels ou savons (fabrication des savons), soit par l'acide sulfurique, qui forme avec les acides gras des combinaisons facilement décomposables par l'eau à l'ébullition.

234. Corps gras solides. — Le *suif* est la matière grasse des herbivores (bœuf, mouton).

Les chandelles sont faites avec du suif fondu et coulé dans des moules en étain contenant une mèche de coton tordue ; elles brûlent en fumant et en répandant une odeur désagréable.

Le *beurre de vache* contient plus des deux tiers de tri-margarine ; le reste est surtout de l'oléine. On obtient le beurre par le battage de la crème de lait ; on le fraude fréquemment avec de la margarine à laquelle ou ajoute un peu de rocou ou de safran pour lui donner la couleur du beurre naturel.

235. **Huiles.** — Il y a peu d'huiles animales. *L'huile de foie de morue* s'extrait du foie des morues en le traitant par l'eau bouillante ; elle sert en médecine, parce qu'elle contient un peu de brome et d'iode.

Les huiles végétales s'extraient généralement par compression, soit des graines oléagineuses, soit des fruits qui en renferment. Exposées à l'air, elles s'oxydent : les unes se transforment en une sorte de résine transparente, ce sont les huiles siccatives ; les autres tout en s'oxydant restent liquides, ce sont les huiles non siccatives.

Parmi les premières, on peut citer *l'huile de lin*, employée pour la fabrication des vernis gras. Le linoleum est de l'huile de lin cuit. avec un peu de litharge, puis mélangée à de la poudre de liège *L'huile de noix* et *l'huile d'œillette* sont alimentaires. *L'huile de ricin* est visqueuse, a une saveur fade et est purgative.

Parmi les huiles non siccatives, *l'huile d'olive* est la plus importante ; l'huile vierge est alimentaire ; les huiles de qualité inférieure servent pour l'éclairage. On utilise également pour l'éclairage les *huiles de colza, de chènevis*. Les *huiles de palme* et *de coco* servent à fabriquer des savons et des bougies.

Enfin *l'huile d'amandes douces* est employée en médecine et *l'huile de noisette* en parfumerie.

RÉSUMÉ DU CHAPITRE XXVIII

La *glycérine* $C^3H^5(OH)^3$ se retire des corps gras naturels, constitués par les éthers qu'elle forme avec les acides gras. Dans les laboratoires, on saponifie l'huile d'olive et l'axonge par la litharge; dans l'industrie, c'est un produit accessoire de la saponification des corps gras. La glycérine est sirupeuse; sa saveur est sucrée ; elle se décompose par la chaleur et dégage entre autres produits de l'acroléine, à odeur irritante.

La nitroglycérine $C^3H^5(AzO^4)^3$ résulte de l'action de l'acide azotique sur un mélange de glycérine et d'acide sulfurique. C'est un liquide huileux, explosif. En la faisant absorber par une terre siliceuse spéciale, on obtient la dynamite.

On emploie la glycérine comme lubréfiant, comme siccatif, pour préparer la nitroglycérine, etc.

Les *corps gras naturels* sont des mélanges d'éthers neutres de la glycérine, et principalement de tristéarine, trimargarine et trioléine.

La trimargarine ou tripalmitine existe surtout dans l'huile de palme ; elle forme des petits cristaux nacrés.

La tristéarine s'extrait du suif de mouton ; elle est en paillettes micacées.

La trioléine est liquide et se retire de l'huile d'olive ; elle rancit à l'air en s'oxydant.

Les corps gras ont une saveur fade ; ils font sur le papier une tache persistante et se dissolvent dans l'éther. Exposés à l'air, ils rancissent en s'oxydant. On peut les saponifier, soit par un alcali, qui forme avec les acides gras des savons, soit par l'acide sulfurique, qui s'unit à la glycérine et met les acides gras en liberté. Les principaux corps gras solides sont : le suif, matière grasse des herbivores, servant à faire les chandelles ; le beurre de vache, formé principalement de trimargarine. Les huiles végétales contiennent surtout de l'oléine ; aussi s'oxydent-elles par exposition à l'air. En s'oxydant, les unes se transforment en une sorte de résine (huiles siccatives), les autres restent liquides (huiles non siccatives).

CHAPITRE XXIX

ACIDE ACÉTIQUE.— VINAIGRE

ACIDE ACÉTIQUE

Formule : $C^4H^4O^2$.

236. État naturel. — Préparation. — L'acide acétique résulte de l'oxydation complète de l'alcool ordinaire ; c'est le principe acide du vinaigre.

Il existe dans beaucoup de végétaux à l'état d'acétates de potassium, de sodium, de calcium. Enfin il s'en produit dans la distillation sèche du bois, du sucre, de l'amidon.

On prépare l'acide acétique pur en distillant l'acétate de sodium fondu avec l'acide sulfurique concentré :

$$CH^3.CO^2Na + SO^4H^2 = CH^3.CO^2H + SO^4NaH.$$

On se sert d'un appareil distillatoire ordinaire (*fig.* 154),

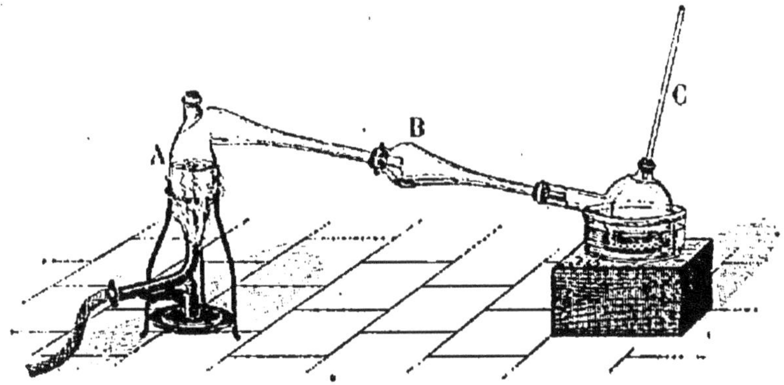

Fig. 154. — Préparation de l'acide acétique dans les laboratoires.

on chauffe modérément ; le produit recueilli est un mélange d'acide acétique et d'eau. On l'introduit dans un petit flacon et on l'entoure de glace ; par une vive agitation, l'acide acétique se solidifie, on le sépare de la partie restée liquide.

237. Distillation du bois. — Dans l'industrie, l'acide acétique est un des produits de la carbonisation du bois en vase clos.

Le bois (hêtre, bouleau) est chauffé dans un grand cylindre en tôle épaisse (*fig.* 155). Les produits de la distillation arrivent dans un cylindre refroidi ou *barillet* qui retient les goudrons, puis sont condensés dans un réfrigé-

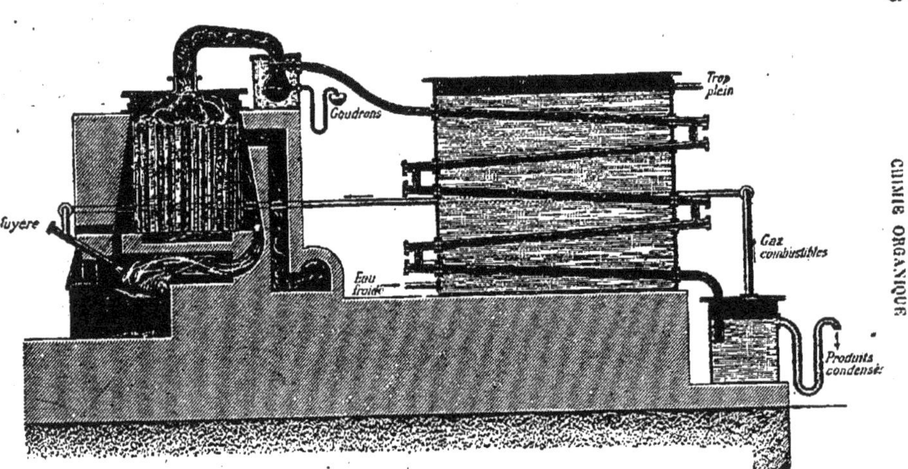

Fig. 155. — Carbonisation du bois en vase clos.

rant placé dans une bâche à eau froide, et finalement se rendent dans une boîte munie d'un siphon. Les gaz dégagés sont pour la plupart combustibles (hydrogène, oxyde de carbone, carbures d'hydrogène, etc.) ; ils sont ramenés par une tuyauterie dans une tuyère qui les dirige au-dessus de la grille. Le résidu de la carbonisation est du charbon de bois.

Les liquides condensés sont d'abord abandonnés au repos pour les séparer des goudrons, puis la partie aqueuse décantée est soumise à la distillation dans un alambic en cuivre chauffé par la vapeur : le premier dixième de la distillation est recueilli à part, il constitue l'*esprit de bois brut* (on le mélange avec de la chaux pour saturer l'acide acétique et on le rectifie comme l'alcool ordinaire ; on obtient ainsi l'*alcool méthylique* du commerce). Le liquide restant après le départ de l'esprit de bois est le *vinaigre de bois* ou acide pyroligneux brut ; on le sature par de la chaux, puis on décompose l'acétate de calcium formé par l'acide chlorhydrique.

On obtient de l'acide acétique plus pur en décomposant la solution d'acétate de calcium par du carbonate de sodium ; le carbonate de calcium se dépose ; on évapore à sec la solution d'acétate de sodium et on décompose le sel obtenu par l'acide sulfurique.

238. Propriétés. — L'acide acétique pur est un liquide incolore, à odeur pénétrante et à saveur piquante ; sa masse spécifique est $1^g,06$; il cristallise par refroidissement en lamelles transparentes et ces cristaux ne fondent plus qu'à 17° ; il bout à 118°. Il se mélange à l'eau en toutes proportions, mais ce mélange est accompagné d'une contraction, contraction maxima quand les proportions d'eau et d'acide correspondent à l'hydrate $C^2H^4O^3 + H^2O$.

Action de la chaleur. — Au contact d'un corps incandescent, les vapeurs d'acide acétique s'enflamment et brûlent avec une flamme bleue.

Ces mêmes vapeurs passant dans un tube chauffé au rouge se décomposent : il se forme du gaz carbonique, du méthane et tous les produits de la décomposition par la chaleur de ce dernier gaz (acétylène, benzine, etc.).

239. Usages. — On consomme une quantité considérable d'acide acétique à l'état de vinaigre. Il sert à fabriquer les acétates, la céruse, l'aniline ; on l'utilise également en teinture, en pharmacie, en photographie et dans les laboratoires.

240. Acétates. — L'acide acétique est monobasique, on reconnaît ses sels aux caractères suivants :

Un acétate *solide*, chauffé avec de l'acide sulfurique, dégage des vapeurs d'acide acétique ;

Un acétate *en dissolution* donne avec le chlorure ferrique une coloration rouge sang due à la formation d'acétate de fer.

L'acétate d'aluminium est employé pour imperméabiliser les étoffes (water-proofs), parce que sa dissolution exposée à l'air se transforme en acétate basique d'aluminium insoluble. *L'acétate neutre de cuivre* est en gros cristaux vert-bleuâtres ; à 250°, il se décompose en laissant un résidu charbonneux mélangé de cuivre, et il se dégage un liquide connu sous le nom de vinaigre radical et très employé en teinture. Le *verdet* ou vert-de-gris est un mélange de plusieurs acétates basiques de cuivre ; il sert en teinture et pour préparer certaines matières colorantes comme le vert de Schweinfurt. Enfin *l'acétate neutre de plomb* est en aiguilles efflorescentes, vénéneuses ; chauffé avec du protoxyde de plomb et de l'eau, il se transforme en acétate tribasique ou sous-acétate de plomb. Ce sous-acétate, traité par un courant de gaz carbonique, donne de la céruse (carbonate de plomb) et de l'acétate neutre de plomb.

FERMENTATION ACÉTIQUE. — VINAIGRE

241. Fermentation acétique. — La fermentation acétique est la transformation de l'alcool ordinaire en acide acétique sous l'influence d'une bactérie, le *Mycoderma aceti*, qui fixe l'oxygène de l'air sur l'alcool :

$$C^2H^5.OH + 2O = C^2H^4O^2 + H^2O.$$

Le *Mycoderma aceti* est constitué par de petites cellules étranglées en leur milieu (*fig.* 156). Ces cellules se réunissent en filaments et se développent rapidement à la surface des liquides alcooliques exposés à l'air, en formant une sorte de voile mucilagineux, que l'on appelle vulgairement *mère du vinaigre*. Ce ferment ne peut vivre qu'au contact de l'air ; une fois immergé, il n'agit plus.

Fig. 156. — *Mycoderma aceti.*

On utilise l'action du *Mycoderma aceti* dans la production du vinaigre.

242. Fabrication du vinaigre. — Le vinaigre se fabrique par divers procédés.

Dans le *procédé orléanais*, on introduit du vin dans des tonneaux donnant accès à l'air, et on l'acétifie en y ajoutant un peu de mère du vinaigre ; le vinaigre ainsi obtenu contient des éthers qui lui donnent un arome spécial, mais l'acétification est très lente. De plus, il se développe fréquemment dans les tonneaux de petits vers minces (anguillules) qui, ayant besoin d'air, pour respirer, submergent le mycoderme et arrêtent ainsi la fermentation.

Le procédé Pasteur produit une acétification rapide ; celle-ci s'opère dans des cuves peu profondes contenant de l'eau, avec un peu d'alcool, de vinaigre et de phosphates solubles. Ces derniers fournissent les éléments nécessaires au développement du mycoderme. On sème à la surface un peu de mycoderme en permettant à l'air de circuler librement. Chaque jour on verse une certaine quantité de vin ou de liquide alcoolique pour remplacer une quantité égale de vinaigre soutiré.

243. Propriétés du vinaigre. — Le bon vinaigre contient de 8 à 10 % d'acide acétique ; il a une odeur qui varie avec sa provenance ; sa saveur est piquante. On le falsifie quelquefois avec du poivre ou des acides divers (acide sulfurique, acide tartrique). Il sert dans l'alimentation ; on l'utilise pour fabriquer des vinaigres de toilette, en fumigations, etc.

244. Fonction acide. — Les acides organiques sont des composés provenant de l'oxydation de certains alcools, oxydation plus avancée que celle qui produit les aldéhydes : 2 atomes d'hydrogène sont enlevés, forment de l'eau et sont remplacés par un atome d'oxygène :

$$C^2H^6O + 2O = C^2H^4O^2 + H^2O.$$

$$\underset{\text{ordinaire.}}{\text{Alcool}} \qquad\qquad \underset{\text{acétique.}}{\text{Acide}}$$

Comme les acides minéraux, les acides organiques possèdent la propriété de s'unir aux bases ou aux alcools pour former des sels ou des éthers avec élimination d'eau :

$$\underset{\text{Acide acétique.}}{CH^3.CO^2H} + NaOH = H^2O + \underset{\text{Acétate de sodium.}}{CH^3.CO^2Na} ;$$

$$\underset{\text{Acide acétique.}}{CH^3.CO^2H} + CH^3.OH = H^2O + \underset{\text{Acétate de méthyle.}}{CH^3.CO^2CH^3}.$$

Les acides organiques sont caractérisés par le groupe CO^2H. D'après le nombre de ces groupes CO^2H que renferme un acide organique, il est *monobasique*, *bibasique*, *tribasique*, etc., c'est-à-dire qu'il pourra jouer 1, 2, 3, ... fois le rôle d'acide. Ainsi l'acide acétique $CH^3.CO^2H$ est monobasique, l'acide oxalique $CO^2H.CO^2H$ est bibasique, etc. Nous verrons également que les acides organiques forment des groupes correspondant aux alcools dont ils dérivent. Comme exemple, on peut citer le groupe des *acides gras* $C^nH^{2n}O^2$ qui correspondent aux alcools $C^nH^{2n+2}O$ et qui sont nécessairement monobasiques. Les acides gras les plus importants sont : l'acide formique CO^2H^2, l'acide acétique $C^2H^4O^2$, ... — l'acide palmitique $C^{16}H^{32}O^2$, l'acide stéarique $C^{18}H^{36}O^2$.

RÉSUMÉ DU CHAPITRE XXIX

L'*acide acétique* $C^2H^4O^2$ correspond à l'alcool ordinaire. Beaucoup de végétaux en contiennent à l'état d'acétates. On le prépare dans les laboratoires en chauffant l'acétate de sodium avec de l'acide sulfurique. Dans l'industrie, on distille le bois ; les produits obtenus fournissent d'abord l'alcool méthylique, puis l'acide pyroligneux ou acide acétique impur ; on purifie ce dernier en le saturant par la craie et en décomposant l'acétate formé par l'acide sulfurique.

L'acide acétique a une odeur pénétrante ; ses vapeurs sont combustibles. On le consomme à l'état de vinaigre ; il sert à fabriquer les acétates, la céruse.

Un acétate solide chauffé avec de l'acide sulfurique dégage des vapeurs d'acide acétique ; un acétate en dissolution donne avec le chlorure ferrique une coloration rouge due à la formation d'acétate de fer.

La *fermentation acétique* est la transformation de l'alcool ordinaire en acide acétique. Elle se produit sous l'influence du Mycoderma aceti, bactérie constituée par de petites cellules visqueuses, étranglées en leur milieu et ne pouvant vivre qu'au contact de l'air. On utilise cette fermentation pour produire le vinaigre. Dans le procédé orléanais, on introduit du vin dans des tonneaux donnant accès à l'air, et on l'acétifie en y ajoutant un peu de voile de mycoderme (mère du vinaigre) ; le vinaigre ainsi obtenu contient des éthers qui lui donnent un arome spécial, mais l'acétification est très lente. Le procédé Pasteur produit une acétification rapide ; celle-ci s'opère dans des cuves peu profondes contenant de l'eau, avec un peu d'alcool, de vinaigre et de phosphates solubles ; on sème à la surface un peu de mycoderme en permettant à l'air de circuler librement. Le bon vinaigre contient environ 10 % d'acide acétique, avec un peu d'alcool et d'éther acétique.

CHAPITRE XXX

ACIDES GRAS. — BOUGIES. — SAVONS

ACIDES GRAS

245. Acides gras. — On réunit ordinairement sous le nom d'acides gras trois acides : acides palmitique, stéarique et oléique qui constituent la majeure partie des corps gras naturels à l'état d'éthers de la glycérine.

L'acide palmitique $C^{16}H^{32}O^2$, appelé aussi acide margarique, existe dans un grand nombre de corps gras à l'état de tripalmitine ou tripalmitate de glycérine : huile de palme, blanc de baleine, graisse des herbivores, etc. On peut l'obtenir en saponifiant l'huile de palme par la potasse ; il se forme du palmitate de potassium qu'on décompose par un acide ; l'acide palmitique surnage. Il est en paillettes nacrées, fusibles à 62° ; il entre dans la composition des bougies et des savons.

L'acide stéarique $C^{18}H^{36}O^2$ existe aussi dans la plupart des corps gras. On l'extrait des bougies en en dissolvant des fragments dans l'alcool bouillant et faisant cristalliser. On obtient des petits cristaux nacrés.

L'acide oléique $C^{18}H^{34}O^2$ est un liquide huileux, très altérable ; à l'air, il rancit. C'est un produit accessoire de la fabrication des bougies.

BOUGIES

246. Définition. — Les bougies sont formées d'acide stéarique mélangé à un peu d'acide palmitique ; on les fabrique avec les graisses et les suifs.

La fabrication des bougies comporte deux opérations successives : *saponification*, ou dédoublement des corps gras en glycérine et acides gras ; *traitement mécanique*, qui consiste à débarrasser l'acide stéarique des acides qui l'accompagnent.

247. Saponification. — La saponification s'effectue, soit par la chaux, soit par la magnésie. Dans les deux cas, on emploie une chaudière sphérique (*autoclave*) munie d'un agitateur (*fig.* 157). On y introduit du suif, puis de

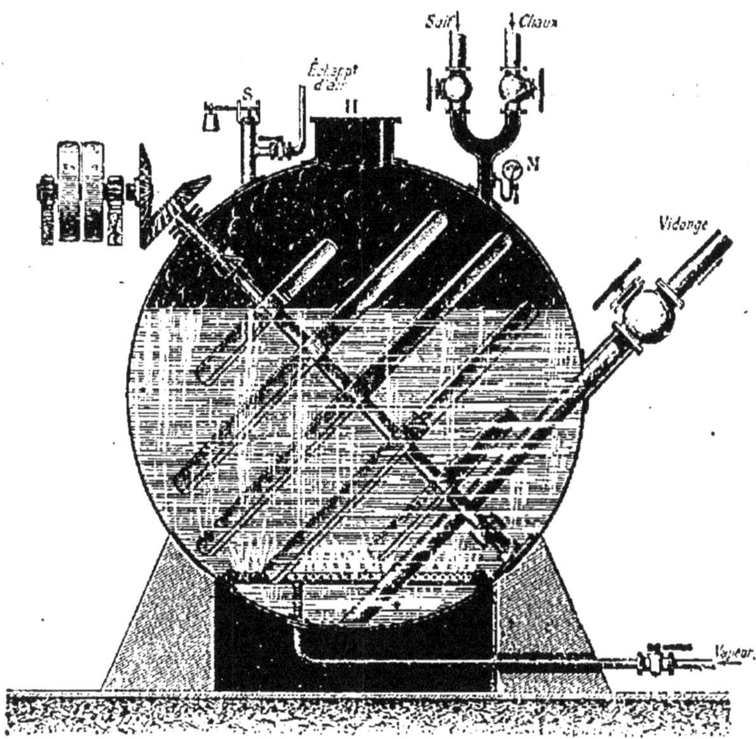

Fig. 157. — Appareil à saponifier les corps gras.

l'eau et un lait de chaux et on envoie à la partie inférieure de la vapeur sous pression : il se forme des savons de chaux et la glycérine est mise en liberté. On ouvre ensuite le robinet de vidange ; la pression existant encore dans l'autoclave force le liquide à s'élever dans ce tube. L'eau et la glycérine passent d'abord ; on reçoit ensuite les matières grasses dans une cuve contenant de l'eau acidulée par l'acide sulfurique. En faisant arriver de la vapeur au fond de la cuve, on décompose les savons de chaux ; les acides gras mis en liberté surnagent ; on les lave à l'eau bouillante, puis on les fond et on les coule dans des moules en fer-blanc étagés les uns au-dessus des autres ; ils cristallisent par refroidissement.

248. Séparation des acides gras. — Les acides gras retirés des moules sont jaunâtres ; pour en séparer l'acide oléique, qui est liquide, on les soumet par une presse hydraulique d'abord à une compression à froid, puis à une compression à chaud. Les gâteaux restant après la compression sont blancs, secs ; avant d'être coulés dans les moules, on les mélange à de la paraffine pour empêcher leur cristallisation ultérieure, qui rendrait les bougies cassantes. Les moules sont des tubes légèrement coniques (*fig.* 158) ; suivant leur axe on dispose une mèche de coton tressée imprégnée d'acide borique pour qu'elle ne puisse se recourber pendant la combustion. Tous les moules sont termi-

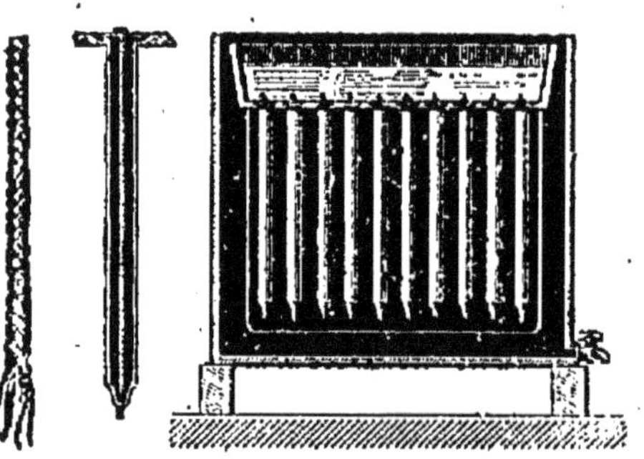

Fig. 158. — Moulage des bougies.

nés inférieurement en cône et leur partie supérieure s'ouvre dans un réservoir contenant un excès d'acide coulé destiné à combler les vides ; au sortir des moules, les bougies sont blanchies par exposition à l'air, puis rognées, polies, marquées à la machine et empaquetées.

SAVONS

249. Constitution. — Les savons sont des mélanges de sels des acides gras (palmitique, stéarique et oléique). Tandis que dans les corps gras ces acides sont combinés à la glycérine, dans les savons ils sont unis à une base. Les *savons alcalins* sont solubles dans l'eau, insolubles dans l'eau salée, et sont seuls employés pour les usages domestiques.

Tous les autres savons sont insolubles : qu'on verse de l'eau de savon dans une solution de sulfate de cuivre, on obtient un savon vert gluant insoluble à base de cuivre. Avec une eau calcaire ou une solution de chlorure de calcium, il se formerait un précipité blanc de savon de chaux ; c'est ce qui rend les eaux calcaires impropres au savonnage.

Les *savons durs* sont à base de soude ; les principaux centres de fabrication sont Nantes et Marseille ; les corps gras employés sont les huiles de palme, d'arachide, de sésame, les huiles d'olive de qualité inférieure.

Les *savons mous* sont à base de potasse ; on les fabrique surtout dans le Nord avec les huiles de lin, de colza, d'œillette, de cameline ; avec l'acide oléique provenant de la fabrication des bougies.

250. Fabrication des savons durs. — Elle comprend quatre opérations : empâtage, relargage, cuite, coulage.

Empâtage. — L'empâtage a pour but de saponifier les corps gras par des lessives alcalines.

Il se fait dans une grande chaudière cimentée intérieurement. Cette chaudière est chauffée par la vapeur qu'amène un tube reposant sur le fond et porte à la partie inférieure un robinet, dit robinet d'épinage, pour l'écoulement des lessives usées. On y introduit des volumes égaux d'huile et d'une lessive obtenue en faisant agir l'eau à 30° sur un mélange de soude brute concassée et de chaux éteinte pulvérisée. On ajoute une dissolution faible de sulfate ferreux qui formera plus tard les marbrures du savon, puis on fait arriver la vapeur. Le liquide entre en ébullition, s'épaissit peu à peu et se transforme finalement en une pâte homogène.

Relargage. — La quantité de soude qui a été employée étant trop faible pour saturer tous les acides gras mis en liberté, il est nécessaire de faire agir de nouvelles lessives, et avant cela, de séparer les lessives épuisées du savon incomplet déjà formé ; c'est cette séparation qui constitue le relargage.

On utilise la propriété du savon d'être insoluble dans l'eau salée ; des lessives salées sont ajoutées dans la chaudière à la pâte précédente ; on agite vivement de bas en haut : le savon devenu insoluble vient surnager avec les acides gras non saturés.

Cuite. — La cuite ou coction consiste à achever la saturation des acides gras par la soude. Après le relargage, on soutire les lessives usées, puis on introduit de nouvelles lessives salées et on porte le tout à l'ébullition. Lorsque le degré de concentration des lessives reste invariable, on laisse reposer ; le savon monte alors à la surface.

Coulage. — On coule le savon dans des mises quadrangulaires ; il se solidifie et se sépare ainsi de la lessive qui l'accompagne. Le savon est ensuite débité en briques à l'aide d'un fil de fer ; c'est le *savon marbré* ; ses marbrures, d'un bleu noirâtre, sont dues au savon de fer qui s'est réparti dans la masse.

Le *savon blanc* ne renferme pas de savon de fer ; les opérations sont les mêmes que pour obtenir le savon marbré, mais on n'ajoute pas de sulfate de fer à l'empâtage. Le savon blanc renferme 45 °/₀ d'eau ; séché et chauffé avec de la glycérine, il donne les savons à la glycérine, transparents.

Les *savons de toilette* se fabriquent avec des corps gras de première qualité ; on les colore par des couleurs d'aniline. Les savons fins sont parfumés en les broyant avec une essence ; pour les savons communs, on ajoute l'essence en les coulant dans les mises.

251. Fabrication des savons mous. — Les savons mous sont colorés artificiellement, soit en vert par le sulfate d'indigo, soit en noir par le tanin. Les huiles ou l'acide oléique employés sont chauffés avec des lessives obtenues avec les potasses brutes et la chaux. Quand la saponification est terminée, on évapore pour amener le savon à consistance convenable, puis on le coule dans des tonneaux.

RÉSUMÉ DU CHAPITRE XXX

L'acide palmitique $C^{16}H^{32}O^2$ et *l'acide stéarique* $C^{18}H^{36}O^2$ sont en paillettes nacrées et existent dans la plupart des corps gras à l'état d'éthers neutres de la glycérine ; le premier s'obtient en saponifiant l'huile de palme par la potasse, le second se retire des bougies. *L'acide oléique* $C^{18}H^{34}O^2$ est un liquide huileux, qui rancit à l'air.

Les *bougies* sont constituées en grande partie par de l'acide stéarique. On les fabrique en saponifiant des corps gras (principalement le suif de bœuf) par la chaux et débarrassant ensuite l'acide stéarique de l'acide oléique qui l'accompagne. La saponification par la chaux se fait dans un autoclave où arrive de la vapeur d'eau sous pression ; les acides gras obtenus sont fondus, coulés dans des moules, puis soumis à la compression pour en séparer l'acide oléique, et enfin coulés dans des moules métalliques contenant une mèche de coton imprégnée d'acide borique.

Les *savons* sont des sels des acides palmitique, stéarique et oléique. On n'emploie que les savons alcalins, seuls solubles dans l'eau. Les savons durs sont à base de soude ; les savons mous à base de potasse. La fabrication des savons durs comprend les opérations suivantes : empâtage ou saponification des huiles par des lessives à base de soude ; relargage, ou séparation des lessives épuisées à l'aide de lessives salées qui rendent le savon insoluble ; cuite, pour achever la saponification par la soude ; enfin coulage dans des mises. Les marbrures du savon ordinaire sont dues au savon de fer qui s'est formé par l'addition de sulfate ferreux pendant l'empâtage.

CHAPITRE XXXI

HYDRATES DE CARBONE

252. Constitution. — On donne le nom d'hydrates de carbone à un groupe de composés organiques naturels dont l'oxygène et l'hydrogène sont en proportion convenable pour former de l'eau : ex. : glucose $C^6H^{12}O^6$, sucre de canne $C^{12}H^{22}O^{11}$, amidon $C^6H^{10}O^5$, etc.

Les hydrates de carbone ont généralement un goût doux ou sucré ; la plupart sont solubles dans l'eau, insolubles dans l'alcool. Ils se décomposent à une température plus ou moins élevée. Enfin l'acide azotique concentré forme avec ces composés des éthers, généralement explosifs, comme le coton-poudre.

GLUCOSE ORDINAIRE
Formule : $C^6H^{12}O^6$.

253. État naturel. — Le glucose est très répandu dans les végétaux : on le rencontre dans les figues, les prunes, à la surface desquelles il forme des efflorescences blanches ; il existe aussi dans le miel, le sang, l'urine des diabétiques.

254. Préparation. — On peut obtenir du glucose dans les laboratoires en faisant arriver un courant de vapeur d'eau au fond d'une éprouvette à pied (*fig.* 159) contenant de l'amidon délayé dans de l'eau acidulée par 1/20 d'acide sulfurique. L'opération est terminée quand la liqueur est devenue incolore et ne se colore plus par l'iode ; l'amidon s'est

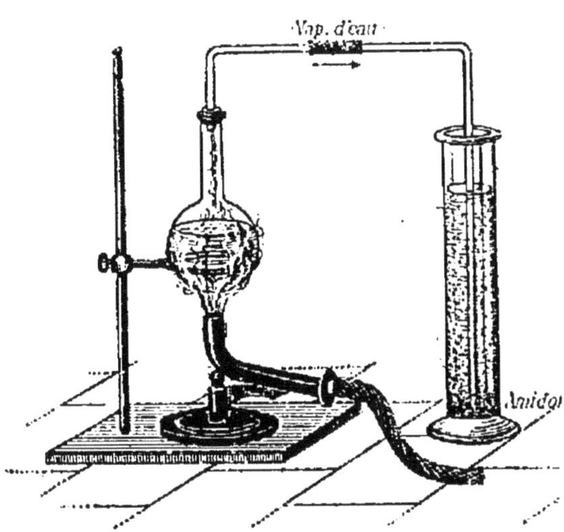

Fig. 159. — Préparation du glucose dans les laboratoires.

changé d'abord en dextrine, puis en glucose. On sature par la craie, on filtre pour séparer le sulfate de calcium et on évapore au bain-marie jusqu'à consistance sirupeuse ; par refroidissement, le glucose se prend en masse cristalline.

Dans l'industrie, *on prépare le glucose en saccharifiant sous pression la fécule verte par l'acide sulfurique étendu.*

On opère dans un autoclave en cuivre (*fig.* 160), muni d'un tampon de chargement, d'un trou d'homme, d'un barboteur de vapeur, d'un robinet de prise d'échantillon R, d'un robinet R' pour l'eau acidulée, d'un robinet R" qui permet de relier l'autoclave à une cuve à saturation, d'une soupape de sûreté et d'un manomètre.

La fécule étant chargée sur une grille placée à la partie inférieure, on y ajoute environ 3 parties d'eau et 5 °/₀ d'acide sulfurique. On chauffe de façon à atteindre rapidement la pression de 3ᵏᵍ, qu'on maintient pendant 3/4 d'heure. La saccharification achevée, on vide l'autoclave en ouvrant le robinet R" ; son contenu, sous l'influence de la pression intérieure, passe dans la cuve à saturation. Le couvercle de cette cuve porte une cheminée pour

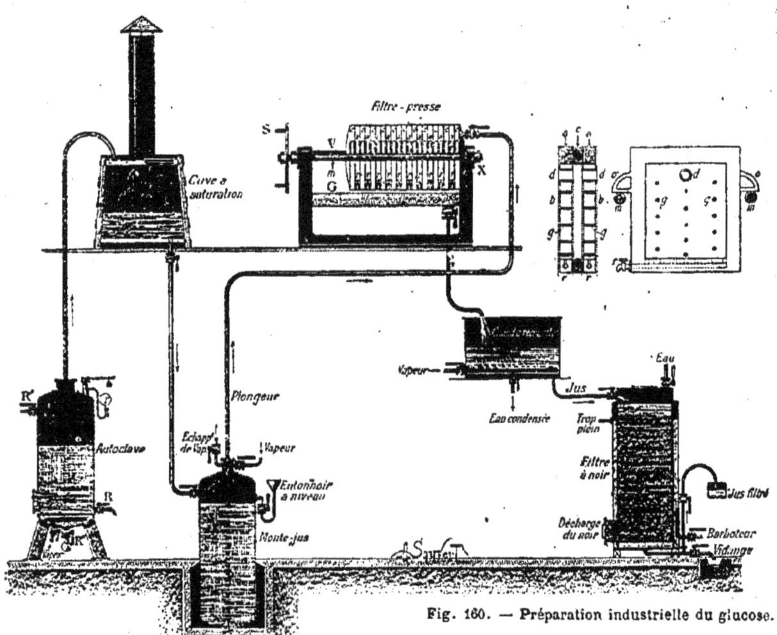

Fig. 160. — Préparation industrielle du glucose.

l'évacuation des gaz et un tampon pour y introduire le carbonate de calcium servant à la saturation. Après mélange intime, le liquide doit être neutre ou très légèrement acide. On l'envoie par un monte-jus dans le filtre-presse, qui a pour but de séparer la solution de glucose du précipité formé de sulfate de calcium, de carbonate de calcium en excès et de matières organiques non solubilisées apportées par la fécule.

On vend le glucose sous trois formes différentes : 1° *sirop de glucose* ou sirop de fécule ; 2° *glucose en masse*, jaunâtre, dur ; 3° *glucose granulé*, plus pur que les précédents, en petits cristaux blancs.

255. Propriétés. — Le glucose se présente en grains blancs ou en mamelons opaques formés d'aiguilles blanches contenant 1 mol. d'eau : $C^6H^{12}O^6 + H^2O$; il est trois fois moins sucré que le sucre ordinaire ; sa masse spécifique est $1^g,55$. Il est soluble dans l'eau, peu soluble dans l'alcool.

Action de la chaleur. — Chauffé, le glucose se ramollit à 60°, fond, puis un peu au delà de cette température perd son eau de cristallisation ; à 180° il se transforme en un premier anhydride, le glucosane,

$$C^6H^{12}O^6 - H^2O = C^6H^{10}O^5,$$

incolore et peu sucré ; puis le glucosane se déshydrate lui-même et donne des produits bruns analogues au caramel.

Fermentation. — La solution de glucose fermente directement sous l'influence de la levûre de bière ; il se dégage de l'anhydride carbonique, le liquide contient ensuite de l'alcool.

Pouvoir réducteur. — Le glucose est doué de propriétés réductrices : il réduit à chaud l'azotate d'argent ammoniacal, le chlorure d'or, le sublimé corrosif, le sulfate ferrique, l'acétate de cuivre. La solution de sulfate de cuivre ayant une réaction acide au tournesol, n'est précipitée avec formation d'oxyde cuivreux rouge que très incomplètement, même après une longue ébullition; il faut rendre cette solution alcaline : pour cela, on y ajoute d'abord une solution d'acide tartrique pour empêcher sa précipitation par les alcalis, puis on l'additionne de potasse ou de soude; la liqueur bleue obtenue, dite *liqueur cupro-potassique*, est réduite facilement par le glucose à l'ébullition. Pour le dosage des glucoses, on emploie des liqueurs cupro-potassiques de composition connue.

Action des acides. — Un certain nombre de corps naturels appelés *glucosides*, sont des éthers du glucose. Le glucose est donc un alcool.

En dissolvant le glucose dans de l'acide azotique fumant, on obtient le glucose pentanitrique $C^6H^7O(AzO^3)^5$.

Action des alcalis. — Le glucose se combine aux bases solubles; il se forme des glucosates analogues aux alcoolates, mais plus altérables que ces derniers : si l'on chauffe du glucose avec une dissolution de soude ou de potasse, le liquide brunit; cette réaction peut servir à reconnaître la présence du glucose dans les cassonades.

256. **Usages.** — Le glucose sert dans la fabrication des liqueurs, de la bière, du pain d'épices; en confiserie. On l'utilise également pour renforcer le titre alcoolique des petits vins, pour falsifier le miel et les cassonades; pour préparer le caramel, qui sert à colorer en brun le rhum, la bière, le vinaigre, etc.

SACCHAROSE

Formule: $C^{12}H^{22}O^{11}$.

257. État naturel. — Le saccharose, plus connu sous les noms de *sucre de canne*, *sucre de betterave*, *sucre ordinaire*, se rencontre dans un grand nombre de végétaux. canne à sucre ; racines de betterave, de carotte, de navet ; érable, palmier, maïs, etc.

258. Extraction. — Le sucre s'extrait principalement de la betterave.

Les betteraves sont découpées en tranches ou cossettes et introduites avec de l'eau dans des cylindres appelés *diffuseurs* : le sucre passe, filtre en quelque sorte, à travers les membranes des cellules de betteraves avec une partie des sels et des matières organiques qui l'accompagnent. Le jus obtenu doit être débarrassé des impuretés qui, sans cela, altéreraient le sucre et empêcheraient sa cristallisation. On y ajoute de la chaux, qui transforme le sucre en sucrate de calcium, puis on décompose ce sucrate par un courant de gaz carbonique : les matières organiques se coagulent ; la plupart des acides sont précipités à l'état de sels de calcium ; enfin, le carbonate de calcium formé dans la décomposition du sucrate de calcium entraîne mécaniquement d'autres impuretés.

Le traitement s'effectue dans des chaudières carrées (*fig.* 161), munies d'un serpentin de chauffe, d'un barboteur pour le gaz carbonique, d'un émousseur à vapeur et d'un couvercle avec cheminée. La chaudière étant chargée de jus, on y ajoute 2 % de chaux à l'état de lait puis on commence à chauffer et on insuffle du gaz. Des mousses abondantes se forment à la surface du liquide ; on les abat avec un peu de beurre et par un jet de vapeur venant du tube émousseur.

Les réactions que nous avons citées plus haut se produisent.

Quand l'opération est terminée, le jus présente une belle couleur ambrée et le précipité (*écumes*) se décante rapidement.

Le contenu de la chaudière est vidé dans un bac de dépôt où la

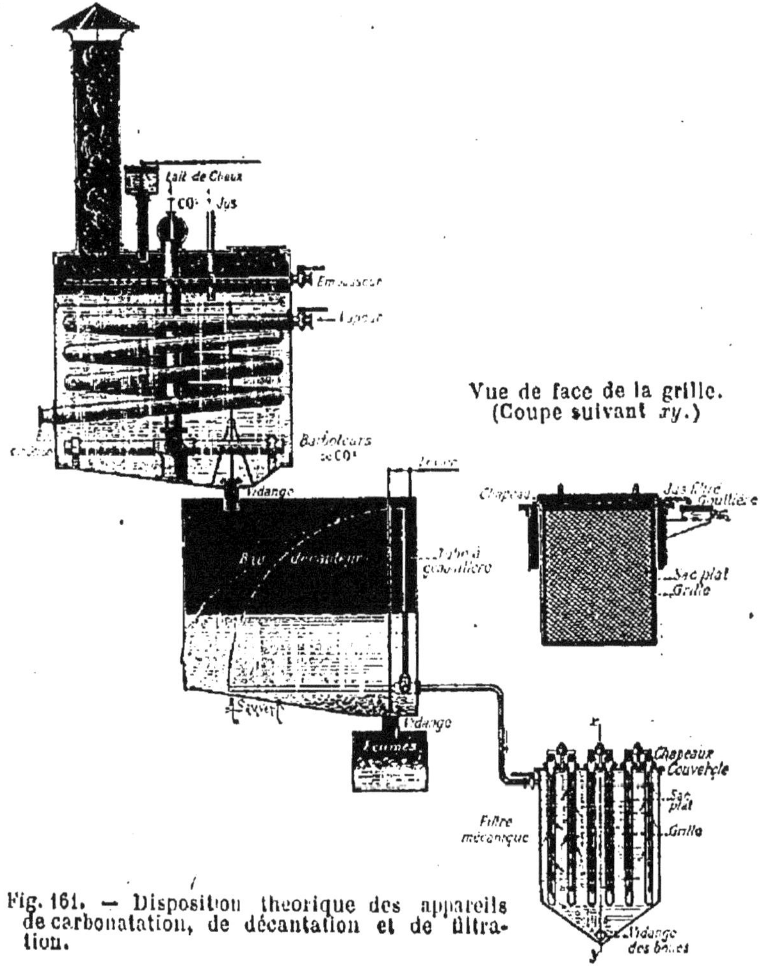

Fig. 161. — Disposition théorique des appareils de carbonatation, de décantation et de filtration.

décantation s'achève. Le jus clair est soumis à une deuxième carbonatation dans des chaudières identiques aux précédentes, puis filtré mécaniquement à travers des sacs en toile.

Le jus ainsi épuré doit être concentré. Cette concentration ne s'effectue pas à l'air libre, car à la température

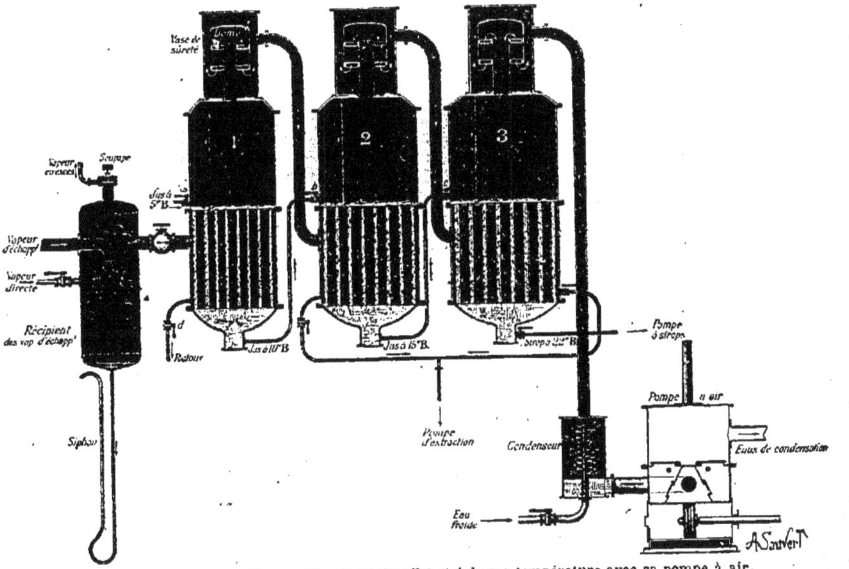

Fig. 162. — Appareil d'évaporation à triple-effet et à basse température avec sa pompe à air.

d'ébullition qui correspond à la pression atmosphérique, une partie du sucre se caraméliserait en colorant la masse. On évapore le jus sous pression réduite et par suite à basse température, dans un appareil dit à *triple effet*, qui fait passer le jus marquant 5° Baumé à l'état de sirop à 22° Baumé. Les sirops obtenus sont alors évaporés dans le vide jusqu'au point où le sucre s'en sépare par cristallisation.

L'appareil à triple-effet se compose de trois chaudières verticales en fonte munies d'un faisceau tubulaire en laiton (*fig.* 162). Le jus y occupe l'intérieur des tubes, tandis que la vapeur n'est admise que dans l'espace intertubulaire. On maintient une mince couche de jus au-dessus des plaques tubulaires supérieures en réglant les robinets *a*, *b* et *c*.

La vapeur arrive dans la chambre du 1er corps, échauffe le jus, se condense et retourne par le robinet *d* à l'alimentation des générateurs. Les vapeurs émises par le jus pénètrent dans la chambre intertubulaire du 2e corps, après s'être dépouillées dans un vase de sûreté des gouttelettes sucrées mécaniquement entraînées. Le jus du 2e corps entre en ébullition, et ses vapeurs vont chauffer de la même manière la dernière chaudière, dont les vapeurs sont condensées par une injection d'eau froide. Une pompe à air aspire et refoule à la fois l'eau d'injection, les vapeurs condensées et l'air ; on règle l'arrivée du jus, l'eau d'injection et la vitesse de la pompe de manière que l'ébullition ait lieu à 96° (pression 650^{mm}) dans le 1er corps, 82° (380^{mm}) dans le 2e corps et 54° (110^{mm}) dans le 3e corps. Les eaux de condensation des 2e et 3e corps s'extraient par une pompe aspirante spéciale, à cause du vide partiel existant dans les espaces intertubulaires. Enfin, l'extraction du sirop se fait au bas du 3e corps, par une pompe à sirops.

Il faut enfin concentrer les sirops jusqu'au point où le sucre s'en sépare par cristallisation.

Cette concentration s'effectue dans de grandes chaudières garnies d'une enveloppe isolante en bois (*fig.* 163). Cette chaudière est munie : d'une soupape de vidange, de trois serpentins de vapeur superposés, d'un tube plongeur pour le sirop, de lunettes-fenêtres en cristal, d'une sonde d'épreuve, d'un indicateur du vide, et enfin d'un large tube communiquant avec un vase de sûreté à cloche et avec une pompe à air, pourvue comme celle du triple-effet d'un condenseur à injection. Le vide étant fait par cette pompe, on ouvre le robinet de prise du sirop. Dès que le 1er serpentin est couvert, on y envoie la vapeur ; le sirop entre en ébullition : il se produit

des mousses que l'on abat en introduisant un peu de beurre. On
pousse la concentration jusqu'à 40 ou 42° B., puis on injecte une

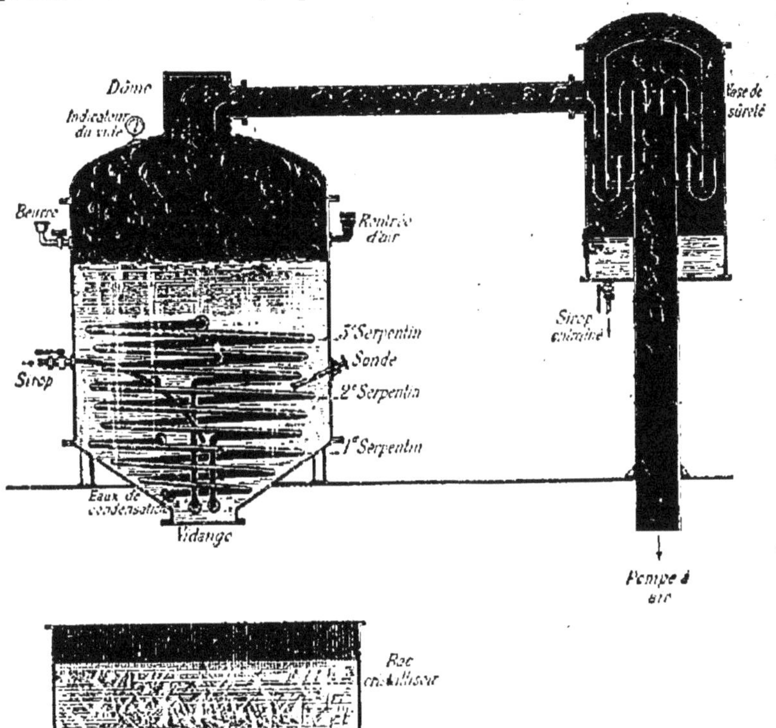

Fig. 163. — Appareil à concentrer le sirop de sucre.

petite quantité de sirop qui refroidit toute la masse ; cet abaissement rapide de température provoque immédiatement la précipitation d'une multitude de petits cristaux de sucre, que l'on nourrit
par des additions répétées de sirop froid. On envoie de la vapeur
dans les autres serpentins dès qu'ils sont couverts, et on évite avec
soin de dissoudre, par une trop copieuse alimentation, les cristaux
déjà formés.

Turbinage. — Il a pour but de séparer les cristaux de
sucre du sirop dans lequel ils sont emprisonnés. Pour cela,
la masse cuite est introduite dans des tambours cylindriques en toile métallique appelés turbines (*fig.* 164) qui
tournent rapidement (1200 tours à la minute) : par l'action

de la force centrifuge, l'eau-mère s'échappe à travers les
mailles de la toile métallique et est projetée contre les

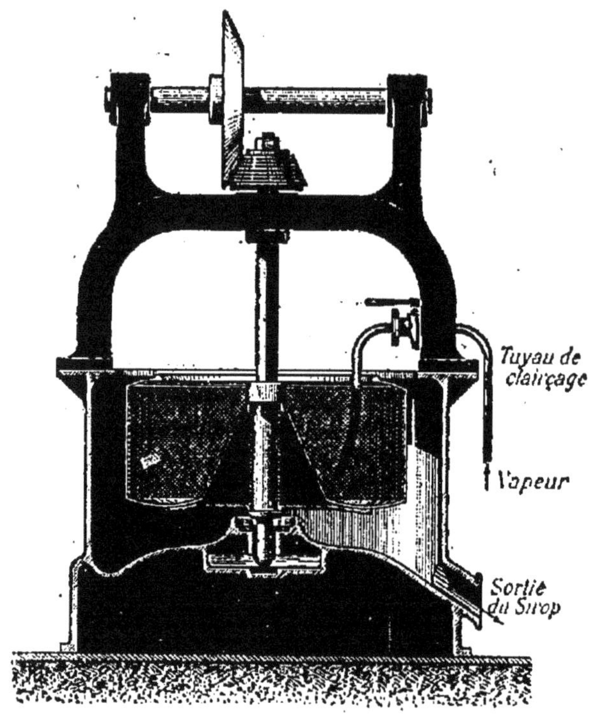

Fig. 161. — Turbine.

parois de la cuve en fonte qui entoure le tambour; elle
s'écoule par une tubulure inférieure. Le sucre restant à
l'intérieur est *purgé* du sirop adhérent par une clairce ou
solution saturée de sucre, et par une injection de vapeur
sèche, qui fluidifie la surface des cristaux.

Lorsque l'opération est terminée, on arrête la turbine,
et le sucre blanc dit de *premier jet* est séché et livré à la
consommation. Quant aux produits qui se sont écoulés de
la turbine, on les évapore partiellement dans le vide, puis

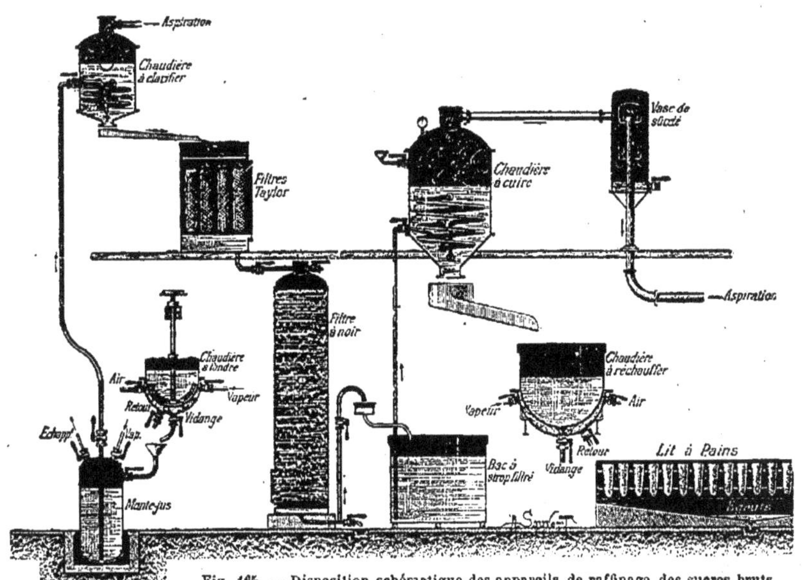

Fig. 165. — Disposition schématique des appareils de raffinage des sucres bruts.

on les turbine de nouveau de manière à en retirer successivement du sucre de 2ᵉ *jet* et du sucre de 3ᵉ *jet*. Le résidu final incristallisable (*mélasses*) est traité spécialement pour en extraire le sucre ou bien est envoyé en distillerie.

RAFFINAGE DU SUCRE. — Le raffinage a pour but d'épurer les sucres bruts (sucres de 2ᵉ et 3ᵉ jet).

Les sucres bruts sont introduits dans une chaudière (chaudière à fondre) et chauffés avec de l'eau, du noir animal et du sang de bœuf (*fig.* 165). Le produit obtenu est coulé dans un monte-jus qui le refoule dans une chaudière (chaudière à clarifier). On y fait le vide ; le liquide bout ainsi à basse température, ce qui produit un mélange intime des matières. En laissant ensuite rentrer l'air, l'albumine se coagule et entraîne les particules en suspension.

Le sirop provenant de la chaudière à clarifier est filtré d'abord dans des poches en toile (filtres Taylor), puis à travers du noir animal. On le cuit ensuite dans le vide comme en sucrerie et on le coule soit dans des formes coniques pour avoir des pains de sucre, soit dans des formes cubiques pour obtenir les plaquettes destinées à la confection des morceaux rangés en boîtes.

Le *sucre candi* s'obtient en concentrant les sirops, puis en les recevant dans des cristallisoirs en travers desquels on a tendu des fils de chanvre ; les cristaux s'attachent à ces fils.

259. Propriétés du saccharose. — Le saccharose cristallise en prismes rhomboïdaux obliques, anhydres, très durs, répandant des lueurs dans l'obscurité quand on les brise (sucre candi) ; le sucre en pain ou en carrés est blanc, composé de petits cristaux agglomérés. La saveur du sucre est douce et agréable ; sa masse spécifique est 1ᵍ,60 ; l'eau en dissout trois fois sa masse à la température ordinaire, cinq fois à 100° ; le sucre est insoluble dans l'alcool à froid, un peu soluble dans l'alcool bouillant.

Action de la chaleur. — Chauffé, le sucre fond en un liquide clair, épais ; par refroidissement, ce liquide se prend en une masse amorphe (sucre d'orge), perdant peu à peu sa transparence. Si la température dépasse 160°, le sucre perd de l'eau, devient brun en formant du caramel, puis se décompose ; il se dégage divers produits volatils (oxyde de carbone, gaz carbonique, acide acétique) et il reste finalement un charbon poreux (charbon de sucre).

Action des acides. — L'acide sulfurique concentré carbonise rapidement le sucre avec dégagement d'anhydride sulfureux, surtout à chaud. L'acide azotique fumant forme un éther azotique, le saccharose tétranitrique $C^{12}H^{18}O^7(AzO^3)^4$, tandis que l'acide azotique ordinaire, donne, comme avec le glucose, de l'acide oxalique à l'ébullition.

Les acides minéraux étendus transforment le sucre en sucre interverti, mélange de glucose et de lévulose ; il y a fixation d'une molécule d'eau :

$$C^{12}H^{22}O^{11} + H^2O = C^6H^{12}O^6 + C^6H^{12}O^6 ;$$

cette interversion est lente à la température ordinaire, presque immédiate à 100°, surtout avec l'acide sulfurique.

Action des alcalis. — Le sucre se combine avec les bases fortes et forme des sucrates analogues aux glucosates, mais ces sucrates sont moins altérables ; ainsi les alcalis, chauffés avec le sucre, ne le brunissent pas, ce qui distingue celui-ci du glucose. Les sucrates de calcium, de baryum sont décomposés par le gaz carbonique ; ils jouent un rôle important dans la fabrication du sucre.

Fermentation. — Le sucre ordinaire ne subit pas directement la fermentation alcoolique sous l'influence de la levûre de bière ; mais celle-ci contient un ferment spécial appelé *invertine*, qui convertit d'abord le sucre en un mélange de deux glucoses ; ceux-ci peuvent alors fermenter sous l'influence de la levûre elle-même et donner les produits ordinaires de la fermentation alcoolique.

RÉSUMÉ DU CHAPITRE XXXI

Les hydrates de carbone sont des composés naturels dont l'oxygène et l'hydrogène sont en proportion convenable pour former de l'eau. Ils ont un goût doux ou sucré, et, avec l'acide azotique concentré, forment des éthers plus ou moins explosifs.

Le *glucose ordinaire* $C^6H^{12}O^6$ est très répandu dans les végétaux. On le prépare dans les laboratoires en faisant agir la vapeur d'eau sur de l'amidon délayé dans de l'eau acidulée. Le glucose pur est en grains blancs, peu sucrés : par la chaleur, il se déshydrate et finit par donner des produits bruns (caramel). Sa dissolution subit la fermentation alcoolique par la levûre.

Le glucose réduit l'azotate d'argent, la liqueur cupro-potassique, etc. Comme alcool, il possède des éthers (glucose pentanitrique). Les alcalis forment avec le glucose des glucosates, qui se détruisent à l'ébullition en brunissant. On utilise le glucose en confiserie et dans la fabrication des liqueurs.

Le *saccharose* proprement dit ou sucre ordinaire $C^{12}H^{22}O^{11}$ existe principalement dans la betterave, la canne à sucre, le palmier, l'érable.

La fabrication du sucre de betterave comprend les opérations suivantes : extraction du jus en épuisant méthodiquement par de l'eau chaude sous pression la betterave découpée en minces rubans ou cossettes (diffusion) ; épuration du jus obtenu par la chaux et le gaz carbonique (double carbonatation) ; concentration du jus à basse température et sous pression réduite (appareil à triple-effet) ; cuite des sirops dans le vide, jusqu'à cristallisation ; turbinage ou séparation des cristaux formés des eaux-mères ou égoûts ; cuite, cristallisation lente et turbinage de ces égoûts, qui donnent finalement des mélasses ou eaux-mères incristallisables ; raffinage des sucres bruts pour les débarrasser des matières étrangères et leur donner la forme marchande (granulés, pilés, poudres, pains, morceaux en boîtes, candi, etc.).

Le saccharose cristallise en prismes obliques durs, insolubles dans l'alcool. La chaleur fait fondre le sucre, puis le transforme en produits bruns (caramel), qui se décomposent et laissent finalement un résidu de charbon poreux très léger. Par les acides minéraux étendus, le sucre donne un mélange de glucose et de lévulose (sucre interverti) ; l'acide sulfurique concentré et chaud produit un dégagement de gaz sulfureux ; l'acide azotique fumant donne un éther azotique.

Le sucre forme avec les alcalis des sucrates qui ne brunissent pas par l'ébullition ; il ne subit la fermentation alcoolique qu'après avoir été transformé en sucre interverti par l'invertine de la levûre.

CHAPITRE XXXII

MATIÈRES ORGANIQUES AZOTÉES

260. Considérations générales. — Un certain nombre
de composés organiques renferment de l'azote ; tels sont
la quinine, l'urée, l'aniline, les matières albuminoïdes.
Pour reconnaître un composé organique azoté, il suffit de
le chauffer dans un tube de verre avec un peu de potasse
ou de chaux sodée ; si le composé est azoté, il y a dégagement de gaz ammoniac, reconnaissable à son odeur et à
la couleur bleue qu'il communique au papier de tournesol rouge. Les principaux groupes de composés organiques
azotés sont les *amines*, les *amides*, les *alcaloïdes* et les *matières albuminoïdes*.

AMINES

261. Définition. — Les amines sont des composés azotés
basiques résultant de l'union d'une ou plusieurs mol. d'ammoniaque et d'une ou plusieurs mol. d'un alcool ou d'un phénol avec
élimination d'une ou plusieurs mol. d'eau. Ex. :

$$CH^3.OH + AzH^3 = H^2O + AzH^2.CH^3 \quad \text{(méthylamine)};$$
$$C^6H^5.OH + AzH^3 = H^2O + AzH^2.C^6H^5 \quad \text{(phénylamine ou}$$
$$\text{aniline).}$$

On divise les amines en *monamines, diamines, triami-
nes,* etc. suivant qu'elles dérivent de 1, 2, 3, ... molécules
d'ammoniaque et peuvent par suite se combiner à 1, 2, 3,..
mol. d'un acide monobasique.

Toutes les amines jouent le *rôle de base*.

262. Méthylamine, CH⁵Az ou AzH².CH³. — *La méthylamine correspond à l'alcool méthylique ou esprit de bois* $CH^3.OH$. C'est un gaz dont les propriétés sont presque identiques à celles du gaz ammoniac. Son odeur provoque les larmes. Sa solution est très alcaline et précipite les sels de cuivre, de fer, de zinc. Enfin elle répand des fumées blanches au contact de l'acide chlorhydrique. Elle se distingue de l'ammoniaque en ce qu'elle est inflammable; elle brûle avec une flamme pâle.

263. Aniline, C⁶H⁷Az ou AzH².C⁶H⁵. — L'aniline est appelée aussi phénylamine parce qu'elle correspond au phénol ordinaire ou acide phénique $C^6H^5.OH$.

Préparation. — On retirait autrefois l'aniline des huiles moyennes des goudrons de houille ; aujourd'hui qu'on en consomme des quantités considérables pour la fabrication des couleurs d'aniline, on part de la nitrobenzine, et la valeur de l'aniline, qui était de 50ᶠʳ le kilogramme en 1860, est tombée actuellement à 2ᶠʳ,50.

Dans les laboratoires, on peut obtenir un peu d'aniline *en réduisant la nitrobenzine par un mélange d'acide acétique et de limaille de fer* :

$$C^6H^5.AzO^2 + 6H = C^6H^5.AzH^2 + 2H^2O.$$

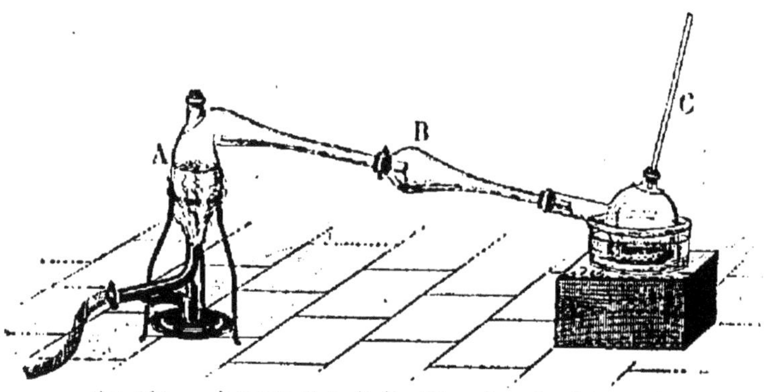

Fig. 166. — Préparation de l'aniline dans les laboratoires.

On se sert d'un appareil distillatoire ordinaire à cornue

tubulée (*fig.* 166). L'aniline distille avec de l'eau ; comme
ces deux liquides ne se mélangent pas, on peut ensuite lès
séparer facilement à l'aide d'un entonnoir à robinet.

La préparation industrielle est analogue à celle des laboratoires ;
mais on remplace la limaille de fer par la fonte et l'acide acétique
par l'acide chlorhydrique.

On emploie un grand cylindre vertical en fonte (*fig.* 167) muni :

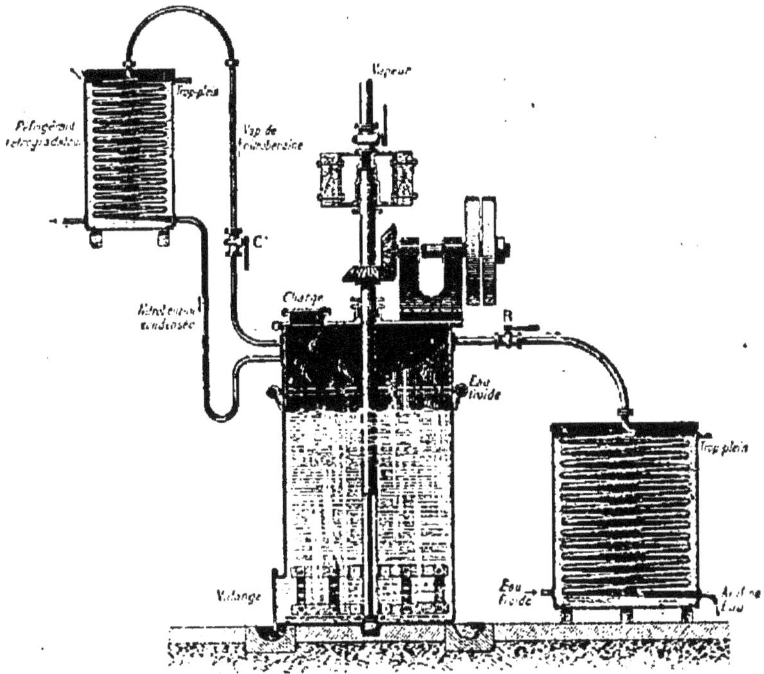

Fig. 167. — Appareil à aniline.

d'un agitateur mécanique, d'une ouverture supérieure pour le chargement, d'une ouverture inférieure pour la vidange, et enfin d'un
tube de communication avec un réfrigérant.

On introduit dans ce cylindre 200^{kg} de nitrobenzine et 20^{kg}
d'acide chlorhydrique étendu de 4 fois son vol. d'eau. On met l'agitateur en mouvement, puis on ajoute en plusieurs fois 250^{kg} de
tournure de fonte et on ferme le robinet R. La réaction se produit
sans qu'il soit nécessaire de chauffer ; quand elle devient trop vive,
on la modère par une pluie d'eau froide, émise par un tuyau circulaire perforé, et ruisselant à l'extérieur. Les vapeurs qui se déga-

gent sont formées en grande partie de nitrobenzine ; elles vont se condenser dans un petit réfrigérant ou rétrogradateur, d'où le liquide revient dans le cylindre par un tube recourbé en siphon. Dès qu'une prise du contenu du cylindre se dissout complètement dans l'acide chlorhydrique, l'opération est terminée ; il reste une masse brune, épaisse, formée d'aniline, de chlorhydrate d'aniline, d'oxyde de fer et de fonte non attaquée. Pour en retirer l'aniline, on sature cette masse par une quantité suffisante d'un lait de chaux, puis, après avoir fermé le robinet C et ouvert le robinet R, on fait arriver de la vapeur par la partie inférieure de l'arbre de l'agitateur, arbre qui est creux dans toute sa longueur ; l'aniline se condense avec de l'eau dans le réfrigérant ; on la rectifie dans le vide.

Propriétés. — L'aniline est un liquide huileux, incolore ; elle brunit à l'air en absorbant l'oxygène ; son odeur est désagréable, sa saveur âcre et brûlante ; sa masse spécifique est 1g ,036 ; elle bout à 180°. Sa solubilité dans l'eau est très faible (1 p. se dissout dans 33 p. d'eau à la température ordinaire) ; elle est soluble dans l'alcool ; elle dissout elle-même le soufre, le phosphore, les résines.

L'aniline est vénéneuse ; respirée à l'état de vapeur, elle détermine un empoisonnement caractérisé surtout par la coloration violacée des lèvres et la dilatation de la pupille.

Réactifs. — La dissolution d'aniline n'a qu'une réaction alcaline très faible et ne bleuit pas le tournesol rouge. Elle donne un précipité jaune avec le chlorure de platine. Une trace de chlorure de chaux la colore en violet-pourpre.

Usages. — L'aniline est la base d'une foule de matières colorantes dites couleurs d'aniline.

Les plus importantes sont : la *fuchsine*, belle matière colorante rouge qui teint la soie par simple immersion ; les *violets Hofmann* et le *bleu de Lyon* ; les *verts lumières*, ainsi appelés parce qu'ils sont inaltérables par la lumière artificielle ; le *noir d'aniline*, noir très solide, d'une belle teinte veloutée, qui se fixe bien sur le coton.

AMIDES

264. Définition. — Les amides sont des composés azotés qui dérivent des sels ammoniacaux par perte d'eau :

$$C^2H^3O^2 . AzH^4 — H^2O = C^2H^3O . AzH^2,$$

acétate d'ammonium.   acétamide.

$$C^2O^4(AzH^4)^2 — 2H^2O = Az^2H^4(C^2O^2),$$

oxalate d'ammonium.   oxamide.

$$CO^3(AzH^4)^2 — 2H^2O = CO(AzH^2)^2,$$

carbonate d'ammonium.   urée.

265. Urée, $COAz^2H^4$. — L'urée se rencontre dans l'urine de l'homme et dans celle des animaux carnivores. C'est un produit de désassimilation, représentant une des formes sous lesquelles l'azote est rejeté de l'organisme.

Préparation. — L'urine fraîche est évaporée lentement dans une capsule en porcelaine. Quand le volume primitif est réduit au $\frac{1}{12}$, on laisse le liquide se refroidir et on lui ajoute de l'acide azotique pur; l'azotate d'urée se prend en masse que l'on fait égoutter, puis dissoudre dans l'eau chaude. La solution est ensuite filtrée sur du noir animal pour la décolorer, puis neutralisée par du carbonate de potassium. L'urée est mise en liberté; on concentre la liqueur et on enlève l'azotate de potassium à mesure qu'il se dépose. Le résidu est traité par l'alcool bouillant qui dissout l'urée et l'abandonne par refroidissement.

Propriétés. — L'urée cristallise en longs prismes à base carrée, un peu striés, incolores; sa saveur est amère et fraîche; elle se dissout dans son poids d'eau et est plus soluble dans l'alcool bouillant

Comme amide, l'urée doit, en s'hydratant, reproduire le sel neutre ammoniacal dont elle dérive : en effet, en présence de l'eau à 140° en tube scellé elle donne du carbonate d'ammonium :

$$CO <^{AzH^2}_{AzH^2} + 2H^2O = CO <^{OAzH^4}_{OAzH^4}.$$

Si on la chauffe à l'air libre avec une solution alcaline, le carbonate qui se forme est décomposé et il se dégage du gaz ammoniac. Cette transformation de l'urée en carbonate d'ammonium se produit aussi dans la putréfaction ou fermentation ammoniacale des urines.

Action de l'acide azoteux. — L'acide azoteux décompose l'urée en eau, azote et anhydride carbonique :

$$COAz^2H + 2AzO^2H = 2Az^2 + CO^2 + 3H^2O.$$

On effectue ordinairement cette décomposition avec le réactif de Millon, obtenu en dissolvant un excès de mercure dans l'acide azotique ordinaire. Ce liquide, très chargé de vapeurs nitreuses, produit au contact de l'urée une vive effervescence avec dégagement de gaz carbonique et d'azote. C'est sur cette réaction qu'on s'appuie pour doser l'urée dans les urines.

Action des acides.— L'urée est une base faible ; elle s'unit aux acides et donne des sels cristallisés, généralement peu solubles dans l'eau. Le chlorhydrate d'urée $COAz^2H^4HCl$ est déliquescent. L'azotate $COAz^2H^4, AzO^3H$ se prend en masse quand on verse de l'acide azotique dans une solution concentrée d'urée.

ALCALOÏDES

266. Propriétés générales. — Les alcaloïdes sont des alcalis naturels organiques existant dans les végétaux combinés à des acides organiques ; ce sont des bases généralement puissantes, capables de neutraliser les acides les plus énergiques.

Les alcaloïdes ont une saveur amère ; ils sont peu solubles dans l'eau, solubles dans l'alcool, qui est leur meilleur dissolvant. Ils sont toxiques, même à faible dose.

Presque tous les alcaloïdes sont solides. Il en est cependant qui sont liquides, comme la nicotine.

267. Nicotine, $C^{10}H^{14}Az^2$. — La nicotine est l'alcaloïde du tabac. Les feuilles desséchées de cette plante contiennent la nicotine combinée à des acides organiques. Les diverses variétés de tabac en renferment des proportions très variables, depuis 2°/₀ (tabacs de Maryland et de la Havane) jusqu'à 8 °/₀ (tabac du Lot).

On prépare la nicotine en épuisant le tabac par l'eau bouillante, en concentrant à consistance sirupeuse et traitant le résidu par de l'alcool. Des deux couches qui se forment, la couche supérieure alcoolique contient la nicotine. Le produit de son évaporation est additionné d'une lessive de potasse qui met l'alcaloïde en liberté ; on l'agite ensuite avec de l'éther qui s'empare de l'alcaloïde, puis l'abandonne en se volatilisant.

La nicotine est un liquide oléagineux, incolore ; exposée à l'air, elle brunit rapidement ; son odeur est désagréable, pénétrante ; sa saveur brûlante. Elle bout à 250° et est soluble dans l'eau, l'alcool et l'éther. Elle est très vénéneuse, et agit principalement sur les centres nerveux. C'est une base très énergique, qui répand des fumées blanches au contact de l'acide chlorhydrique et précipite les sels métalliques autres que les sels alcalins et alcalino-terreux.

268. Morphine, $C^{17}H^{19}AzO^3 + H^2O$. — La morphine est l'alcaloïde le plus important de l'opium, qui en renferme de 7 à 12 °/₀.

Les capsules vertes du pavot somnifère laissent écouler, par incisions, un latex blanc se desséchant rapidement au contact de l'air. Cette matière desséchée, légèrement brunâtre, constitue l'*opium*; son odeur est nauséabonde, sa saveur amère ; l'opium le plus actif est celui de Smyrne. L'opium contient six alcaloïdes unis à l'acide lactique et à l'acide méconique ; ce sont, par ordre d'importance : la morphine, la narcotine, la papavérine, la codéine, la thébaïne, la narcéine.

Préparation de la morphine. — On coupe l'opium en tranches minces que l'on broie longtemps avec de l'eau froide ; on filtre et on concentre le liquide à consistance sirupeuse. On précipite la morphine du liquide encore chaud par l'ammoniaque ; elle se dépose par refroidissement. On la purifie en la dissolvant dans l'alcool bouillant et évaporant la dissolution obtenue.

Propriétés. — La morphine est incolore, inodore, à saveur amère ; elle est peu soluble dans l'eau, soluble dans l'alcool. C'est un poison violent ; elle agit à très faible dose comme calmant et soporifique, mais elle produit en même temps des nausées.

La morphine a un pouvoir réducteur remarquable ; elle réduit l'azotate d'argent, le chlorure d'or, le chlorure ferrique. La solution de ce dernier passe à l'état de chlorure ferreux en prenant une coloration bleue ou verte caractéristique. Au contact de l'acide azotique, la morphine se colore en rouge.

Sᴇʟs ᴅᴇ ᴍᴏʀᴘʜɪɴᴇ. — Les sels de morphine sont cristallisés, solubles dans l'eau et dans l'alcool, très vénéneux. Le plus employé est le chlorhydrate $C^{17}H^{19}AzO^3.HCl + 3H^2O$. Il est en aiguilles soyeuses ; on en fait des injections sous-cutanées à dose de 2 centigrammes en solution aqueuse.

269. Quinine, $C^{20}H^{24}Az^2O^2$. — L'écorce des quinquinas contient quatre alcaloïdes, dont le plus important est la *quinine*.

Préparation. — Les écorces du quinquina sont mélangées à un lait de chaux et épuisées par l'essence de pétrole qui dissout la quinine et la cinchonine. On agite ensuite l'essence avec de l'eau acidulée par l'acide sulfurique ; il se forme des sulfates basiques de ces deux alcaloïdes. En faisant cristalliser leur solution aqueuse acide séparée du pétrole, le sulfate de quinine se dépose et le sulfate de cinchonine reste en dissolution. On précipite enfin la quinine de son sulfate par l'ammoniaque.

Propriétés. — La quinine est blanche, très amère. C'est une base puissante dont la solution aqueuse verdit le sirop de violettes et sature les acides les plus énergiques.

Sels de quinine. — La quinine forme des sels basiques et des sels neutres ; ex. : chlorhydrate basique $C^{20}H^{24}Az^2O^4.HCl$; chlorhydrate neutre $C^{20}H^{24}Az^2O^4.2HCl$. Les sels à acides oxygénés sont fluorescents. Si l'on ajoute à une solution faiblement acide d'un sel de quinine un peu d'eau de chlore ou d'eau de brome, puis de l'ammoniaque, il se produit une belle coloration verte caractéristique.

Le sulfate basique $(C^{20}H^{24}Az^2O^4)^2SO^4H^2 + 7H^2O$, ou sulfate ordinaire, est un puissant fébrifuge à dose de 10 à 50 centigrammes ; il active la circulation et la respiration. A dose plus forte, il produit des convulsions et peut amener la paralysie. Il se présente en aiguilles flexibles, d'une saveur très amère, peu solubles dans l'eau, $\frac{1}{600}$ à la température ordinaire, plus solubles dans l'alcool. Il bleuit le tournesol préalablement rougi par un acide.

MATIÈRES ALBUMINOÏDES

270. Définition et propriétés générales. — On donne le nom de matières albuminoïdes à des substances azotées, neutres et amorphes, ayant pour type l'albumine du blanc d'œuf. Les principales sont l'albumine, la caséine et la fibrine.

Elles sont formées de carbone, oxygène, hydrogène, azote, avec une quantité moindre de soufre. Leur composition centésimale varie peu de l'une à l'autre, comme le montre le tableau suivant :

	C	O	H	Az	S
Albumine	54,3	20,3	7,1	16,5	1,8 ;
Caséine	53,7	22,3	7,1	16	0,9 ;
Fibrine du sang .	52,7	22	7,2	16,5	1,6.

Propriétés générales. — Les matières albuminoïdes sont solides, incristallisables, inodores ; la plupart sont insolubles dans l'eau (caséine, fibrine) ; celles qui sont solubles (albumine, légumine) deviennent insolubles quand on les chauffe, on dit qu'elles se *coagulent*. Desséchées, elles forment des masses blanches ou jaunâtres, translucides, dures, se gonflant au contact de l'eau.

Action de la chaleur. — Elles ne peuvent être fondues ; la chaleur les altère au delà de 200° ; elles se décomposent en se boursouflant et en répandant une odeur de corne brûlée. Il se dégage de l'eau, de l'anhydride carbonique, du gaz ammoniac, des carbures d'hydrogène et des amines. Le résidu est charbonneux.

Action de l'air humide. — Abandonnées à l'air humide, les matières albuminoïdes ne tardent pas à subir la fermentation putride ; il se dégage des produits volatils, comme du gaz ammoniac, des amines, des acides gras volatils, etc.

Réactifs des matières albuminoïdes. — 1° L'acide azotique concentré les colore en jaune.

2° L'acide chlorhydrique les dissout à chaud en donnant un liquide qui devient violet, surtout par exposition à l'air.

3° L'azotate mercureux donne par la chaleur une coloration rouge intense.

271. Albumine. — L'albumine existe dans le blanc d'œuf, dont elle constitue environ les $\frac{12}{100}$, et dans beaucoup de liquides de l'économie : sérum du sang, lymphe, chylo. On la rencontre également dans la plupart des sucs végétaux.

Extraction. — Quelques blancs d'œufs sont délayés dans l'eau, puis le tout est filtré à travers un linge; on ajoute au liquide filtré une solution de sous-acétate de plomb qui précipite l'albumine en formant avec elle une combinaison insoluble. Le précipité est lavé, mis en suspension dans l'eau, et décomposé par un courant d'anhydride carbonique. Le carbonate de plomb, insoluble, se dépose; la solution d'albumine est filtrée et évaporée au bain-marie à une température ne dépassant pas 50°.

Dans l'industrie, on retire l'albumine du sang provenant des abattoirs.

Propriétés. — L'albumine est jaunâtre, amorphe, insipide, soluble dans l'eau, d'où elle est précipitée par l'alcool. Chauffée, elle se coagule à 72° et devient insoluble dans l'eau.

Un grand nombre d'acides minéraux coagulent l'albumine en la précipitant de sa dissolution aqueuse. L'acide phosphorique ordinaire et les acides organiques sont sans action.

Beaucoup de sels la précipitent également, mais en formant avec elle des combinaisons insolubles: si l'on mélange des solutions d'albumine et de sulfate de cuivre, il se forme un précipité d'albuminate de cuivre. Le sous-acétate de plomb, le sublimé corrosif, l'azotate d'argent, donnent des combinaisons analogues.

Usages. — Cette dernière propriété indique l'albumine comme antidote précieux contre l'empoisonnement par les sels métalliques. Combinée à la chaux, elle forme des luts très agglutinatifs pour le raccommodage des porcelaines. Enfin, l'albumine du sérum ou *sérine* est très

employée dans la préparation des tissus et la fixation de
certaines couleurs dites couleurs à l'albumine.

**272. Caséine. — La caséine est la matière albuminoïde du
lait.**

On l'extrait du lait écrémé, auquel on ajoute une solution
concentrée de sulfate de magnésium ; il se précipite des flocons compacts qu'on redissout dans l'eau pure. On filtre ce
dernier liquide et on précipite la caséine par l'acide acétique.

La caséine est blanche ou jaunâtre, insipide, insoluble
dans l'eau et l'alcool, mais soluble dans les alcalis et les
carbonates alcalins ; c'est grâce à la présence de ceux-ci
dans le lait que la caséine y est en grande partie dissoute.
Ces solutions alcalines donnent des précipités par double
décomposition avec la plupart des sels métalliques.

La caséine n'a que peu d'usages en dehors de l'alimentation : dissoute dans une solution concentrée de borax,
elle forme une masse agglutinative employée comme lut.

**273. Fibrine. — La fibrine existe dans le sang et dans la
chair musculaire.** Quelques minutes après sa sortie des
vaisseaux, le sang se sépare en deux parties : l'une solide
ou *caillot*, rouge, formée par la fibrine insoluble qui em-
prisonne les globules sanguins; l'autre, liquide légèrement
jaunâtre, contient de l'albumine, c'est le sérum.

On obtient la fibrine en battant le sang frais avec un petit
balai : la fibrine s'y attache en filaments qu'on détache à la
main et qu'on lave à grande eau.

**Propriétés. — La fibrine est blanche, élastique ; elle
est insoluble dans l'eau, l'alcool ; soluble à chaud dans
les dissolutions alcalines.**

La pepsine du suc gastrique la transforme comme la

caséine, en peptone, principe soluble, directement assimilable.

274. Gélatine. — *La gélatine n'appartient pas aux matières albuminoïdes; c'est le produit de la transformation par l'eau bouillante des substances dites collagènes ou substances gélatinisables, différant principalement des albuminoïdes par l'absence de soufre.* La plus importante de ces collagènes est l'osséine, existant dans les os, les cartilages, la peau; on peut l'extraire des os en traitant ceux-ci par l'acide chlorhydrique, qui dissout les matières minérales

La gélatine, appelée aussi *colle forte*, est amorphe, translucide, cassante; elle se gonfle dans l'eau froide, se dissout dans l'eau chaude, et le liquide se prend en gelée par refroidissement. L'alcool la précipite de sa solution.

Elle se putréfie rapidement quand elle est exposée à l'air humide. On ne peut la distiller sans la décomposer : il se dégage du gaz ammoniac, des ammoniaques composées, des bases pyridiques, etc. Chauffée fortement à l'air, elle brûle en répandant une odeur désagréable de corne brûlée.

Le tanin précipite complètement la gélatine de sa solution tiède : il forme avec elle une combinaison imputrescible. Cette combinaison se produit également avec les matières collagènes de la peau : le tannage des peaux est fondé sur cette propriété.

RÉSUMÉ DU CHAPITRE XXXII

On reconnaît qu'un corps organique est azoté en le chauffant avec de la chaux sodée ; si le corps est azoté, il se dégage du gaz ammoniac.

Les *amines* sont des composés azotés basiques résultant de l'union de l'ammoniaque avec un alcool ou un phénol.

L'*aniline* s'obtient en réduisant la nitrobenzine par un mélange d'acide acétique et de limaille de fer. C'est un liquide huileux, peu soluble dans l'eau, dissolvant le phosphore. Elle est la base des couleurs d'aniline.

Les *amides* dérivent des sels ammoniacaux par perte d'eau.

L'*urée* se rencontre dans l'urine de l'homme. On l'extrait de l'urine. Elle forme des prismes à saveur amère. L'acide azoteux la décompose.

Les *alcaloïdes* existent dans les végétaux; ils sont solubles dans l'alcool et constituent des poisons violents.

La nicotine s'extrait du tabac. C'est un liquide oléagineux, à odeur désagréable, brunissant à l'air.

La morphine s'extrait de l'opium. Elle est solide et a un grand pouvoir réducteur ; l'acide azotique la colore en rouge.

La quinine existe dans l'écorce des quinquinas. Elle est blanche, très amère.

Les *matières albuminoïdes* ont pour type l'albumine. Elles sont formées d'oxygène, d'hydrogène, d'azote, de carbone et de soufre. On ne peut les fondre ; par la chaleur, elles se décomposent. A l'air humide, elles subissent la fermentation putride.

L'albumine s'extrait du blanc d'œuf. Elle est jaunâtre, soluble dans l'eau, précipitée par un grand nombre de sels. C'est un antidote.

La caséine existe dans le lait ; elle est blanche, soluble dans les carbonates alcalins.

La fibrine existe dans le sang ; elle est élastique ; la pepsine la transforme en peptone.

TABLE DES MATIÈRES

MÉTALLOÏDES

MÉTAUX

CHIMIE ORGANIQUE

Bar-le-Duc. — Imp. Comte-Jacquet, Façquel, Dir.